U0382505

中国传统生态
思想史略

罗顺元 著

中国社会科学出版社

图书在版编目（CIP）数据

中国传统生态思想史略／罗顺元著．—北京：中国社会科学出版社，
2015.12
ISBN 978-7-5161-7356-5

Ⅰ.①中…　Ⅱ.①罗…　Ⅲ.①生态学—思想史—研究—中国—古代
Ⅳ.①Q14-092

中国版本图书馆 CIP 数据核字（2015）第 296040 号

出　版　人	赵剑英
责任编辑	冯春凤　许　晨
责任校对	王佳玉
责任印制	张雪娇

出　　版	中国社会科学出版社
社　　址	北京鼓楼西大街甲 158 号
邮　　编	100720
网　　址	http://www.csspw.cn
发 行 部	010-84083685
门 市 部	010-84029450
经　　销	新华书店及其他书店

印　　刷	北京君升印刷有限公司
装　　订	廊坊市广阳区广增装订厂
版　　次	2015 年 12 月第 1 版
印　　次	2015 年 12 月第 1 次印刷

开　　本	710×1000　1/16
印　　张	21
插　　页	2
字　　数	353 千字
定　　价	78.00 元

目　录

绪　论

　　科学概念的精确化是科学进步的标志之一，正如美国著名科学哲学家瓦托夫斯基（M. W. Wartofsky）所说："把科学哲学事业的任务规定为系统地研究科学的概念和科学的概念框架。因为我们在这里主张，这些概念框架是科学理解的工具，是科学家理解他所探索的世界的方式，所以我们可以把科学哲学描绘成是一种理解科学的理解的事业。"① 概念框架是理解科学的工具，我们首先讨论以下几个重要概念：生态、生态学、生态系统、农业生态系统、生态思想。

　　在中国，"生态"这个词主要有这几种意思，一是指显露美好的姿态，《筝赋》曰："丹荑成叶，翠阴如黛。佳人采掇，动容生态。"《东周列国志》第十七回云："（息妫）目如秋水，脸似桃花，长短适中，举动生态，目中未见其二。"二是指生动的意态，唐代杜甫《晓发公安》诗云："邻鸡野哭如昨日，物色生态能几时。"明代刘基《解语花·咏柳》词曰："依依旎旎、嫋嫋娟娟，生态真无比。"三是指生物在一定的自然环境下生存和发展的状态，也指生物的生理特性和生活习性。在现代汉语中，"生态"一词大多取第三种意思。

　　生态学（ecology），是一门研究生物与其生存环境以及生物与生物之间相互关系的科学。生态学一词源于希腊文 oikos，其意为"住所"或"栖息地"。② 从字面意义上讲，生态学是关于居住环境的科学。生态学概念，最早由德国博物学家 E. 海克尔（E. Haeckel）于 1866 年在其所著

---

　　① ［美］M. W. 瓦托夫斯基：《科学思想的概念基础——科学哲学导论》，范岱年、吴忠、林夏水等译，求实出版社 1989 年版，第 12 页。

　　② 李博主编：《生态学》，高等教育出版社 2006 年版，第 3—9 页。

《普通生物形态学》（*Generelle Morphologie der Organismen*）一书中提出，他认为生态学是研究生物在其生活过程中与环境的关系，尤其指动物有机体与其他动植物之间的互惠或敌对关系。"ecology"中的"eco"与经济学（economy）具有相同词根，因此有人把生态学叫作自然经济学；美国学者 R. E. Richlefs 出版了一本主标题为《自然经济学》①（*The Economy of Nature*，1976）的书，它其实是美国最有名、使用最广泛的生态学教材之一。

在生态学的发展过程中，E. 海克尔的定义引起了许多争议，后来一些著名生态学家对生态学下过不同的定义。英国生态学家埃尔顿（Elton，1927）在最早的一本《动物生态学》中把生态学定义为"科学的自然史"；认为生态学是研究生物（包括动物和植物）怎样生活和它们为什么按照自己的生活方式生活的科学。② 苏联生态学家 Кашкаров（1945）认为，生态学是研究"生物的形态、生理和行为的适应性"，即达尔文的生存斗争学说中所指的各种适应性。澳大利亚生态学家 Andrewartha（1954）认为生态学是"研究有机体的分布和多度的科学"。他的著作《动物的分布与多度》是当时被广泛采用的动物生态学教材。丹麦植物生态学家 Warming（1909）提出，植物生态学是研究"影响植物生活的外在因子及其对植物……的影响；地球上所出现的植物群落……及其决定因子……"。法国的 Braun – Blanquent（1932）则把植物生态学称为植物社会学，认为它是一门研究植物群落的科学。美国生态学家奥德姆（E. P. Odum，1956）提出：生态学是研究生态系统的结构和功能的科学。他的著名教材《生态学基础》（*Fundamental of Ecology*）（1953，1959，1971）以生态系统为中心，对当代大学生生态学教学和研究起很大的影响。奥德姆在后来的《生态学》（1997）一书中提出，生态学是"综合研究有机体、物理环境与人类社会的科学"，并以"科学与社会的桥梁"作为该书的副标题，以强调人类在生态学过程中的作用。中国生态学会创始人马世骏（1980）认为生态学是"研究生命系统与环境系统之间相互作用规律及其机理的科学"，他同时提出了社会—经济—自然复合生态系统

---

① 本书副标题为"a textbook in basic ecology"，即一本基础生态学教材。
② 转引自孙振均、王冲《基础生态学》，化学工业出版社 2007 年版，第 1 页。

的概念。

　　生态学在研究生物与环境的相互关系时，主要阐明生态因子（如阳光、空气、水分、土壤、温度、地势、地质、营养、元素、开垦、采伐、栽培等）对生物个体、种群、群落和生态系统的影响，以及生物对环境的适应和改造作用；阐明生物区系与地理分布及形成的历史过程；揭示生物群落的组成、结构与发生的规律；研究生物在生态系统中能量的转化、物质循环、生态平衡、自然保持作用等。研究自然生态系统，保持生态平衡是生态学研究的一个重要任务。生态学按生物类别可分为：个体生态学、种群生态学、群落生态学、生态系统生态学等。按栖息地的环境又可分为水生生物生态学、陆生动物生态学、寄生动物生态学等。另外还有进化生态学、人类生态学、生态伦理学、生态经济学、民族生态学、城市生态学、文化生态学、生态地理学等。生态学是一门综合性科学，它所研究的环境不仅包括自然环境，也包括社会环境。[①] 20世纪20年代提出人类生态学概念，60年代后普遍开展人类生态学研究。人类生态学把人与自然相互作用的演变和规律作为统一课题研究，阐明人、社会和自然的关系，寻找协调人与自然发展的最优途径。这表明生态学研究从研究以生物为主体的生态发展到以人为主体的生态，不只是研究天然生态系统，而且也研究人工生态系统。这样，生态学就超出了自然科学的范围，成为自然科学与社会科学交叉的领域。[②] 随着人类社会的发展，人们对自然的影响越来越成为生态学的焦点内容，美国生态学家罗伯特·里克雷夫斯（Robert E. Ricklefs）说："人类对自然世界影响的日益加剧，已经变成了生态学的一个焦点。"[③] 美国学者唐纳德·沃斯特（Donald Worster）也说道："整个文化已经走到了尽头。自然的经济体系已经被推向崩溃的临界点，而'生态学'将形成万众呼唤文化革命的呐喊。"[④] 生态学向宏观发展就

----

　　① 哲学大词典（修订本）编辑委员会：《哲学大词典（修订本）》，上海辞书出版社2001年版，第1036—1307页。

　　② 自然辩证法百科全书编辑委员会：《自然辩证法百科全书》，中国大百科全书出版社1994年版，第150—151页。

　　③ Ricklefs, Robert E.：*The economy of nature Fifth Edition*，W. H. Freeman 2007年版，第1页。

　　④ Worster, Donald：*Nature's economy : a history of ecological ideas Second Edtion*，Cambridge University Press 1994年版，第356页。

是生态哲学，正如我国著名生态学家孙儒泳所说："近代生态学已经超出个体、种群、群落和生态系统这些组织层次的框架，向宏观和微观两个方向发展，但无论小到分子层次，大到全地球层次，生态学（家）都没有离开生物与环境和生物与生物之间的相互作用"；"生态学又是在分析和研究生物与环境和生物与生物之间的一种哲学，即人们所称谓的生态哲学。"①

生态系统（ecosystem），指生命系统和环境系统在特定空间的组合，即在一定空间中共同栖居着的所有生物（即生物群落）与其环境之间由于不断地进行物质循环和能量流动过程而形成的统一体。生态系统这个概念最初由英国生态学家坦斯利（A. G. Tansley）于1935年提出，他认为生态系统是生物群落及其生存环境组成的自然整体。在成熟的生态系统中，各种生态因素接近平衡状态，整个系统通过这些因素的相互作用而得以维持。② 后来，美国生态学家奥德姆（E. P. Odum）给生态系统下了一个更完整的定义：生态系统是指生物群落与生存环境之间，以及生物群落内的生物之间密切联系、相互作用，通过物质交换、能量转化和信息传递，成为占据一定空间、具有一定结构、执行一定功能的动态平衡整体。③ 生态系统这个术语，主要在于强调一定地域中各种生物相互之间、它们与环境之间功能上的统一性。生态系统主要是功能上的单位，而不是生物学中的分类学的单位。生态系统的范围和大小没有严格的限制，小至动物有机体内消化道中的微生物系统、大至各大洲的森林、荒漠等生物群落型，甚至整个地球上的生物圈或生态圈，其范围和边界是随研究问题的特征而定。美国著名生态学家罗伯特·里克雷夫斯（Robert E. Ricklefs）说："生态系统可以是小到一个单一的生物有机体，也可以是大到整个生物圈。"④ 生态系统是当代生态学中最重要的概念之一。纵观生态学的发展史说明，这门科学的研究重心，由自然史转到动物的种群生态学和植物的群落生态学，然后转到生态系统的研究。近年来，无论是国内还是国外，又把自然

---

① 孙儒泳、李博、诸葛阳、尚玉昌：《普通生态学》，高等教育出版社1993年版，第5页。

② 自然辩证法百科全书编辑委员会：《自然辩证法百科全书》，中国大百科全书出版社1994年版，第449—450页。

③ 转引自邹冬生主编《生态学概论》，湖南科技出版社2007年版，第20页。

④ Ricklefs, Robert E.：*The economy of nature Fifth Edition*，W. H. Freeman 2007年版，第1页。

生态系统进一步扩展为包括经济系统和社会系统的复合生态系统。①

生态系统具有如下特性②：

（1）生态系统是有机的自然整体　它由生命系统和环境系统两部分构成。生命系统从结构单元来说，可以分为生物大分子、细胞、个体、种群、群落等组织层次；从功能来说，可以分为生产者、消费者和分解者。植物是生产者；动物是消费者；微生物是分解者。环境系统包括自然界的光、热、空气、水分、土壤以及其他各种有机和无机物。生态系统内各种生物因素和环境因素称为生态因素，它们按照一定的规律相互联系和相互作用，表现了结构和功能的协调，表现了生态系统的整体性。生态系统的一般结构模型如图0—1所示，模型包括3个亚系统，即生产者亚系统、消费者亚系统和分解者亚系统。

（2）生态系统是具有耗散结构的开放系统　生命系统和环境系统的相互作用由外来有效能量（主要是太阳辐射能）的输入维持。由于外来能量的输入，并在系统内流动、消耗和转化，从而形成生态系统复杂的反馈关系，使系统具有自动调节、自动控制的能力。它维持系统固定的功能和结构，使系统处于有序状态，并能够朝自组织性增强的方向发展。生态系统的成分越复杂多样，它的自动调节能力就越强。

（3）生态系统是动态平衡系统　生态系统的动态过程是由系统内物质运动决定的。输入系统的物质和能量从植物的光合作用开始，进行循环或转化。植物通过光合作用生产的有机物质，经由草食动物、肉食动物一级一级地转移，从而组成食物链，物质和能量从一种生物传递到另一种生物，最后被微生物分解，再回到环境中。美国科学家林德曼（R. L. Lindeman）在详细研究湖泊生态系统后，提出了著名的1/10定律，即认为能量在食物链的传递过程中，各级有机体都要消耗一部分，通常只有1/10的能量传递到次一级生物。

---

① 李博主编：《生态学》，高等教育出版社2006年版，第197—198页。
② 自然辩证法百科全书编辑委员会：《自然辩证法百科全书》，中国大百科全书出版社1994年版，第449—450页。

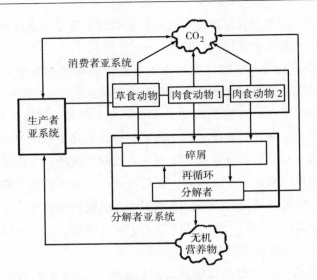

图 0—1　生态系统结构的一般性模型（Anderson，1981）

　　粗线包围的 3 个大方块表示 3 个亚系统；连线和箭头表示系统成分间物质传递的主要途径。有机库物质以方块表示，无机库物质以不规则块表示。[1]

　　农业生态系统（agroecosystem）是指农业植物、动物、微生物和客观环境多种因素相互联系、相互作用的整体。农业生态系统按照农业的种类可以分为农业植物子系统、农业动物子系统、农业微生物子系统。习惯上还可以划分为人工森林生态系统、农田生态系统、人工草原生态系统、人工海洋生态系统等。在以种植业为主的地区，以作物为中心的农田生态系统是农业生态系统的主要部分，而在山区高原，则往往以森林或草原生态系统为主。农业生态系统不是亘古就有的，而是人类从事农业活动以后逐步形成的一种人工生态系统。

　　农业生态系统内部诸要素之间是相互依存不可分割的。农业植物是农业动物赖以生存与发展的基础，农业动物则能利用人类不能直接消化吸收的植物纤维（如饲草、农作物秸秆），转化为对人类更加有益的动物蛋白和脂肪，避免物质与能量的浪费。农业微生物使农业动、植物的残渣、废料转变为蘑菇、木耳等高级营养物质和沼气等洁净能源，最后并将它们分解为无机物，实现农业生态系统的良性循环。农业生物与客观环境也是相

────────────

[1]　转引自李博主编《生态学》，高等教育出版社 2006 年版，第 201 页。

互依存、相互影响的。一定的光、温、水、气、土壤、地形等条件，决定着什么样的农业生物能够生存和发展（如谷物、森林的地域分布或垂直分布），而农业生物的发展也会反过来影响或改造客观环境，如人造森林对于改善环境污染，创造有利的农田小气候，减少自然灾害等，有着巨大的作用。二者的辩证统一，才能实现农业生态系统的良性循环。[1] 一个完善的典型南方"猪—沼—果生态农业模式"可如图0—2所示，可见在这个农业生态系统里，物质是循环利用的；农作物所贮藏的太阳能是得到逐级充分利用的。像这种生态农业既可以提高土地和阳光的利用率，为农村提供清洁的沼气能源；又能够减少物质、能量消耗，避免环境污染。我国传统农业的精粹思想，如讲究物质循环利用、用地养地结合使地力常新、精耕细作提高土壤利用率等，对现代农业的发展具有宝贵的参考借鉴价值。

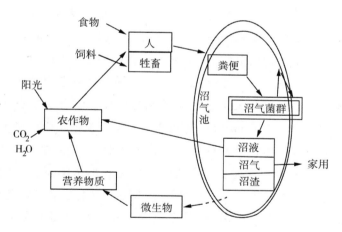

图 0 - 2　"猪—沼—果"生态农业模式[2]

思想（thought 或 idea）主要有两种意思[3]：（1）亦称"观念"。指作为社会意识一部分的观念和观念形态。（2）指理性认识。由于"生态"一

---

① 　自然辩证法百科全书编辑委员会：《自然辩证法百科全书》，中国大百科全书出版社1994年版，第391页。

② 　引自胡振鹏、胡松涛《"猪—沼—果"生态农业模式》，《自然资源学报》2006年第4期。

③ 　哲学大词典（修订本）编辑委员会：《哲学大词典（修订本）》，上海辞书出版社2001年版，第1381—1382页。

词在中国历史上所固有的含义，就可以把"生态思想"理解为人们对生物在自然界生长状态的观念和看法，但是现在人们在用"生态思想"这个短语时基本上不是这个意思，而是取"生态学思想"的意思。如果进行细分的话，第一，生态思想指生态哲学、生态伦理学等学科的内容，主要包括人与自然要和谐相处、人是大自然的一部分、人要依赖自然而存活等观念，如《浅说中国古代的生态思想》①、《中国传统生态思想的理论特质》② 等文章所说的就是这个意思；第二，是指生物学的分支学科、从属于自然科学的生态学知识中所体现、蕴含的生态思想，如从《〈管子·地员〉篇看我国先秦时期的传统农业生态思想》③、《中国传统农业生态思想与农业持续发展》④、《〈吕氏春秋〉农业生态思想及其现实意义》⑤ 等文章所说生态思想就是这个内容。当然，从大的方向来讲，这些都是生态学的内容，因为生态学本就包括生态哲学、生态伦理学、深层生态学、植物生态学、动物生态学、生态系统生态学、农业生态学等。

美国当代著名学者和历史学家唐纳德·沃斯特在他的名为《自然的经济体系——生态思想史》（Nature's Economy—A History of Ecological Ideas）的书里，就把他的"生态思想史"的研究对象定为"事实上，我的研究对象不只是一种狭义上的科学领域的发展，而是'生态学思想'的一个更大的结合（Penumbra）：这就是说，包括了生态学已经形成的同文学、经济学和哲学的联带关系"。⑥ 从内容上讲，这本书是广义上的生态学思想，既包括生态伦理、生态哲学等，也有生物学意义上的生态学知识。白才儒在他的博士论文《汉魏晋南北朝道教生态思想研究》里写道："生态思想特指存在于生态学理论及其应用中具有形而上意义的宇宙观、价值观和技术观，是生态学内在的科学思想。生态思想对整个宇宙及内在要素相互关系的理解为生态学理解'生物及其环境的相互关系'提供了

---

① 姚天祥：《浅说中国古代的生态思想》，《云南社会科学》2003 年第 2 期。
② 佘正荣：《中国传统生态思想的理论特质》，《孔子研究》2001 年第 5 期。
③ 王鹏伟、王庆锋、张丽美：《从〈管子·地员〉篇看我国先秦时期的传统农业生态思想》，《安徽农业科学》2005 年第 7 期。
④ 胡火金：《中国传统农业生态思想与农业持续发展》，《中国农史》2002 年第 4 期。
⑤ 谭亲毅：《〈吕氏春秋〉农业生态思想及其现实意义》，《安徽农业科学》2008 年第 7 期。
⑥ ［美］唐纳德·沃斯特：《自然的经济体系——生态思想史》，侯文蕙译，商务印书馆1999 年版，第 15 页。

理论框架，使生态学理论化；生态学把普遍存在于人类文化形式中的生态思想转化为可通过经验实验和数学方法加以处理的科学问题，把生态思想科学化。"① 其文章讨论的主要内容属于生态伦理、生态哲学的范畴。

综上所述，生态思想是一个含义范围比较宽广的概念范畴，既可以是生态哲学、生态伦理学等内容；也可以是因普通生态学而形成的形而上学的思想；还可以是与生态学这门自然科学的理论成果及其形成而相联系的思想依据和思想方法。

本书主要就生态学知识中所体现、蕴含的生态思想进行研究。当然，如果可以将此作为内史研究的话，它也要联系到与之有关的"外史"研究。

中国有着十分珍贵的传统生态思想，它是生态文明建设的重要基础。本书旨在对中国传统生态思想的发展脉络、思想精粹进行提炼和剖析，对生态文明的建设阐发新的见解。

全书共分 5 章，前 4 章为生态思想史的内容，根据生态社会文化（哲学）和生态科技思想这两条线索，对我国从先秦时期起到明清时期为止的这一段传统社会时期的生态思想进行分析研究。第五章较为集中地提炼我国传统生态思想的精华。

从哲学的视角看，中国传统生态思想主要表现为以人为本的和谐生态主义，在处理人与自然的关系时，传统生态哲学把人放在第一位，尊重人、肯定人、以人为本，同时又认为人与自然是一个整体，要求人们必须保护自然生态环境，把"天人合一"这种理想状态作为最高的追求目标。中国传统生态哲学的核心可以概括为"人本和谐生态思想"，人为本体，其他自然万物为人的"四肢百体"。伴随着传统生态哲学思潮，中国社会形成了独具特色的传统生态文化，例如：对自然资源的利用讲究适度索取、以时禁发，以保证可持续发展；社会的各种消费提倡节俭，讲究量入为出、生态消费；要求把关爱从人逐步推广到自然万物；等等。在中国的传统社会还建立起了各种各样的环境保护法令，设立了相应的环境保护机构，从制度和法律的角度硬性要求保护自然生态环境，以实现人与自然的和谐发展。

---

① 白才儒：《汉魏晋南北朝道教生态思想研究》，山东大学博士学位论文 2005 年，第 9 页。

　　从科学的角度看，勤劳、智慧、伟大的中国人民在长期与自然的交往过程中，创造、发现、积累了丰富的生态学知识和理论，对生物（包括人）与环境的关系有自己独到的见解。这些生态科技思想，在人与自然交往密切的农业生产领域体现得特别明显。"三才论"就是一种生态系统思想，把天、地、人三者看作一个有机的系统，农作物丰收与否取决于三者能否密切配合。中国的传统农业以"三才论"生态系统思想为指导，要求顺应天时、因循地利、重视人力，作物的栽培因时、因地、因物制宜，物质循环利用、各种废弃物处理后返田作肥料，充分利用作物间的物种关系，广泛开展间作套种、合理轮作、合理密植等以提高作物产量，还利用害虫的天敌进行生物防虫治虫。到明清时期已经发展成较为成熟和先进的生态农业，巧妙合理地将种植业与养殖业有机地联合起来，实现物质的循环利用，能量的多层次提取，因地制宜地建设和发展不同的生态农业模式。

第一章 先秦时期生态思想的特点

第一节 《管子》的生态思想[①]

《管子》不仅是经济、军事、治国理论的集成之作，也蕴含丰富的古代科技知识和科技思想，而其中的《地员》篇更是先秦时期生态知识和生态思想的代表作。世界著名的科技史学家李约瑟博士说过："经过对大量书籍的查阅考证，可以说，我们能够提出生态学、植物地理学和土壤学都诞生于东亚文化，而从《管子》一书着手探讨是合适的，这是流传至今的所有古代自然科学和经济学典籍中最引人入胜的一部。"[②]我国著名科学家卢嘉锡总主编的《中国科学技术史·农学卷》称《管子·地员》篇为"最早的生态地植物学著作"。[③] 因此，本书拟从《管子》开始探讨传统生态思想。

一 《管子·地员》的生态学贡献

1. 植物分布的垂直地带性特点

在《地员》篇中，记载了与现代生态学相一致的植被分布的垂直地带性特点，即从山麓到山顶随着海拔的升高，植被类型依次交替变化。《地员》篇中的原文如下：

---

① 罗顺元：《〈管子〉的生态思想探析》，《管子学刊》第1期。

② ［英］李约瑟：《中国科学技术史（第六卷 第一分册 植物学)》，科学出版社、上海古籍出版社2006年版，第43页。

③ 卢嘉锡总主编，董恺忱、范楚玉分卷主编：《中国科学技术史：农学卷》，科学出版社2000年版，第65页。

　　山之上，命之曰县泉，其地不干，其草如茅与莞，其木乃樕，凿之二尺乃至于泉。山之上，命曰复吕。其草鱼肠与菇，其木乃柳，凿之三尺而至于泉。山之上，命之曰泉英，其草蕲、白昌，其木乃杨，凿之五尺而至于泉。山之材，其草竞与蒉，其木乃格，凿之二七十四尺而至于泉。山之侧，其草葍与蒌，其木乃品榆，凿之三七二十一尺而至于泉。①

　　该段文字所记载的植物垂直性分布特点可用下面的图示和表格清晰地表示出来：

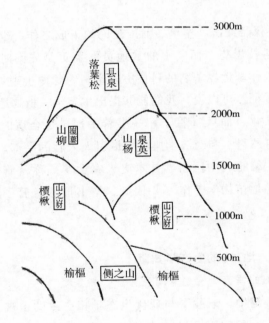

图 1—1　　《管子》描述的山地植物垂直分布图②

　　①　（春秋）管仲：《管子译注》，刘柯、李克和译注，黑龙江人民出版社 2003 年版，第 372—376 页。
　　②　引自夏伟瑛《管子地员篇校释》，农业出版社 1981 年版，第 29 页。

表 1—1　　　　《管子》描述的不同海拔山地及其代表植被①

地貌	估测高度（尺）	代表性植被	地下水位深度（尺）
山之上，悬泉：最高的的山，有泉自上流下，其地不干	6000—9000	茹茅、莞（蘆）、橚（落叶松）	2
山之上，复吕：重山之顶巅	5000—6500	鱼肠、荒、柳（山柳）	3
山之上，泉英：两山相重而有泉者	4500—6000	蕲、白昌、杨（山杨）	5
山之材（岪）：低山而有杂木的地带	1500—4500	莶（芛）、薔薇、格（椴）	14
山之侧：自山麓降至山下之处	150—1500	蓸、蓫、品榆	21

在介绍完山地植被的垂直地带性特点后，《管子·地员》的作者又假设了一小块从浅湖区一直延伸到平原陆地的区域，然后论述这片区域的植物分布情况。其原文如下：

> 凡草土之道，各有谷造。或高或下，各有草土。叶下于攀，攀下于苋（莞），苋（莞）下于蒲，蒲下于苇，苇下于蕅，蕅下于萎，萎下于荓，荓下于萧，萧下于薜，薜下于萑（萑），萑（萑）下于茅。凡彼草物，有十二衰，各有所归。②

《地员》的作者在这里挑选了 12 种代表性植物，从生于水中的叶（莲）开始到生于陆地的茅为止，以此表明不同的植物各自适合生长于不同地势的生态环境，即所谓"草土之道"。上面古文的含义可以用以下图示和表格清楚地表示出来。

按照《地员》对这 12 种植物的叙述顺序，详细分析其情况，可列表

① 本表的制作参考过夏伟瑛的《管子地员篇校释》、李约瑟的《中国科学技术史（第六卷第一分册　植物学）》第 47 页、卢嘉锡总主编的《中国科学技术史　农学卷》第 122 页。

② （春秋）管仲：《管子译注》，刘柯、李克和译注，黑龙江人民出版社 2003 年版，第372—376 页。

如下：

茅　菮　薜　萧　荓　蒌　蘿　苇　蒲　莞　蘩　荇

图 1—2　《管子》描述的植物十二衰水地生态分布图①

表 1—2　　　　　《管子》描述的植物十二衰详情②

植物古名	植物今名	所属科
荇	莲 Nelumbo nucifera 或芡实 Euryale ferox	睡莲科
蘩	欧菱 Trapa natans	菱科
	菰 Zizania aquatica	禾本科
莞	水葱 Scirpus lacustris	莎草科
蒲	宽叶香蒲 Typha latifolia	香蒲科
苇	芦苇 Phragmites communis	禾本科
蘿	萝藦 Metaplexis stauntoni = japonica	萝藦科
蒌	北艾 Artemisia vulgaris 或荒野蒿 campestris = mongolica	菊科
荓	地肤 Kochia scoparia	藜科
萧	蒿属 Artemisia. Sp	菊科
薜	薜荔 Ficus pumila	桑科
	拐芹 Angelica polymorpha	伞形科
	荨麻科植物或大麻 Cannabis sativa	荨麻科或大麻科
菮	细叶益母草 Leonurus sibiricus	唇形科
茅	白茅 Imperata arundinacea = cylindrica	禾本科

① 引自夏伟瑛《管子地员篇校释》，农业出版社 1981 年版，第 37 页。

② 参考李约瑟的《中国科学技术史（第六卷　第一分册　植物学）》第 54 页改作。

2. 土壤与动植物以及人的健康的关系

《地员》可以说是一篇土壤生态学论文，因为它的中心内容就是论述土壤质地对动植物以及人健康状况的影响。该文首先论述了渎田（夏伟瑛先生认为渎田是江、淮、河、济四渎间的田，即我国北方大平原[①]）上五种土壤——息土、赤垆、黄唐、斥埴、黑埴各自所适宜种植的农作物、所适宜生长的野生植物、水泉的深度以及当地居民的相应体征，这种生态关系可以用表1—3表示出来。

表1—3　　　　　　　渎田五土与植物以及人的体征的关系

土壤类型	地下水性状	适宜的农作物	适宜的其他植物	人们体征
息徒（土）	水仓	五谷：谷粒厚实	蚖、苍、杜、松，楚棘	呼音中角；民强
赤垆（历强肥）	水白而甘	五谷；麻白，布黄	白茅、藿，赤棠	呼音中商；民寿
黄唐	泉黄而糗	唯宜黍秫	黍秫、茅，檽、扰、桑	呼音中宫
斥埴	泉咸	大菽、麦	蕡、藿，杞	呼音中羽
黑埴	水黑而苦	稻、麦	苹、蓨，白棠	呼音中徵

其次，该文论述了九州的18类土壤（因为书中把每类土壤各记有5种表现形式，故共九十种）和每类土壤上适宜种植的农作物，"凡土物九十，其种三十六"。[②] 这18类土壤又按优劣状况分属上、中、下三个等级，每个等级各6类，其中对属于上上等土的"五粟"、"五沃"、"五位"论述得最详细，论述的内容包括了土壤的颜色、含水特性、适宜种植的农作物、适宜生长的动植物、泉水特性、当地居民的体征等各个方面。对其他土壤，记叙得较简略，以概括土质特性和论述适宜种植的农作物为主，并且都与前面的"上上等三土"进行比较，以区分优劣。九州的18类土壤情况，详见表1—4。

---

① 夏伟瑛：《管子地员篇校释》，农业出版社1981年版，第97页。
② （春秋）管仲：《管子译注》，刘柯、李克和译注，黑龙江人民出版社2003年版，第372—376页。

表 1—4　　　　　　　　九州 18 类土壤的生态关系

土壤 （等级）	土壤性状	适宜的农作物 及生长情况	适宜的其他 动植物	人们 体征	地力
五粟 （上上）	淖而不韧，刚而不觳，不泞车轮，不污手足。干而不搚，湛而不泽，无高下，葆泽以处	大重、细重，白茎、白秀，无不宜也（秔类）	植物：桐、柞、榆、柳、繠、桑、柘、栎、槐、杨、竹、箭、藻（枣）、龟（楸）、楢、檀、薜荔、白芷、蘪芜、椒、连 动物：其泽多鱼，牧则宜牛羊	寡疾难老，士女皆好，其民工巧。其人夷姤	100%
五沃 （上上）	剽怘囊土，虫易全处，态剽不白，下乃以泽。干而不斥，湛而不泽，无高下，葆泽以处	大苗、细苗，彤茎黑秀箭长（粟类）	植物：桐、柞、枎、櫄、白梓、梅、杏、桃、李、棘、棠、槐、杨、榆、桑、杞、枋、楂、藜、五麻、莲、蘪芜、藁本、白芷 动物：其泽多鱼，牧则宜牛羊	其人坚劲，寡有疥骚，终无瘔醒	100%
五位 （上上）	不塙不灰，青休以苦。无高下，葆泽以处	大苇无，细苇无，翃茎白秀（粱类）	植物：竹、箭、求、龟、楢、檀、苁、斥、桑、松、杞、茸、榆、桃、柳、楝、姜、桔梗、小辛、大蒙、桔、符、苑、黄蚩、白昌、山藜、苇芒、柞、谷 动物：鸟兽安施，既有麇麃，又且多鹿	其人轻直，省事少食	100%
五隐 （上）	黑土黑苔，青休以肥，芬然若灰	楢葛，翃茎黄秀恚目，其叶若苑（水稻类）			80%

土壤 （等级）	土壤性状	适宜的农作物 及生长情况	适宜的其他 动植物	人们 体征	地力
五壤 （上）	芬然若泽若屯土。忍水旱	大水肠、细水肠，秫茎黄秀以慈。无不宜也（水稻类）			80%
五浮 （上）	捍然如米。以葆泽，不离不坯	忍隐，忍叶如藋叶，以长狐茸。黄茎、黑茎、黑秀，其粟大，无不宜也（穄类）			80%
五忥 （中）	廪焉如壏，润湿以处。忍水旱	大稷细稷，秫茎黄秀慈。忍水旱，细粟如麻（粟类）			70%
五纑 （中）	强力刚坚	大邯郸，细邯郸。茎叶如枎櫄，其粟大（稻类）			70%
五壏 （中）	芬焉若糠以脆	大荔、细荔，青茎黄秀			70%
五剽 （中）	华然如芬以脆	大秬、细秬，黑茎青秀（黍类）			60%
五沙 （中）	粟焉如屑尘厉	大赪、细赪，自茎青秀以蔓（黍类）			60%

续表

土壤（等级）	土壤性状	适宜的农作物及生长情况	适宜的其他动植物	人们体征	地力
五墒（中）	累然如仆累，不忍水旱	大穋杞、细穋杞，黑茎黑秀（黍类）			60%
五犹（下）	状如粪	大华、细华。白茎黑秀（黍类）			50%
五壮（下）	状如鼠肝	青梁，黑茎黑秀（粟类）			50%
五殖（下）	甚泽以疏，离坼以臞堉	雁善、黑实，朱跗、黄实（水稻类）			40%
五觳（下）	娄娄然，不忍水旱	大菽、细菽，多白实（大豆类）			40%
五凫（下）	坚而不骼	陵稍，黑鹅、马夫（稻类）			30%
五桀（下）	甚咸以苦，其物为下	白稻、长狭（稻类）			30%

3. 其他生态因子对植物的影响

除了重点叙述土壤质地、地势海拔、地下泉水等因素的生态功用外，《地员》的作者还论述了阳光、土壤动物等生态因子对植物生长的影响。根据现代植物生态学知识，我们知道各种不同植物对光照强度的需求不一样，按照对光照强弱的区别，可分为阳性植物、阴性植物和耐阴植物。阳性植物对光要求迫切，只有在足够的光照条件下才正常生长，在荫蔽和弱光条件下生长发育不良；而阴性植物则刚好相反，它们需要生长在适度荫蔽的环境下，不能忍受强烈的阳光直射。耐阴植物对光照具有较广的适应

续表

能力，虽然在完全光照下生长最好，但在适度荫蔽的环境下也能生长很好。《地员》的描述则体现出了这种认识，如"五粟之土，若在陵在山，在鹬在衍，其阴其阳，尽宜桐柞，莫不秀长"，是说不管在丘陵、山地的阴面还是阳面，都适宜种植桐树和柞树，都能生长良好。又如，"其阴则生之藜，其阳则安树之五麻"①，是说在山的阴面适合种植楂、藜，阳面则适合五麻。

《地员》对"五沃"土的描述为"五沃之状，剽怸囊土，虫易（豸）全（穴）处，怸剽不白，下乃以泽，其种，大苗细苗，彤茎黑秀箭长"。《尔雅·释虫》说："有足谓之虫，无足谓之豸。"②"豸"即指无足的虫，如蚯蚓之类。五沃土质地轻扬，各种虫豸穴居其中，土壤疏松而有空隙，土底保持湿润，所以种农作物生长很好。从现代生态学知识来看，土壤动物有多种生态功能。土壤动物对枯落物的分解功能，使有机物分解为植物能吸收的无机肥料；土壤动物自身在土壤中的活动能够提高土壤空隙度，增强土壤的透气性，提高土壤的抗旱保墒能力。而土壤动物的这些生态功能对作物的生长都是十分有利的。此外，《管子》还是记载农业复种制的最早文献，《管子·治国》说："河汝之间，蚤生而晚杀，五谷之所蕃孰也，四种而五获。"

二　生态经济思想

生态经济论认为社会经济系统是整个生态系统的一部分，生态系统决定了社会发展的最大限度；生态环境为人类社会提供了一个框架，社会应该在这个框架中采用最有效的方式来管理资源，使所有的资源都得到充分的利用。③ 生态经济论要求经济的发展必须遵循自然生态规律，而且要在遵循自然生态规律的前提下把经济发展到最优化。生态经济的目标就是要使经济与生态环境协调发展，使资源可持续利用，实现可持续发展。《管子》的社会经济发展主张蕴含着丰富的生态经济思想。

---

① （春秋）管仲：《管子译注》，刘柯、李克和译注，黑龙江人民出版社 2003 年版，第372—376 页。

② 徐朝华：《尔雅今注》，南开大学出版社 1994 年版，第 305 页。

③ 徐中民、张志强、程国栋：《生态经济学理论方法与应用》，黄河水利出版社 2003 年版，第 3 页。

1. 遵循自然规律，人与自然和谐发展

《管子》认为自然生态规律是客观存在的，是古今不变的，因此人们做事必须要遵循自然规律。《管子·形势》说："天不变其常，地不易其则，春夏秋冬不更其节，古今一也。"《管子·形势解》说："天，覆万物而制之；地，载万物而养之；四时，生长万物而收藏之。古以至今不更其道。故曰：'古今一也'。"《管子》认为做事情必须顺天而行，才能成功；否则即使在一定程度上取得小成就，终究也会大败而亡。《管子·形势》说："其功顺天者，天助之；其功逆天者，天违之。天之所助，虽小必大；天之所违，虽成必败。顺天者有其功。逆天者怀其凶，不可复振也。""失天之度，虽满必涸。"《管子》还对为什么要遵循自然规律作了解释，认为万物都受制于客观规律，所以要遵循客观规律。《管子·版法解》说："万物尊天而贵风雨。所以尊天者，为其莫不受命焉也。所以贵风雨者，为其莫不待风而动，待雨而濡也。"

《管子》在论述怎样遵循自然规律时，主要体现为顺天时、量地力，遵照客观规律办事。《管子·四时》说："不知四时，乃失国之基。"《管子·牧民》说："凡有地牧民者，务在四时，守在仓廪。……不务天时，则财不生；不务地利，则仓廪不盈。"对于一年四季春、夏、秋、冬的时令变化，《管子》有自己独到的见解，要求在恰当的时节做适宜的事情。《管子·形势解》说："春者，阳气始上，故万物生。夏者，阳气毕上，故万物长。秋者，阴气始下，故万物收。冬者，阴气毕下，故万物藏。故春夏生长，秋冬收藏，四时之节也。"[1] 对于建设国都和其他一些城市，要求"因天材，就地利，故城郭不必中规矩，道路不必中准绳"。[2]

但是《管子》并不要求消极地、绝对性地服从规律，完全抹杀人的主观能动性；而是辩证性地处理人与自然的关系，强调在遵循自然规律的前提下，重视、肯定"人"的作用，积极主动发展社会经济，实现人与自然的和谐发展。《管子·五行》说，"人与天调，然后天地之美生"；"天为粤宛，草木养长，五谷蕃实秀大，六畜牺牲具，民足财，国富，上

---

① （春秋）管仲：《管子译注》，刘柯、李克和译注，黑龙江人民出版社 2003 年版，第 389 页。

② 同上书，第 28 页。

下亲，诸侯和"。①再者，《管子》把"人力"当作和天时、地利并重的三大要素之一，提出了要求人与自然和谐发展的传统"三才论"思想。例如，对于"权"要根据"三度"来行动，"上度之天祥，下度之地宜，中度之人顺，此所谓三度"②。《管子·内业》说："天主正，地主平，人主安静。"③《管子·禁藏》也说："顺天之时，约地之宜，忠人之和，故风雨时，五谷实，草木美多，六畜蕃息，国富兵强。"虽然"三才论"是到《吕氏春秋·审时》才被完整地正式提出，但《管子》已经明显具有"三才论"这种思想意识了。

2. 生态消费、对大自然资源适度索取

生态消费是一种生态化的消费模式，是既符合社会生产力的发展水平，又符合人与自然的和谐、协调，既满足人的消费需求，又不对生态环境造成危害的消费行为。④《管子》的消费思想与现今生态消费观念表现出一致性。对于统治者而言，要求他们对老百姓的索取有度，花费有节制。《管子·权修》说，"地之生财有时，民之用力有倦"，"故取于民有度，用之有止，国虽小必安；取于民无度，用之不止，国虽大必危"⑤。《管子·八观》说："审度量，节衣服，俭财用，禁侈泰，为国之急也。"⑥《管子·禁藏》也说："夫明王不美宫室……不听钟鼓……故圣人之制事也，能节宫室，适车舆以实藏。"《管子·七臣七主》篇更将"节用"列为"明主"六务之首。但是，《管子》并不主张一味地节俭，而是主张一种恰到好处的适度消费，"故俭则伤事，侈则伤货。俭则金贱，金贱则事不成，故伤事。侈则金贵，金贵则货贱，故伤货"⑦。又《管子·八观》说："奸邪之所生，生于匮不足；匮不足之所生，生于侈；侈之所生，生于毋度。"而这种消费的度就是以满足人们的生活需要为标准，《管子·

---

① （春秋）管仲：《管子译注》，刘柯、李克和译注，黑龙江人民出版社 2003 年版，第 288 页。

② 同上书，第 59 页。

③ 同上书，第 319 页。

④ 秦鹏：《生态消费法研究》，法律出版社 2007 年版，第 30 页。

⑤ （春秋）管仲：《管子译注》，刘柯、李克和译注，黑龙江人民出版社 2003 年版，第 12 页。

⑥ 同上书，第 85 页。

⑦ 同上书，第 29 页。

禁藏》说："故立身于中，养有节。宫室足以避燥湿，饮食足以和血气，衣服足以适寒温，礼仪足以别贵贱，游虞足以发欢欣，棺椁足以朽骨，衣衾足以朽肉，坟墓足以道记。不作无补之功，不为无益之事，故意定而不营气情。"①

若是遇到水旱灾害等异常年份，则要求统治者及富贵者奢侈消费，以存活民众。《管子·乘马数》说："若岁凶旱水泆，民失本，则修宫室台榭，以前无狗后无彘者为庸。故修宫室台榭，非丽其乐也，以平国策也。"② 另外，当经济不景气时，也提倡侈靡消费，以振兴经济，《侈靡》篇着重对此进行了论述。经济不景气，怎么办呢？最好的解决办法是进行奢侈消费。"地重人载，毁敝而养不足，事末作而民兴之。""兴时化若何？""莫善于侈靡。"因为奢侈消费可以拉动经济，增加工作机会，使贫困者通过劳动而获得衣食。"积者立余食而侈，美车马而驰，多酒醴而靡。""尝至味而，罢至乐而，雕卵然后瀹之，雕悦然后爨之。""富者靡之，贫者为之，此百姓之怠生，百振而食，非独自为也，为之畜化。""巨瘞培，所以使贫民也；美垄墓，所以使文萌也；巨棺椁，所以起木工也；多衣衾，所以起女工也。犹不尽，故有次浮也，有差樊，有瘞藏。作此相食，然后民相利，守战之备合矣。""故上侈而下靡，而君、臣、相上下相亲，则君臣之财不私藏。然则贫动肢而得食矣。"③

对于自然资源的索取，《管子》也是讲究适度原则，使其能够可持续利用。《管子·八观》说："山林虽近，草木虽美，宫室必有度，禁发必有时，是何也？曰：大木不可独伐也，大木不可独举也，大木不可独运也，大木不可加之薄墙之上。故曰：山林虽广，草木虽美，禁发必有时；国虽充盈，金玉虽多，宫室必有度。江海虽广，池泽虽博，鱼鳖虽多，网罟必有正。"④

3. 保护自然，以时禁发

首先《管子》中有一种整体论，它认为"道"是万物的终极根源。

---

① （春秋）管仲：《管子译注》，刘柯、李克和译注，黑龙江人民出版社 2003 年版，第347—349 页。

② 同上书，第 445 页。

③ 同上书，第 238—244 页。

④ 同上书，第 209 页。

《管子·君臣上》说："道也者，万物之要也。"① 《管子·内业》也说："凡道无根无基，无叶无荣，万物以生，万物以成，命之曰道。"② 世界上的所有事物都统一在"道"的内涵之下，人也是"道"所统领下的一分子；人向自然索取适当的生活资料之后，应该去保护和调控自然。《管子·内业》又说："执一不失，能君万物。君子使物，不为物使。"

《管子》认为自然资源必须保护，它们是人民赖以生存的物质条件，也是国家富强的根本。《管子·轻重甲》说："山林、菹泽、草莱者，薪蒸之所出，牺牲之所起也。故使民求之，使民藉之，因以给之。"③ 《管子·立政》说："一曰山泽不救于火，草木不殖成，国之贫也。二曰沟渎不遂于隘，障水不安其藏，国之贫也。"④ 因此，保护好自然资源是君王的必须责任，否则将不能统治天下，"故为人君而不能谨守其山林、菹泽、草莱者，不可以立为天下王"。⑤ 为了保护好自然资源，要制定法律制度并安排相应官职去管理，"修火宪，敬山泽林薮积草；天财之所出，以时禁发焉。使民足于宫室之用，薪蒸之所积，虞师之事也。决水潦，通沟渎，修障防，安水藏，使时水虽过度，无害于五谷，岁虽凶旱，有所粉获，司空之事也"。⑥

这些保护措施的一个重要特点就是"以时禁发"，对自然资源的开采和索取要在恰当的时间进行，其他的时间则封禁保护。《管子·七臣七主》叙述了"明主"要有"四禁"，并且论述了如果不实行"四禁"将会带来的害处："四禁者何也？春无杀伐，无割大陵，俉大衍，伐大木，斩大山，行大火，诛大臣，收穀赋。夏无遏水达名川，塞大谷，动土功，射鸟兽。秋毋赦过、释罪、缓刑；冬无赋爵赏禄，伤伐五穀。故春政不禁，则百长不生。夏政不禁，则五谷不成。秋政不禁，则奸邪不胜。冬政不禁，则地气不藏。四者俱犯，则阴阳不和，风雨不时，大水漂州流邑，

---

① （春秋）管仲：《管子译注》，刘柯、李克和译注，黑龙江人民出版社 2003 年版，第 209 页。

② 同上书，第 319 页。

③ 同上书，第 516 页。

④ 同上书，第 20—21 页。

⑤ 同上书，第 516 页。

⑥ 同上书，第 20—21 页。

大风漂屋折树，火暴焚地燋草。天冬雷，地冬霆，草木夏落而秋荣，蛰虫不藏，宜死者生，宜蛰者鸣。苴多膡蟆，山多虫蚊，六畜不蕃，民多夭死。国贫法乱，逆气下生。"①《管子》的其他篇章也多有论述时禁的，例如，《管子·禁藏》说："当春三月……毋杀畜生，毋拊卵，毋伐木，毋夭英，毋拊竿，所以息百长也"②；《管子·四时》说："是故春三月……，无杀麛夭，毋蹇华绝芋。夏三月……令禁置设禽兽，毋杀飞鸟。"③《管子·五行》说："（春季）出国，衡顺山林，禁民斩木，所以爱草木也。然则冰解而冻释，草木区萌，赎蛰虫卵菱。春辟勿时，苗足本。不疠雏鷇，不夭麑麋，毋傅速，亡伤襁褓。"④《管子·轻重己》说："（夏季）毋聚大众，毋行大火，毋断大木，毋斩大山，毋戮大衍。"⑤ 总之，《管子》提出的时禁以及各种生态保护措施，就是为了保护好自然资源，使其可以被永续利用。

　　《管子》是我国春秋战国时期管仲和管仲学派的著述总集，包含诸子各家的思想，是我国古代最早的一部百科全书。⑥《管子》蕴含的丰富生态思想，表明了现代生态学的兴起和生态文明的提出是有悠久的东方历史渊源和背景的。而且，《管子》的生态思想并不是空穴来风，而是勤劳智慧伟大的中国先民们在与自然的接触和交往过程中对实践经验和认识的总结与概括，是中华文明几千年历史沉淀中的精华。例如，《管子》对黄帝时期的烧山毁林表示赞赏，而对夏后之王则表示批评，"黄帝之王……烧山林，破增薮，焚沛泽，逐禽兽，实以益人，然后天下可得而牧也"⑦（《管子·揆度》），"夏王之后，烧增薮，焚沛泽，不益民之利"⑧（《管子·国准》）。这就说明了，人与自然是一个辩证的关系，人必须要向自

① （春秋）管仲：《管子译注》，刘柯、李克和译注，黑龙江人民出版社 2003 年版，第 341 页。

② 同上书，第 347—349 页。

③ 同上书，第 281—282 页。

④ 同上书，第 288 页。

⑤ 同上书，第 566 页。

⑥ 袁名泽：《〈管子〉农学思想及其现代意义》，《管子学刊》2009 年第 1 期。

⑦ （春秋）管仲：《管子译注》，刘柯、李克和译注，黑龙江人民出版社 2003 年版，第 499 页。

⑧ 同上书，第 510 页。

然索取资源，但同时人也必须要依赖自然环境而生存，因此，人与自然必须建立一种友好共存、共同发展的和谐生态关系。现代工业文明由于对自然的任意索取和恣意破坏，已经造成了诸如环境污染、物种灭绝、资源枯竭等一系列生态危机，导致了现代社会发展的不可持续。因此，人类要想继续持续发展，就必须过渡到人与自然和谐发展的"生态文明"社会。《管子》悠久深厚的历史文化底蕴和丰富的生态思想对当今生态文明的建设是不无参考价值的。

第二节　《吕氏春秋》的生态思想

《吕氏春秋》是先秦典籍中唯一可以知道确切成书年代的书，本书的《序意》中说，"维秦八年，岁在涒滩，秋甲子朔。朔之日，良人请问十二纪"。高诱认为这里的"八年"就是秦始皇即位的第八年。有人根据"涒滩"为"太岁在申"之名，而认为是秦灭东周后八年，即秦始皇五年。还有一些说法，相差不过两三年之间①，它的成书年代应该位于公元前242—前239年之间。《吕氏春秋》"总晚周诸子之精英，荟先秦百家之眇义②"，"被天地万物古今之事③"，不仅论述了一整套的治国政治思想，也蕴含有丰富的生态思想。书中完整地提出了"三才论"这种具有生态系统性质的农学思想，论述了适度取物的可持续发展思想和以时禁发的生态保护思想。

一　农业生态思想

1. "三才论"农学思想的正式提出

《吕氏春秋·审时》完整地提出了中国传统农业史上著名的"三才论"，"夫稼，为之者人也，生之者地也，养之者天也"④；又"天下时，

---

① （战国）吕不韦编撰：《吕氏春秋译注》，张双棣、张万彬等译注，北京大学出版社2000年版，前言第3页。

② 转引自王启才：《〈吕氏春秋〉的生态观》，《江西社会科学》2002年第10期。

③ 汉河东高诱为《吕氏春秋》作的序。

④ （战国）吕不韦编撰：《吕氏春秋译注》，张双棣、张万彬等译注，北京大学出版社2000年版，第911—912页。

地生财，不与民谋"。① 《吕氏春秋·序意》也说："上揆之天，下验之地，中审之人，若此则是非可不可无所遁矣。天曰顺，顺维生；地曰固，固维宁；人曰信，信维听。三者咸当，无为而行。"② 这里的"天"、"地"、"人"就是"三才论"中的"三才"。更明确地讲，"三才"指的是天时、地利、人力或人和，在农业上，"天"指天气、自然规律等，"时"指时间性、季节等；"地利"指农业生产中田地的土壤状况；"人力"指人对农作物的管理、耕作。关于"三才论"其他典籍也多有论述，《淮南子·主术训》说："上因天时，下尽地财，中用人力，是以群生遂长，五谷蕃殖"③；《荀子·天论》说："天有其时，地有其财，人有其治，夫是之谓能参"④；《荀子·富国》中说："上得天时，下得地利，中得人和，则财货浑浑如泉源，汸汸如河海，暴暴如丘山，不时焚烧，无所藏之，夫天下何患乎不足也?"⑤《管子·禁藏》中说："顺天之时，约地之宜，忠人之和，故风雨时，五谷实，草木美多，六畜蕃息，国富兵强"⑥。"三才论"本质上就是一种生态系统思想，"人力"是与"天时"、"地利"并重的三大要素之一，要求人与自然和谐发展，辩证地处理人与自然的关系。"三才论"把农作物、天、地、人等各种因素看作一个有机统一的整体，对人的要求是一方面遵守各种自然规律，"顺天时，量地利"⑦；另一方面要求人积极主动地掌握各种自然规律，"中用人力"，对天时、地利、水等诸多生态因子进行有机统一地把握和调控、培育优良品种、改善土壤肥力、提高农业生产率、保护农业生态环境等，以调控好整个农业生态系统，实现农业生产的可持续发展。"三才论"对我国传统农

---

① （战国）吕不韦编撰：《吕氏春秋译注》，张双棣、张万彬等译注，北京大学出版社2000年版，第899页。

② 同上书，第332页。

③ （西汉）刘安编：《淮南子全文注释本》，阮清注释，华夏出版社2000年版，第178—179页。

④ （战国）荀况：《荀子校注》，岳麓书社2006年版，第201页。

⑤ 同上书，第114页。

⑥ （春秋）管仲：《管子译注》，刘柯、李克和译注，黑龙江人民出版社2003年版，第347—349页。

⑦ （北魏）贾思勰：《齐民要术译注》，缪启愉、缪桂龙译注，上海古籍出版社2006年版，第58页。

业的发展有很大的影响，它成为了中国传统农学的核心思想；中国古农书如《齐民要术》、《陈旉农书》、《王祯农书》、《农政全书》等，无不以"三才论"为其理论依据。

2. 顺天时，按作物的生长规律进行耕作

顺天时就是要遵循自然规律，按照时令、气候的变化而进行相应的农业生产。《吕氏春秋》论述了"时"在农业生产中的重要作用，要求抓住时机进行农业生产，要"以事适时"①。《吕氏春秋·义赏》从理论上叙述了农时的重要性："春气至则草木产，秋气至则草木落。产与落，或使之，非自然也。故使之者至，物无不为；使之者不至，物无可为。古之人审其所以使，故物莫不为用。"②根据农时适时耕作是农业生产必须遵循的原则，"圣人之所贵，唯时也。水冻方固，后稷不种，后稷之种必待春"③；又"无失民时，无使之治下。知贫富利器，皆时至而作，渴时而止"④。如果不顺"时"而进行农业生产，就会遭灾或者没有收获，"所谓今之耕也营而无获者，其蚤者先时，晚者不及时，寒暑不节，稼乃多菑"⑤；"斩木不时，不折必穗；稼就而不获，必遇天菑"⑥。《吕氏春秋·审时》里详细叙述了六种主要农作物"得时"与"失时"的差别（见表1—5、表1—6），所谓"失时"是指在不恰当的时间耕种，包括"先时"（种得过早）或"后时"（种得过晚）。总的来讲，"得时"的庄稼不仅长势好、产量高，而且营养更丰富，口味更好，人吃后身体更健康，头脑更聪明。"是故得时之稼兴，失时之稼约。茎相若，称之，得时者重，粟之多。量粟相若而舂之，得时者多米。量米相若而食之，得时者忍饥。是故得时之稼，其臭香，其味甘，其气章，百日食之，耳目聪明，心意睿智，四卫变强，殃气不入，身无苛殃。"⑦

---

① （战国）吕不韦编撰：《吕氏春秋译注》，张双棣、张万彬等译注，北京大学出版社2000年版，第705页。

② 同上书，第395页。

③ 同上书，第389页。

④ 同上书，第899页。

⑤ 同上书，第905页。

⑥ 同上书，第911—912页。

⑦ 同上。

表 1—5　　　　《审时》所载"得时"与"失时"对农作物的影响

农作物	得时	先时	后时
禾	长秱长穗，大本而茎杀，疏穖而穗大，其粟圆而薄糠，其米多沃而食之强。如此者不风。	茎叶带芒以短衡，穗鉅而芳夺，秕米而不香。	茎叶带芒而末衡，穗阅而青零，多秕而不满。
黍	芒茎而徽下，穗芒以长，抟米而薄糠，舂之易，而食之不噮而香。如此者不饴。	大本而华，茎杀而不遂，叶藁短穗。	小茎而麻长。短穗而厚糠，小米钳而不香。
稻	大本而茎葆，长秱疏穖。穗如马尾，大粒无芒，抟米而薄糠，舂之易而食之香。如此者不益。	本大而茎叶格对，短秱短穗，多秕厚糠，薄米多芒。	纤茎而不滋，厚糠多秕，廒辟米，不得待定熟，卬天而死。
麻	必芒以长，疏节而色阳，小本而茎坚，厚枲以均，后熟多荣，日夜分复生。如此者不蝗。		
菽	长茎而短足，其荚二七以为族，多枝数节，竞叶蕃实，大菽则圆，小菽则抟以芳，称之重，食之息以香。如此者不虫。	必长以蔓，浮叶疏节，小荚不实。	短茎疏节，本虚不实。
麦	秱长而颈黑，二七以为行，而服薄糵而赤色，称之重，食之致香以息，使人肌泽且有力。如此者不蚼蛆。	暑雨未至，胕动蚼蛆而多疾，其次羊以节。	弱苗而穗苍狼，薄色而美芒。

用现代汉语表述，则如表1—6所示：

表1—6　　《审时》六种作物"得时""失时"生产效果比较表

作物	得时			先时		后时	
	植株	子实	其他	植株	子实	植株	子实
禾（粟）	茎秆坚硬，穗子长大	籽粒饱满，糠薄，米粒油润	吃着有力	茎叶细弱，穗子秃钝	有秕粒，米不香	茎叶细弱，穗子尖细	有青粒，不饱满
黍	茎高而直，穗子长大	米圆糠薄	容易舂，有香味	植株高大，但不坚实，叶子繁盛，穗子短小		茎矮细弱，穗子短小	糠皮厚，子粒小，不香
稻	植株强大，分蘖较多，穗如马尾	子粒饱满，米圆糠薄	容易舂，有香味	植株高大，茎叶徒长，穗子短小	秕谷多，糠皮厚，米粒薄	植株细弱	秕谷多，糠皮厚，子粒小
麻	株高节间长，茎细而坚实，色泽鲜亮	花多，子多	纤维厚而均匀，可以免蝗				
菽	茎秆强大，分枝较多，叶密荚多	豆粒大而圆，饱满	容易饱，有香味，不受虫害	茎叶徒长，叶稀节疏	秕荚多	茎短节疏，植株细弱	不结实
麦	穗长色深，小穗七八对	籽粒饱满，子粒重大	容易饱，有香味，不受虫害		粒小而不饱满	易遭病虫害，苗弱穗青	不成熟

注：本表引自梁家勉的《中国农业科学技术史稿》①

———————————

①　梁家勉：《中国科学技术史稿》，农业出版社1989年版，第132页。

正因为《吕氏春秋》认为时节对农业生产如此重要，所以它在"十二纪"里根据天文、物候、气象等特征把一年分为四季十二月，并且对每月所适宜的农事活动都进行了安排，以供人们抓住适宜的农时进行生产劳动。《吕氏春秋》的时节划分和农事安排如表1—7所示。

表1—7　　　　　《吕氏春秋》的时节划分和农事安排

月份	节气	天象	物候	天气与阴阳	农事
孟春	立春	日在营室，昏参中，旦尾中	东风解冻，蛰虫始振，鱼上冰，獭祭鱼，候雁北	天气下降，地气上腾，天地和同，草木繁动	天子祈谷于上帝；躬耕帝籍；王布农事；发布禁令
仲春	日夜分	日在奎，昏弧中，旦建星中	桃李华，苍庚鸣，鹰化为鸠，蛰虫咸动	始雨水，雷乃发声，始电	耕者少舍，乃修阖扇
季春		日在胃，昏七星中，旦牵牛中	桐始华，田鼠化为鴽，萍始生，	虹始见，时雨将降，下水上腾；生气方盛，阳气发泄，生者毕出，萌者尽达，不可以内	修利堤防，导达沟渎。具栚曲篆筐，后妃斋戒，亲东乡躬桑，禁妇女无观，省妇使，劝蚕事。合累牛、腾马、游牝于牧
孟夏	立夏	日在毕，昏翼中，旦婺女中	蝼蝈鸣，丘蚓出，王菩生，苦菜秀，靡草死，麦秋至		劳农劝民，无或失时。命农勉作，无伏于都。驱兽无害五谷，农乃升麦。聚蓄百药。蚕事既毕，后妃献茧
仲夏	小暑，日长至	日在东井，昏亢中，旦危中	螳螂生，鵙始鸣，反舌无声，鹿角解，蝉始鸣，半夏生，木堇荣	阴阳争，死生分	农乃登黍，游牝别其群，则絷腾驹，班马正

月份	节气	天象	物候	天气与阴阳	农事
季夏		日在柳，昏心中，旦奎中	蟋蟀居宇，鹰乃学习，腐草化为蚈	凉风始至，水潦盛昌，土润溽暑，大雨时行	伐蛟取鼍，升龟取鼋，入材苇，收秩刍，养牺牲；无举大事妨农；烧薙行水，利以杀草，如以热汤，可以粪田畴，可以美土疆
孟秋	立秋	日在翼，昏斗中，旦毕中	寒蝉鸣，鹰乃祭鸟，用始刑戮	凉风至，白露降，天地始肃	农乃升谷；完堤防，谨壅塞，以备水潦；
仲秋	日夜分	日在角，昏牵牛中，旦觜巂中	候雁来，玄鸟归，群鸟养羞，蛰虫俯户	凉风生，雷乃始收声，杀气浸盛，阳气日衰，水始涸	修囷仓，趣民收敛，务蓄菜，多积聚；劝种麦
季秋	霜始降	日在房，昏虚中，旦柳中	候雁来，宾爵入大水为蛤；菊有黄华，豺则祭兽戮禽，草木黄落，蛰虫咸俯在穴	霜始降	伐薪为炭。农事备收，举五谷之要，田猎
孟冬	立冬	日在尾，昏危中，旦七星中	水始冰，地始冻，雉入大水为蜃	虹藏不见，天气上腾，地气下降，天地不通，闭而成冬	谨盖藏，收水泉池泽之赋，祈来年，劳农休息

月份	节气	天象	物候	天气与阴阳	农事
仲冬	日短至	日在斗，昏东壁中，旦轸中	冰益壮，地始坼，鹖鴠不鸣，虎始交，芸始生，荔挺出，蚯蚓结，麋角解，水泉动	阴阳争，诸生荡	酿酒，打猎，伐林木，取竹箭
季冬		日在婺女，昏娄中，旦氐中	雁北乡，鹊始巢，雉雊鸡乳，征鸟厉疾，冰方盛，水泽复		命渔师始渔；命司农计耦耕事，修耒耜，具田器；命四监收秩薪柴

　　由表1—7可知，《吕氏春秋》的指时系统包括天象、物候、天气等多个方面，是通过长期实践观察而总结出来的经验科学。《吕氏春秋》的作者强调每个月份都要执行正确的时令政策，他在"十二纪"首篇的每篇篇末都叙述了执行错误的时令将会带来的危害，例如，"孟春行夏令，则风雨不时，草木早槁，国乃有恐；行秋令，则民大疫，疾风暴雨数至，藜莠蓬蒿并兴；行冬令，则水潦为败，霜雪大挚，首种不入"①；"孟夏行秋令，则苦雨数来，五谷不滋，四鄙入保；行冬令，则草木早枯，后乃大水，败其城郭；行春令，则虫蝗为败，暴风来格，秀草不实"②；"孟秋行冬令，则阴气大胜，介虫败谷，戎兵乃来；行春令，则其国乃旱，阳气复还，五谷不实；行夏令，则多火灾，寒热不节，民多疟疾"③；等等。突出表明了《吕氏春秋》对把握正确时节的高度重视。

　　3. 因地制宜、合理密植、轮作等其他生态耕种思想

　　《吕氏春秋》要求因地制宜地进行耕种，因为各地的土壤理化性质、

---

　　① （战国）吕不韦编撰：《吕氏春秋译注》，张双棣、张万彬等译注，北京大学出版社2000年版，第2页。

　　② 同上书，第89页。

　　③ 同上书，第177页。

气候状况都有差别，因地制宜能够增加农作物的产量。《孟春》篇明确提出了因地制宜思想，"善相丘陵阪险原隰，土地所宜，五谷所殖"①；它的《任地》篇叙述了根据不同的土壤特性而采取不同耕作方法的总体性原则："力者欲柔，柔者欲力；息者欲劳，劳者欲息；棘者欲肥，肥者欲棘；急者欲缓，缓者欲急；湿者欲燥，燥者欲湿。"② 对于地势高的田，就不要把庄稼种在田垄上；而低洼的田地，则不要把庄稼种在垄沟里。"上田弃亩，下田弃甽。"③ 耕地和锄地也很有讲究，耕地要在土壤湿润的时候进行，而锄地则要在土壤干旱的时候进行，"地可使肥，又可使棘：人肥必以泽，使苗坚而地隙；人耰必以旱，使地肥而土缓"④。对含水量不同的田地，《吕氏春秋》也叙述了耕地原则，一定要从含水少的垆土开始耕，而柔润的地则一定要放到后面再耕，"凡耕之道，必始于垆，为其寡泽而后枯。必厚其靹，为其唯厚而及。饍者菹之，坚者耕之，泽其靹而后之"⑤。地势高的地要注意耙平，而地势低的则要先把积水放尽，"上田则被其处，下田则尽其污"⑥。对于刚硬的土地要等到它软熟后再耕种，"垆埴冥色，刚土柔种"。⑦

《吕氏春秋·辩土》论述了合理密植思想，既不主张种得过密，也不主张种得过疏，"慎其种，勿使数，亦无使疏"⑧。现代生态学表明，自然界中的植物种群的种内关系表现为密度效应、他感作用等。密度效应有两个基本规律⑨：（1）最后产量恒值法则；（2）－3/2 自疏法则。最后产量恒值法则是说，在一定范围内，当条件相同时，起初产量会随着种植的密度增加而增加，但到达一定程度后，不管如何提高一个种群的密度，最后的产量总是差不多一样的。－3/2 自疏法则是指，当种群密度过高时，有

---

① （战国）吕不韦编撰：《吕氏春秋译注》，张双棣、张万彬等译注，北京大学出版社 2000 年版，第 2 页。

② 同上书，第 899 页。

③ 同上。

④ 同上。

⑤ 同上书，第 905 页。

⑥ 同上。

⑦ 同上书，第 906 页。

⑧ 同上。

⑨ 同上书，第 89—100 页。

些植株会在生长过程中死亡，即种群出现"自疏现象"。这两个规律用在农业生产上，就是要根据实际情况合理密植，使植株的密度刚好达到土地的最大产能，过稀或过密都不利于农业生产。《吕氏春秋》的作者在实践观察的基础上，叙述了庄稼种得过疏和过密的害处。种得过密是"三盗"之一，"既种而无行，耕而不长，则苗相窃也"[①]；又，过疏或过密都不好，"树肥无使扶疏，树墝不欲专生而族居。肥而扶疏则多秕，墝而专居则多死"[②]。那么怎样才能做到合理密植呢？庄稼的密植程度除了跟土壤的肥力有关系外，《吕氏春秋》还叙述了庄稼所应该种植密度的一般规则，"是以六尺之耜，所以成亩也；其博八寸，所以成甽也；耨柄尺，此其度也；其博六寸，所以间稼也"。而且，禾苗小的时候应该独生为好，长起来后就应当三株一簇产量高，"苗，其弱也欲孤，其长也欲相与居，其熟也欲相扶。是故三以为族，乃多粟"[③]。

《吕氏春秋》叙述了为农作物除去杂草，给其除去竞争对手；提到了作物轮栽的好处。不注意除草，地里的杂草就会成为严重影响庄稼生长的"三盗"之一，"弗除则芜，除之则虚，则草窃之也"[④]。通过对田地的精耕细作可以减少杂草和害虫，"五耕五耨，必审以尽。其深殖之度，阴土必得。大草不生，又无螟蜮"[⑤]。此外，还有利用天然杂草作肥料，以便改良土壤的思想，"季夏，……烧薙行水，利以杀草，如以热汤，可以粪田畴，可以美土疆"[⑥]。最后，《吕氏春秋》已经有了农作物轮栽的记载，意识到禾麦轮栽能够提高两者的收成，"今兹美禾，来兹美麦"[⑦]。

二　生态保护思想

1. 适度取物、可持续发展

《吕氏春秋》对自然资源有很强的保护意识，主张适度取物，以便实

---

① （战国）吕不韦编撰：《吕氏春秋译注》，张双棣、张万彬等译注，北京大学出版社2000年版，第905页。

② 同上书，第906页。

③ 同上。

④ 同上书，第905页。

⑤ 同上书，第899页。

⑥ 同上书，第146页。

⑦ 同上书，第899页。

现资源的可持续利用和社会的可持续发展。《吕氏春秋》鲜明地表达了自然资源的可持续利用思想，"竭泽而渔，岂不获得？而明年无鱼；焚薮而田，岂不获得？而明年无兽"①；又"夫覆巢毁卵，则凤凰不至；刳兽食胎，则麒麟不来；干泽涸渔，则龟龙不往"②。如果只是对现今有利，而不利于后世，那么这样的事则不能做，"天下之士也者，虑天下之长利，而固处之以身若也。利虽倍于今，而不便于后，弗为也"③。《吕氏春秋·异用》还记载有一个生动的"网开三面"的动物保护故事，充分表明了适度取物的生态保护思想：

> 汤见祝网者，置四面，其祝曰："从天坠者，从地出者，从四方来者，皆离吾网。"汤曰："嘻！尽之矣。非桀，其孰为此也？"汤收其三面，置其一面，更教祝曰："昔蛛蝥作网罟，今之人学纾。欲左者左，欲右者右，欲高者高，欲下者下，吾取其犯命者。"④

为了实现这种适度取物，使自然资源能够被可持续利用，《吕氏春秋》制定了比较完善的以时禁发措施。规定，只有在合适的时节才能对自然资源进行索取、采伐，其他时间则都予以封禁。

2. 较完善的以时禁发制度，保护自然资源

《吕氏春秋》制定的以时禁发制度，以月为单位，对全年进行规划，哪些月份禁止做什么、哪些月份可以做什么，都有比较详细的规定。《吕氏春秋》的这种保护自然资源的以时禁发规则详见表1—8。

表1—8　　　　　　　《吕氏春秋》的以时禁发生态保护制度

月份	禁止的内容	可以采猎的内容
孟春	命祀山林川泽，牺牲无用牝，禁止伐木；无覆巢，无杀孩虫、胎夭、飞鸟，无麛无卵	

---

① （战国）吕不韦编撰：《吕氏春秋译注》，张双棣、张万彬等译注，北京大学出版社2000年版，第396页。

② 同上书，第343页。

③ 同上书，第693页。

④ 同上书，第278页。

月份	禁止的内容	可以采猎的内容
仲春	无竭川泽，无漉陂池，无焚山林；祀不用牺牲，用圭璧，更皮币	
季春	田猎罝弋，罝罘罗网，喂兽之药，无出九门；命野虞无伐桑柘	
孟夏	无起土功，无发大众，无伐大树	
仲夏	令民无刈蓝以染，无烧炭；无用火南方	
季夏	树木方盛，乃命虞人入山行木，无或斩伐	伐蛟取鼍，升龟取鼋，入材苇，收秩刍
孟秋		
仲秋		趣民收敛，多积聚
季秋		田猎；草木黄落，乃伐薪为炭
孟冬		
仲冬		山林薮泽，有能取疏食田猎禽兽者，野虞教导之；水泉动则伐林木，取竹箭
季冬		命渔师始渔，命四监收秩薪柴，以供寝庙及百祀之薪燎

从表1—8可以看出，在野生动植物繁殖和生长发育的春季和初夏，是禁止对它们猎取或开采的；对野生动植物资源的索取是放在夏末和秋冬季进行的。这种有节制地利用自然资源，一方面，尽可能地满足人们对各种物质的需求；另一方面，起到了对自然资源的保护作用。春夏季禁止开采，不仅保护了野生动植物，让它们能够更多地繁殖后代并生长发育；同时还为秋冬季能够猎取更多的动植物资源奠定了基础。

此外，《吕氏春秋》的作者认为，立四时之禁还具有阻止各种杂活妨害农时的作用：

然后制四时之禁：山不敢伐材下木，泽人不敢灰僇，缳网罝罦不敢出于门，罛罟不敢入于渊，泽非舟虞不敢缘名：为害其时也。①

总之，《吕氏春秋》所主张的自然资源利用观点是一种适度取物的可持续发展思想。而且，《吕氏春秋》的作者还意识到人体健康与自然环境的关系，"轻水所，多秃与瘿人；重水所，多尰与躄人；甘水所，多好与美人；辛水所，多疽与痤人；苦水所，多尩与伛人"②，因此人们应该选择水质好的水源作饮用水，避免引用水质差的水。

另外，从生态伦理角度看，《吕氏春秋》主张一种与孔孟思想相一致的人本主义，主张"仁"只能施用于人类本身，对于其他类事物则不能"仁"，"仁于他物，不仁于人，不得为仁。不仁于他物，独仁于人，犹若为仁。仁也者，仁乎其类者也"③（《吕氏春秋·爱类》）。

第三节　《尚书·禹贡》与《周礼》的生态思想

一　《尚书·禹贡》的生态思想

《尚书》是我国最古老的官方史书，是我国第一部上古历史文献和部分追述古代事迹著作的汇编，它保存了商周特别是西周初期的一些重要史料。《尚书》相传由孔子编撰而成，但有些篇是后来儒家补充进去的。《禹贡》是《尚书》中的一篇，它是"留传下来的最古老的中国地理学文献"④，其序言就说"禹别九州，随山浚川，任土作贡"。⑤《禹贡》的作者将当时的中国划分为"冀、兖、青、徐、扬、荆、豫、梁、雍"⑥九个州，叙述了各个州的地理位置、土壤植被、物产贡赋等，并对各个州土壤的等级进行了划分。这种将各地动植物与当地土壤、气候等生态因子相结

---

① （战国）吕不韦编撰：《吕氏春秋译注》，张双棣、张万彬等译注，北京大学出版社 2000年版，第 892 页。

② 同上书，第 65 页。

③ 同上书，第 754 页。

④ ［英］李约瑟：《中国科学技术史（第六卷　第一分册　植物学）》，科学出版社、上海古籍出版社 2006 年版，第 72 页。

⑤ 黄怀信：《尚书注训》，齐鲁书社 2002 年版，第 65—84 页。

⑥ 同上。

合的论述，主张因地制宜发展农业的思想，与现代生态学表现出一致性。《尚书·禹贡》生态思想的详情如表1—9所示。

表1—9　　　《尚书·禹贡》记载的九州自然环境与生物的关系

九州名称	地理范围①	土壤及等级	动植物
冀	河北西部北部，山西、河南北部等地	白壤；中中	
兖	山东西部和北部，河南东南部	黑坟；中下	厥草惟繇，厥木惟条，桑蚕
青	山东东部等地	白坟；上下	海物，松
徐	山东南部，江苏北部，安徽北部等地	赤埴坟；上中	草木渐包；羽畎夏翟，峄阳孤桐，泗滨浮磬，淮夷蠙珠暨鱼
扬	江苏、安徽、浙江南部，江西等地	涂泥；下下	篠簜既敷，厥草惟夭，厥木惟乔，阳鸟；象；鸟类；旄牛；橘柚；贝类
荆	湖北、湖南等地	涂泥；下中	鸟类；旄牛；象；杶，榦，栝，柏，菁茅，大龟
豫	河南，湖北北部等地	壤、坟垆；中上	漆，枲
梁	陕西南部，四川等地	青黎；下上	熊，罴，狐，狸
雍	陕西北部，甘肃等地	黄壤；上上	

　　《尚书·禹贡》在对各地物产的记叙中，主要记载的是各个州的朝贡品；对各州生态环境侧重于叙述土壤，不仅论述了九个州各自的土壤质地、颜色和类型，而且还对它们进行了排序和等级划分。在对生态环境的描述中，只有"兖、徐、扬"三州的描述比较详细，记叙了代表性植物及其长势，兖州是"厥草惟繇，厥木惟条"；徐州是"草木渐包"；扬州是

　　① 本栏引自卢嘉锡总主编，董恺忱、范楚玉分卷主编《中国科学技术史：农学卷》，科学出版社2000年版，第114页。

"篠簜既敷，厥草惟夭，厥木惟乔"①。"青、荆、豫、梁"这四个州没有涉及土壤以外的生态环境描述，但可以从它对朝贡品的记叙中知道一些特产的动植物；"冀、雍"两州不仅没有叙述土壤以外的生态环境，就连贡品中也没有涉及具体的动植物。著名科学史学家李约瑟觉得《禹贡》"显然在某一时期被节略，所以有些部分被删去了"②，他认为所有的州的记叙都应该像"兖、徐、扬"三州一样的详尽。当然，李约瑟说法只是一种推论，并不一定就是实情；就算其他六州的描述也如"兖、徐、扬"三个州一样，客观地评价，《禹贡》的关于各个州的生态环境与其所适宜的动植物的描述仍然是比较简单的。这也从一个方面标示着《禹贡》的成书年代的远古性。

二　《周礼》的生态思想

《周礼》中国古代著名的"三礼"③之一，为儒家经典；《周礼》总共包括天官、地官、春官、夏官、秋官、冬官等六篇，但是冬官篇已亡，汉儒于是取性质与之相似的《考工记》补其缺。《周礼》是一本具有一些神秘色彩的书，因为从它面世之后连地位很高的儒者都没见过便被藏入秘府，从此便无人知晓。直到汉成帝时，刘向、刘歆父子校理秘府所藏的文献，才重又发现此书，并加以著录。《周礼》据说原名《周官》，为西汉景帝、武帝之际，河间献王刘德从民间征得，并献给朝廷。王莽时，《周官》被刘歆荐入官学，并改名为《周礼》。又有人说，因为秦始皇的焚书坑儒，所以，为了使《周礼》一书免于被毁，它便被藏了起来，直到汉武帝提倡儒学才被献出；由于它藏在皇家图书馆，所以一般人看不到。

《周礼》的作者和成书年代同样存在较大的争议。《周礼》据说为周公所作，最先提倡这种说法的是西汉的刘歆。东汉末年郑玄在给《周礼》作注时明确指出《周礼》是周公所作，他说："周公居摄而作六典之礼，谓之《周礼》。七年，致政成王，以此礼授之，使居洛邑治天下。"④由于

---

①　黄怀信：《尚书注训》，齐鲁书社 2002 年版，第 65—84 页。

②　[英]李约瑟：《中国科学技术史》（第六卷　第一分册　植物学），科学出版社、上海古籍出版社 2006 年版，第 80—81 页。

③　"三礼"即指《周礼》、《仪礼》和《礼记》。

④　吕友仁：《周礼译注》，中州古籍出版社 2004 年版，前言第 2 页。

郑玄是礼学的权威，一言九鼎，因此，古代的主流学者一般都认定《周礼》是西周时期的周公所作。但是到今天，仍然坚持这种说法的人已经不多。目前大多数学者认为《周礼》既不是周公本人所作，也不是刘歆冒名伪造，其作者很难指实。[①] 关于《周礼》的成书年代，大家也是众说纷纭，但总体上看，认为成书于先秦时期的居多。

1. 《周礼·职方氏》记载的生物与环境关系

《职方氏》一文属于《周礼·夏官》篇，职方氏是《周礼》所设立的官名，他的职责是"掌天下之图，以掌天下之地。辨其邦国、都鄙、四夷、八蛮、七闽、九貉、五戎、六狄之人民，与其财用、九谷、六畜之数要，周知其利害"[②]。也就是负责调查研究全国各地的生态环境、所适宜种植的农作物、所适宜畜养的动物、当地的居民情况，等等。《职方氏》一文所记载的内容具有很强的生态学意味，详情如表1—10所示。

表1—10　　　《周礼·职方氏》记载的各州自然环境与生物的关系

九州名称	地理范围[③]	山川河流湖泊	适宜种植的作物	适宜畜养的动物	其他特产生物	当地人的男女比例
扬	安徽南部、江苏南部、浙江、江西等地	会稽、具区、三江、五湖、	稻	鸟兽	竹、箭	二男五女
荆	湖北、湖南等地	衡山、云梦、江、汉、颖、湛	稻	鸟兽	齿、革	一男二女
豫	河南南部、湖北北部、安徽北部等地	华山、圃田、荥、雒、波、溠	黍、稷、菽、麦、稻	马、牛、羊、猪、犬、鸡	林、漆、丝、枲	二男三女

① 吕友仁：《周礼译注》，中州古籍出版社2004年版，前言第4页。
② 同上书，第431页。
③ 本栏引自卢嘉锡总主编，董恺忱、范楚玉分卷主编《中国科学技术史·农学卷》，科学出版社2000年版，第114页。

续表

九州名称	地理范围①	山川河流湖泊	适宜种植的作物	适宜畜养的动物	其他特产生物	当地人的男女比例
青	山东南部、安徽北部、江苏北部等地	沂山、望诸、淮、泗、沂、沭	稻、麦	鸡、狗	蒲、鱼	二男二女
兖	河北南部、山东西部和中部等地	岱山、大野、河、沛、卢、维	黍、稷、稻、麦	马、牛、羊、猪、犬、鸡	蒲、鱼	二男三女
雍	陕西、甘肃、四川等地	岳山、弦蒲、泾、汭、渭、洛	黍、稷	牛、马		三男二女
幽	河北及山东沿海地区等地	医无闾、貔养、河、沛、菑、时	黍、稷、稻	马、牛、羊、猪	鱼	一男三女
冀	河南北部、山西南部等地	霍山、杨纡、漳、汾、潞	黍、稷	牛、羊	松、柏	五男三女
并	山西北部、河北北部等地	恒山、昭馀祁、虖池、呕夷、淶、易	黍、稷、菽、麦、稻	马、牛、羊、犬、猪		二男三女

　　对比表1—10与表1—9，可以发现《职方氏》对九州的生态环境与相应生物的关系的描述比《禹贡》要详细得多，同时，二者对中国九州的命名和划分也有一些区别。不仅有两个州在名称上不同，而且那些名称相同的州在具体的地理范围上也存在差异。《职方氏》记叙了各州的山川、河流、湖泊等自然环境，详细列出了各州所适宜种植的作物、适宜畜养的动物和一些生物特产，并且还叙述了在不同生态环境下各个州的男女

　　①　本栏引自卢嘉锡总主编，董恺忱、范楚玉分卷主编《中国科学技术史·农学卷》，科学出版社2000年版，第114页。

性别比例。这是典型的研究生物与环境关系的资料文献。《职方氏》含有生物的生长发育应当与相应的生态环境相适宜的思想，在农业生产上就是因地制宜和因物制宜。即不同生态环境下应该种植不同的农作物、畜养不同的动物；反过来，对于不同的农作物、不同的畜养动物，就应该为它们选择它们各自能适应的生长环境。

2. 其他篇章的生态耕作思想

《草人》一文属于《周礼·地官》篇。"草人"也是《周礼》设置的官职，其职责是"掌土化之法以物地，相其宜而为之种"①，即掌握改良土壤的方法，根据土壤的性状、颜色决定如何施肥，因地制宜地种植农作物。夏伟瑛先生认为"草人"应该就是"植物学者"；虽然古时有没有植物学者的职位是有待考究的，但确信无疑的是《周礼》的作者是想要设置这样一种官职，这就说明了当时是有明白"草土之道"的植物学者的。②《草人》里这种因地制宜的耕作方法，与现代生态农业的经营思想是一致的，详情见表1—11。

表1—11　　　　　《周礼·草人》的因地制宜耕作方法

土壤类型	改良方法③
骍刚（赤色坚硬的土壤）	牛（撒牛的骨灰）
赤缇（浅红色但不坚硬的土壤）	羊（撒羊的骨灰）
坟壤（肥沃的土壤）	麋（撒麋的骨灰）
渴泽（湿润的泥土）	鹿（撒鹿的骨灰）
咸潟（盐碱地）	貆（撒貆的骨灰）
勃壤（质地松散的土壤）	狐（撒狐的骨灰）
埴垆（黑色的黏土）	豕（撒猪的骨灰）
强㯺（坚硬成块的土壤）	蕡（撒麻子饼）
轻㯺（容易粉碎的白色土壤）	犬（撒狗的骨灰）

① 吕友仁：《周礼译注》，中州古籍出版社2004年版，第209页。
② 夏伟瑛：《〈周礼〉书中有关农业条文的解释》，农业出版社1979年版，第40页。
③ 关于"粪种"的解释说法不一，郑玄以为以骨汁浸种子，"种"读上声。江永则认为以骨灰撒在地里，使土地肥美，"种"读去声。笔者认为江永说法有理，姑且从之。其实也有可能是用动物的粪便来肥地。

由表1—11可知，《草人》的作者根据土壤的颜色、硬度、盐碱度等理化特征将土壤分成骍刚、赤缇、坟壤等九大类，对每种类型的土壤采取因地制宜施用合适的肥料的方法来改良土地，以提高农作物产量。至于这种土壤分类方法和相应的土壤改良方法是否科学有效，因为没有相应的实践资料，故不好断定。但是，这种因地制宜的思想却是科学和合理的，也是值得继承和发扬的。《草人》所述主要是因地制宜地改良土地，《周礼·司稼》则论述了因物制宜地种植农作物。"司稼：掌巡邦野之稼，而辨穜稑之种，周知其名与其所宜地，以为法而县于邑闾"①，这里的司稼的职责就是调查研究各种农作物的名称及其所适宜种植的地方，并把这些信息悬挂在邑中的闾门，以便百姓知道遵循。《周礼·土方氏》所载的职责则包括了《草人》所述的"土化"和"因地、因物制宜"两个方面，"土方氏：……以辨土宜、土化之法，而授任地者"②。又《周礼·地官司徒·大司徒》里规定大司徒的职责有：考察各地生物（包括当地居民）与环境的关系，并且要根据各地的具体生态环境情况施用相应的政策：

> 大司徒之职：……周知九州之地域、广轮之数，辨其山林、川泽、丘陵、坟衍、原隰之名物；而辨其邦国都鄙之数，制其畿疆而沟封之，设其社稷之壝而树之田主，各以其野之所宜木，遂以名其社与其野。
>
> 以土会之法辨五地之物生：一曰山林，其动物宜毛物，其植物宜皂物，其民毛而方；二曰川泽，其动物宜鳞物，其植物宜膏物，其民黑而津；三曰丘陵，其动宜羽物，其植物宜核物，其民专而长；四曰坟衍，其动物宜介物，其植物宜荚物，其民皙而瘠；五曰原隰，其动物宜裸物，其植物宜丛物，其民丰肉而庳。
>
> 以土宜之法辨十有二土之名物，以相民宅而知其利害，以阜人民，以蕃鸟兽，以毓草木，以任土事。辨十有二壤之物而知其种，以教稼穑树艺。
>
> 以土均之法辨五物九等，制天下之地征，以作民职，以令地贡，

---

① 吕友仁：《周礼译注》，中州古籍出版社2004年版，第225页。
② 同上书，第440页。

以敛财赋，以均齐天下之政。①

　　《周礼·薙氏》叙述了因时制宜的除草方法，各个季节采用不同的方法除草，还有通过烧草、沤草把杂草变成肥料的思想，"薙氏：掌杀草。春始生而萌之，夏日至而夷之，秋绳而芟之，冬日至而耜之。若欲其化也，则以水火变之"②。《周礼·迹人》则含有较强的生态资源保护意识，禁止捕杀幼小的野兽，禁止掏取鸟卵，"迹人：掌邦田之地政，为之厉禁而守之。凡田猎者受令焉。禁麛卵者与其毒矢射者"③。《周礼·冬官考工记》④记载了著名的生物应当与自然环境相适应的思想，"橘逾淮而北为枳，鸜鹆不逾济，貉逾汶则死，此地气然也"⑤。"橘逾淮而北为枳"一说在后来的《晏子春秋》、《淮南子》等书中也有类似的记载。《晏子春秋·内篇杂下》记载晏婴语："橘生淮南则为橘，生于淮北则为枳，叶徒相似，其实味不同。所以然者何？水土异也。"⑥《淮南子·原道训》说："故橘树之江北则化而为枳。"⑦这里是说，南方的橘树移栽到北方，就会变成小灌木、变成枳，强调自然环境对生物的重要影响。从现代植物学看，橘和枳属于同一科，都是芸香科（Rutaceae）植物，但他们属于不同的属。橘（Citrus reticulata Blanco）即柑橘，属于柑橘属；枳［Poncirus trifoliata（L.）Raf.］，通称为"枳橘"，属于枳属。橘和枳实际上是不同的属的植物，他们之间是不能直接转化的。枳是野生植物，适应性强，淮南淮北都有分布；而橘对温度的要求较高，一般只能生长于淮河⑧以南地区，在北方则会被冻死。因此，古人的见解虽有缺陷，但他们对生物与环境关系的重视，以及

　　①　吕友仁：《周礼译注》，中州古籍出版社 2004 年版，第 125—126 页。
　　②　同上书，第 502 页。
　　③　同上书，第 216 页。
　　④　一般认为《周礼》的《冬官》已亡，汉儒取《考工记》补其缺；但也有学者认为《考工记》就是《周礼》的《冬官》篇，如当今的夏伟瑛先生就这样认为。现在的《周礼》一书内容上一般都包括《考工记》，故此处也把《考工记》算作《周礼》的一部分。
　　⑤　吕友仁：《周礼译注》，中州古籍出版社 2004 年版，第 542 页。
　　⑥　（战国）晏婴：《晏子春秋译注》，孙彦林等注译，齐鲁书社 1991 年版，第 292 页。
　　⑦　刘文典撰：《淮南鸿烈集解》上，中华书局 1989 年版，第 20 页。
　　⑧　秦岭—淮河一线是我国的南方和北方的地理分界线，从气候上讲是亚热带季风气候和温带季风气候的分界线。

他们观察研究的结论对社会生产的发展都是很有作用的。

第四节　儒家的生态思想

从总体上看，中国传统文化的核心是以儒家为正统，以道家和汉代以后传入中国的佛教为补充构成的。儒家思想在先秦时期就已经是显学，《韩非子·显学》云："世之显学，儒、墨也。儒之所至，孔丘也。墨之所至，墨翟也。"[1] 儒家思想在中国历史上是长期占统治地位的，它对中国的影响是最大的。儒家主要论述的是人与人之间的关系，即人们的社会关系问题，但是儒家思想内容也有一部分是关于如何调节人与自然关系的。下面将从儒家的创始人孔子开始，探讨儒家一些代表人物和典籍的生态观和生态伦理思想。

一　孔子的生态思想

孔子（公元前551—前479年）原名孔丘，字仲尼，春秋时期鲁国人，儒家学派的创始人，伟大的思想家和教育家，世界最著名的文化名人之一。孔子是一位伟大的人本主义者，"仁"是他的思想的核心内容，而"仁"就是"爱人"，"樊迟问仁。子曰：'爱人。'"[2]（《论语·颜渊》）孔子把人和人的价值地位看作是第一位的，《论语·乡党》记载："厩焚。子退朝，曰：'伤人乎？'不问马。"[3] 马棚起火被烧了，人和牲畜都有可能受到伤害，但孔子只是关心人而不问牲畜（马）。又如，"子贡欲去告朔之饩羊。子曰：'赐也！尔爱其羊，我爱其礼。'"[4]（《论语·八佾》）这些都充分表明了孔子的人本主义思想。但是，孔子在对待人与自然的关系时，并不是西方文明所主张的那种人与自然是分离对立、人类要征服掠夺自然的"人类中心主义"，孔子的生态伦理思想可以概括为以人为本的人与自然和谐发展观，即"泛爱众而亲仁"[5]（《论语·学而》）向自然界

---

① （战国）韩非子：《韩非子：注释本》，任峻华注释，华夏出版社2000年版，第350页。

② 臧知非注说：《论语》，河南大学出版社2008年版，第197页。

③ 同上书，第177页。

④ 同上书，第124页。

⑤ 同上书，第108页。

的推广。

1. "知天畏命"，敬畏和遵从自然界的客观规律

儒家的"天"自孔子起就有"义理之天"和"自然之天"等多种含义，在处理人与自然关系时，"天"为自然之天，《论语·阳货》记载："子曰：'予欲无言。'子贡曰：'子如不言，则小子何述焉？'子曰：'天何言哉？四时行焉，百物生焉，天何言哉？'"① 又《论语·泰伯》："唯天为大，唯尧则之。"② 显然，这里的"天"是自然宇宙间的客观规律和客观必然性，是自然之天。自然界的客观规律是无法改变的，是不以人的意志为转移的；对于这样的规律，孔子主张"知"和"畏"。即先去认识、了解和掌握自然界的客观规律，"不怨天，不尤人，下学而上达，知我者其天乎？"（《论语·宪问》）又"不知命，无以为君子"③（《论语·尧曰》）。接着在掌握规律后，就要遵从客观规律，按规律办事，《论语·为政》记载："吾十有五而志于学，三十而立，四十而不惑，五十而知天命，六十而耳顺，七十而从心所欲不逾矩。"④ 又《论语·季氏》："君子有三畏：畏天命，畏大人，畏圣人之言。小人不知天命而不畏也，狎大人，侮圣人之言。"⑤ 为什么要"知天命畏天命"呢，因为孔子认为不按客观规律办事的后果将是灾难性的，"获罪于天，无所祷也"⑥（《论语·八佾》）。这些论述表明了孔子对客观规律敬畏和遵从的态度，孔子谈"天命"不多，在《论语》里仅出现这两处。不过，孔子并不是一味地主张顺从客观规律，而是把"天"、"地"、"人"三者相提并论，强调人的主观能动性，"子曰：有天德、有地德、有人德，此谓三德也。三德率行，乃有阴阳"，又"（哀）公曰：所谓民与天地相参者，何谓也？子曰：天以道视，地以道覆，人以道稽，废一失统，恐不长飨国"⑦（《大戴礼记·四代》）。

---

① 臧知非注说：《论语》，河南大学出版社 2008 年版，第 239 页。
② 同上书，第 163 页。
③ 同上书，第 257 页。
④ 同上书，第 113 页。
⑤ 同上书，第 231 页。
⑥ 同上书，第 123 页。
⑦ 高明：《大戴礼记今注今译一册》，台湾商务印书馆 1977 年版，第 326—329 页。

2. 可持续发展、生态消费，表现为适度索取、以时取物、节俭等

许多古代文献都有孔子主张适度索取的叙述。《论语·述而》记载："子钓而不纲，弋不射宿。"① 孔子钓鱼但不用网捕鱼，虽然射鸟但不射杀宿巢的鸟。因为用网捕鱼会"一网打尽"，大鱼小鱼都会被捕；而射杀窝中的鸟则会损伤鸟巢，大鸟小鸟都被打尽。又《史记·孔子世家》记载："孔子曰：'……刳胎杀夭则麒麟不至郊，竭泽涸渔则蛟龙不合阴阳，覆巢毁卵则凤凰不翔'"②，态度鲜明地反对对自然资源的过度利用和索取。《吕氏春秋·具备》记载了一个孔子赞赏"捕鱼抓大放小"的故事，（孔子弟子宓子贱为亶父③地方官）三年，巫马旗④短褐衣弊裘而往观化于亶父。见夜渔者，得则舍之。巫马旗问焉，曰："渔为得也，今子得而舍之，何也？"对曰："宓子不欲人之取小鱼也。所舍者小鱼也。"巫马旗归，告孔子曰："宓子之德至矣！使民暗行若有严刑于旁。敢问宓子何以至于此？"孔子曰："丘尝与之言曰：'诚乎此者刑乎彼。'宓子必行此术于亶父也。"⑤ 这充分反映了孔子的保护自然资源、"取物不尽物"的适度索取生态消费观。孔子生态消费观的第二方面表现为"以时取物"，即必须根据大自然的节奏，在适当的时候去"取"，为的就是能持续拥有自然资源，使其既满足人们需要又不至于枯竭。《孔子家语·刑政》记载："孔子曰：……果实不时，不粥于市；五木不中伐，不粥于市；鸟兽鱼鳖不中杀，不粥于市。凡执此禁以齐众者，不赦过也。"⑥ 果实、树木、各种动物等，没有达到成熟、长大等相应的时候，不能拿到街上去卖。又《礼记·祭义》记载："曾子曰：'树木以时伐焉，禽兽以时杀焉。'夫子曰：'断一树，杀一兽，不以其时，非孝也。'"⑦ 孔子这里不仅主张要在适宜的时节才能伐树杀兽，而且把这种行为跟"孝道"联系起来，把因时取物上升到中国传统文化里极为重视的"孝"的高度。孔子生态消费

---

① 臧知非注说：《论语》，河南大学出版社 2008 年版，第 155 页。

② （西汉）司马迁：《史记》，中国文史出版社 2002 年版，第 348 页。

③ 亶父即单父，春秋时鲁邑，在今山东省单县。

④ 巫马旗，即孔子弟子巫马期。

⑤ （战国）吕不韦编撰，张双棣、张万彬等译注：《吕氏春秋译注》，北京大学出版社 2000年版，第 628 页。

⑥ 杨朝明注说：《孔子家语》，河南大学出版社 2008 年版，第 261 页。

⑦ 陈成国：《礼记校注》，岳麓书社 2004 年版，第 368 页。

观的第三方面表现为节俭，并且把节俭当成一种美德，反对奢侈和铺张浪
费。《论语》中记载了不少孔子主张节俭、赞赏节俭、自己身体力行节俭
生活的内容。例如，孔子将节用看作是国家的治国之道，是统治阶级应该
遵守的内容，《论语·学而》说："道千乘之国，敬事而信，节用而爱人，
使民以时。"① 孔子还将"君子惠而不费"②（惠民但是却节用不浪费财
力）（《论语·尧曰》）作为从政之君的五项美德之首。在日常生活中，孔
子也是把"节俭、节用"当作一种美德加以提倡，"君子食无求饱，居无
求安"③（《论语·学而》）。相比奢侈而言，节俭的好处是很多的，所以
应当去奢侈取节俭，"以约失之者鲜矣"④（《论语·里仁》），"奢则不逊，
俭则固；与其不逊也，宁固"⑤（《论语·述而》），"礼，与其奢也，宁
俭；丧，与其易也，宁戚"⑥（《论语·八佾》）。对于生活节俭且好学的
弟子颜回，孔子是大为赞赏，"贤哉，回也！一箪食，一瓢饮，在陋巷，
人不堪其忧，回也不改其乐。贤哉，回也！"⑦（《论语·雍也》）而且他
自己也是身体力行，乐于过俭朴的生活，《论语·子罕》记载："子欲居
九夷。或曰：'陋，如之何？'子曰：'君子居之，何陋之有？'"⑧又如，
"饭疏食饮水，曲肱而枕之，乐亦在其中矣"⑨（《论语·述而》）。孔子自
己生活节俭，而且感到乐在其中。

　　3. "乐山乐水"，热爱大自然，与自然万物和谐共存的生态情怀

　　《论语·雍也》记载："子曰：'知⑩者乐水，仁者乐山。知者动，仁
者静。智者乐，仁者寿。'"⑪ 对于自然界的各种动植物、山川河流等，孔
子主张多了解认识，爱护保护它们。孔子叫他的学生学《诗》，以便多认

---

① 臧知非注说：《论语》，河南大学出版社 2008 年版，第 107 页。
② 同上书，第 256 页。
③ 同上书，第 110 页。
④ 同上书，第 133 页。
⑤ 同上书，第 158 页。
⑥ 同上书，第 120 页。
⑦ 同上书，第 145 页。
⑧ 同上书，第 169 页。
⑨ 同上书，第 153 页。
⑩ "知"通"智"，聪明。
⑪ 臧知非注说：《论语》，河南大学出版社 2008 年版，第 147 页。

识些鸟兽虫木，"小子何莫学夫诗？诗，可以兴，可以观，可以群，可以怨。迩之事父，远之事君。多识于鸟兽草木之名"①。（《论语·阳货》）对于好马，孔子称其有德，赋予人的品质，突显出孔子对动物的关爱，"骥不称其力，称其德也"②。（《论语·宪问》）《论语·乡党》还记载了一个孔子及其弟子对山中鸟儿表示友好热爱的故事，"色斯举矣，翔而后集。曰：'山梁雌雉，时哉时哉！'子路共之，三嗅而作"③。意思是：孔子与其弟子在山中行走，遇见一群野鸡，抬头一看，眼色动了动，野鸡就飞起盘旋一阵，然后又集体停在一处。孔子说："山梁中的雌野鸡啊，时哉时哉！"子路也向它们拱拱手，接着这群野鸡振振翅膀又飞走了。

孔子和儒家学派的生态思想，即使在现今社会也是有重要价值和重大影响的，1988 年 1 月，75 位诺贝尔奖获得者在巴黎开会结束时呼吁："如果人类要在二十一世纪生存下去，必须回顾两千五百年前，去吸取孔子的智慧。"④

二　孟子的生态思想

孟子，名轲，大约生于周烈王四年（公元前 372 年），卒于周赧王二十六年（公元前 289 年），战国时期邹国人。他是战国中期杰出的儒学大师，中国古代著名的思想家、教育家，在儒家的地位仅次于孔子，被后人尊为"亚圣"，与孔子合称"孔孟"。孟子继承和发扬了孔子的思想，主张行仁政，以德治天下。在涉及人与自然关系的问题上，孟子把孔子的"泛爱众而亲仁"的思想做了进一步的具体深化和阐明，提出著名的"仁民爱物"的生态伦理价值观。现代生态伦理学的创始人之一——法国著名思想家阿尔贝特·史怀泽（Albert Schweitze）重视孟子的生态伦理观，他说："属于孔子（公元前 522—前 479 年）学派的中国哲学家孟子，就以感人的语言谈到了对动物的同情。"⑤

---

①　臧知非注说：《论语》，河南大学出版社 2008 年版，第 237 页。

②　同上书，第 216 页。

③　同上书，第 180 页。

④　姜小川主编：《科学发展观与和谐社会》，中国法制出版社 2009 年版，第 3 页。

⑤　［法］阿尔贝特·史怀泽：《敬畏生命》，陈泽环译，上海社会科学出版社 1995 年版，第 72 页。

1. 知天、顺天，与天地同流

孟子对"天"的解释跟孔子是一脉相承的，有道德之天、义理之天、自然之天等多种，在涉及人与自然关系时为自然之天、自然界的各种客观规律等。孟子说："天油然作云，沛然下雨，则苗浡然兴之矣。"①（《孟子·梁惠王上》）；又说："天之高也，星辰之远也，苟求其故，千岁之日至，可坐而致也。"②（《孟子·离娄下》）显然，这里的"天"是自然之天。孟子认为客观规律即天意是不以人的意志为转移的，具有不可抗拒性，"莫之为而为者，天也；莫之致而至者，命也"③。又"天不言，以行与事示之而已矣"。（《孟子·万章上》）而且，客观规律是不能违背的，否则就有系乎存亡的严重后果，"虽有天下易生之物也，一日暴之，十日寒之，未有能生者也"④（《孟子·告子上》），又"顺天者存，逆天者亡"⑤（《孟子·离娄上》）。孟子还记叙了一个著名的、违背自然规律而揠苗助长却反而坏事的故事："宋人有闵其苗之不长而揠之者，芒芒然归，谓其人曰：'今日病矣！予助苗长矣。'其子趋而往视之，苗则槁矣。天下之不助苗长者寡矣。以为无益而舍之者，不耘苗者也；助之长者，揠苗者也。非徒无益，而又害之。"⑥（《孟子·公孙丑上》）有个宋国人担心自己的禾苗长不快，就去将禾苗一棵棵拔高。他疲惫不堪地回到家，对家里人说："今天累坏了！我帮助禾苗长高啦！"他儿子赶忙到地里去看，禾苗都已枯槁了。其实，天下人不犯这种拔苗助长错误的是很少的。认为养护庄稼没有用处而不去管它们的，是只种庄稼不除草的懒汉；违背自然规律去帮助庄稼生长的，就是这种拔苗助长的人。这种助长，非但没有益处，反而害了它。

客观规律是如此重要，了解和掌握它们也便成了一种必然要求。世界上的事物千差万别，这是客观情境，"物之不齐，物之情也"⑦（《孟子·

---

① （战国）孟轲：《孟子》，杨伯峻、杨逢彬注译，岳麓书社 2000 年版，第 9 页。
② 同上书，第 145—146 页。
③ 同上书，第 165 页。
④ 同上书，第 197 页。
⑤ 同上书，第 120 页。
⑥ 同上书，第 47 页。
⑦ 同上书，第 93 页。

滕文公上》)。孟子要求人们通过"思诚、尽心、知性",以便能够"知天",然后达到"与天地同流"的目的。孟子说:"诚者,天之道也;思诚者,人之道也。"①(《孟子·离娄上》)诚是大自然的规律,追求诚是做人的规律。在"天人同诚"的基础上,通过"尽心、知性"然后"知天"。孟子说:"尽其心者,知其性也。知其性,则知天矣。存其心,养其性,所以事天也。"②(《孟子·尽心上》)最后达到"天人合一"、"与天地同流"的圣人君子地步,"君子所过者化,所存者神,上下与天地同流"③(《孟子·尽心上》)。

在讲究"与天地同流"的基础上,孟子充分重视和肯定人的重要性,强调发挥人的主观能动性,重人轻物,把人的因素放在主导地位。孟子说:"天时不如地利,地利不如人和。"④(《孟子·公孙丑下》)。在这里,孟子把"人"的因素看作是最重要的。在《公孙丑上》篇,孟子引用《诗经·大雅·文王》的话说,"永言配命,自求多福"⑤。即,永远要与天命相配,但要自己去追求更多的幸福。在《万章上》篇,孟子引用《尚书·泰誓》的话说:"天视自我民视,天听自我民听。"⑥ 民众的眼睛就是天的眼睛,民众的耳朵就是天的耳朵。这些都充分表现了在天人关系中,孟子对人的重视。

2. 仁民爱物,以人为本的和谐生态伦理

在人与自然万物的伦理关系中,孟子跟孔子是一脉相承,是一位伟大的人本主义者,主张以人为本的人与自然和睦共存的和谐生态伦理。

关于人之本性,孟子提出了著名的人性之先验"性善论",即认为人的本性原本就是善良的。然后,孟子主张把人的善良的本质不断发扬光大,并且以自己为中心,由己及人再及物,把这种"善"推广到天地万物。孟子说:"人性之善也,犹水之就下也。人无有不善,水无有不下。今夫水,搏而跃之,可使过颡;激而行之,可使在山。是岂水之性哉?其

---

① (战国)孟轲:《孟子》,杨伯峻、杨逢彬注译,岳麓书社 2000 年版,第 125 页。

② 同上书,第 224 页。

③ 同上书,第 229 页。

④ 同上书,第 61 页。

⑤ 同上书,第 54 页。

⑥ 同上书,第 163 页。

势则然也。人之可使为不善，其性亦犹是也。"①（《孟子·告子上》）人性的善良，就好比水性的向下流；人没有不善良的，水没有不向下流的。人之所以会做坏事，是由形势所迫罢了。孟子说："人皆有不忍人之心。……所以谓人皆有不忍人之心者，今人乍见孺子将入于井，皆有怵惕恻隐之心——非所以内交于孺子之父母也，非所以要誉于乡党朋友也，非恶其声而然也。"②（《孟子·公孙丑上》）人人皆有同情心，之所以说人人皆有同情心，道理就在于：现在忽然看见一个小孩子就要掉到井里去了，每个人都会有惊骇、同情、怜悯的心情；这种心情是自发的，不是为了讨好孩子的父母，不是为了获得好名声，也不是因为讨厌孩子的哭声。人性的"善"是先验的，而且人人都具有这种先验的"善"，"恻隐之心，人皆有之；羞恶之心，人皆有之；恭敬之心，人皆有之；是非之心，人皆有之"③（《孟子·告子上》）；又"人之所不学而能者，其良能也；所不虑而知者，其良知也。孩提之童，无不知爱其亲者，及其长也，无不知敬其兄也"④（《孟子·尽心上》）。

在确定人性善良的本质后，孟子要求由己及人再及物把这种"善"逐步往外推。对天下民众，孟子要求"老吾老，以及人之老；幼吾幼，以及人之幼"⑤。（《孟子·梁惠王上》）接着，孟子便把这种"仁爱"由人推广到天地间的自然万物，即著名的"仁民爱物"生态伦理思想。孟子说："君子之于物也，爱之而弗仁；于民也，仁之而弗亲。亲亲而仁民，仁民而爱物。"⑥（《孟子·尽心上》）宋代著名儒学家朱熹解释，"物"为"禽兽草木"；"爱"为"取之有时，用之有节"⑦。语意解释得疏宽恰当、精炼准确。这里的"仁爱"是有等级差别的，对"亲人"要"亲"，对"民众"要"仁"但不要"亲"，对"物"要"爱"但不要"仁"。"亲"、"仁"、"爱"是孟子"仁爱"观里价值等级由高到低逐渐

---

① （战国）孟轲：《孟子》，杨伯峻、杨逢彬注译，岳麓书社 2000 年版，第 189 页。
② 同上书，第 56 页。
③ 同上书，第 193 页。
④ 同上书，第 230 页。
⑤ 同上书，第 13 页。
⑥ 同上书，第 244 页。
⑦ （宋）朱熹：《四书集注》，岳麓书社 1987 年版，第 519 页。

降级的三种不同层次，这样孟子的"仁爱"思想便由对人的"亲、仁"逐步扩展到对万物的"爱"。这既是对孔子开创的"泛爱众而亲仁"思想的继承和发展，也是针对墨家"爱无等差"主张的批驳。据《孟子·滕文公上》记载，一次，墨家的信徒夷之想去拜见孟子，夷之把儒家主张的"若保赤子"（意即君王爱护民众就像爱护婴儿一样）理解为"爱无等差，施由亲起"（意即人与人之间并没有亲疏厚薄的区别，只是实行起来从父母亲开始），孟子对此进行了批驳、解释。"仁民爱物"这个命题正是对儒家之爱的进一步解释。① 正因为主张要"爱"天地间的自然万物，孟子对齐宣王不忍杀牛祭祀而赞赏，说这就是"仁术"；孟子接着感慨道："君子之于禽兽也，见其生，不忍见其死；闻其声，不忍食其肉。是以君子远庖厨也。"②（《孟子·梁惠王上》）

　　不过，在人与自然万物的伦理关系中，人的价值地位始终是处于第一位的。孟子的生态伦理是以人为本的和谐生态伦理，人本观念是孟子生态伦理的一个显著特点。孟子对于齐宣王恩及禽兽却没有行仁政关爱百姓表示诘问和不满，孟子两次反问："今恩足以及禽兽，而功不至于百姓者，独何与？"③（《孟子·梁惠王上》）孟子对于统治者重视爱护马之类的动物却不管人民大众死活的做法更是深恶痛绝，进行严厉的批评和抨击，"狗彘食人食而不知检，途有饿莩而不知发"④，"庖有肥肉，厩有肥马，民有饥色；野有饿莩，此率兽而食人也。兽相食，且人恶之；为民父母，行政，不免于率兽而食人，恶在其为民父母也？仲尼曰：'始作俑者，其无后乎！'为其象人而用之也。如之何其使斯民饥而死也？"⑤（《孟子·梁惠王上》）

　　3."时"、"养"结合的生态保护、消费观

　　孟子的生态保护和生态消费思想主要体现为以时养物、以时取物、取物不尽物与节用结合，孟子认为这样的消费方式不仅能使民众拥有充足的

---

　　① 任俊华、刘晓华：《环境伦理的文化阐释——中国古代生态智慧探考》，湖南师范大学出版社 2004 年版，第 179 页。

　　② （战国）孟轲：《孟子》，杨伯峻、杨逢彬注译，岳麓书社 2000 年版，第 11 页。

　　③ 同上书，第 12—14 页。

　　④ 同上书，第 5 页。

　　⑤ 同上书，第 6 页。

物质资料，而且还能保护自然资源，使其能够被永续利用，从而达到人与自然和谐相处、实现人类社会的可持续发展。

"时"是孟子关注的核心因素，孟子引用齐人谚语："虽有智慧，不如乘势；虽有镃基，不如待时。"①（《孟子·公孙丑上》）虽然有智慧，不如借助形势；虽然有锄头，不如等待农时。孟子反复告诫以时养牲畜、以时耕种的重要性，"鸡豚狗彘之畜，无失其时，七十者可以食肉矣。百亩之田，勿夺其时，数口之家可以无饥矣。"②（《孟子·梁惠王上》）按时按量地饲养鸡、猪和狗等家畜，七十岁以上的老者都可以吃上肉了；不失去耕种收割的时机，一百亩的田可以让数口之家吃得饱饱的。孟子曾对梁惠王说："不违农时，谷不可胜食也；数罟不入洿池，鱼鳖不可胜食也；斧斤以时入山林，材木不可胜用也。谷与鱼鳖不可胜食，材木不可胜用，是使民养生丧死无憾也。养生丧死无憾，王道之始也。"③（《孟子·梁惠王上》）不在农忙时耽搁老百姓的耕作，粮食就吃不完了；不用细密的渔网去大池里捕捞，鱼鳖也就吃不完了；按照时令规律去山林砍伐，材木也就用不完了。在消费物质资料时，孟子要求"用之以礼"，反对铺张浪费，"食之以时，用之以礼，财不可胜用也"④（《孟子·尽心上》）。孟子的"时"应该具有以下含义：一是动植物根据时间季节变化的发育生长规律；二是人们应当根据万物的生长变化情况在适当的时候进行农业活动和资源索取活动，如在恰当的时节进行耕种、收割、采伐、打猎等。因而孟子"时"的观念实际上就是生态季节规律的同义词。⑤

对于自然资源，除了讲究"时"以外，孟子还强调一个"养"字。在目睹"牛山事件"后，孟子总结道："苟得其养，无物不长；苟失其养，无物不消。"⑥（《孟子·告子上》）如果得到养护，没有东西不生长；如果失去养护，没有东西不消亡。对于如何养护，孟子是有取舍的，主张

① （战国）孟轲：《孟子》，杨伯峻、杨逢彬注译，岳麓书社 2000 年版，第 42 页。
② 《孟子》多处记载了孟子类似的言论。
③ （战国）孟轲：《孟子》，杨伯峻、杨逢彬注译，岳麓书社 2000 年版，第 5 页。
④ 同上书，第 234 页。
⑤ 蒲沿洲：《论孟子的生态环境保护思想》，《河南科技大学学报》（社会科学版），2004 年第 2 期。
⑥ （战国）孟轲：《孟子》，杨伯峻、杨逢彬注译，岳麓书社 2000 年版，第 196 页。

养护重要的，"今有场师，舍其梧槚，状其樲棘，则为贱场师焉"①（《孟子·告子上》）。如有园艺师放弃梧桐梓树，却去培养酸枣荆棘，那就是很差的园艺师。孟子常主张在住宅周围种桑树养蚕织衣，以便让人们有足够的衣服穿，"五亩之宅，树之以桑，五十者可以衣帛矣"②（《孟子·梁惠王上》）。又"五亩之宅，树墙下以桑，匹妇蚕之，则老者足以衣帛矣"，"制其田里，教之树畜，导其妻子使养其老"③（《孟子·尽心上》）。

对于自然资源，如果既不注重有节制的以时索取，又不讲究养护，那么后果会怎样呢？其结果将会导致生态灾难。孟子讲述了一个我们今天会称之为人为生态灾难的"牛山事件"的故事，孟子说："牛山之木尝美矣。以其郊于大国也，斧斤伐之，可以为美乎？是其日夜之所息，雨露之所润，非无萌蘖之生焉，牛羊又从而牧之，是以若彼濯濯也。人见其濯濯也，以为未尝有材焉，此岂山之性也哉？"④（《孟子·告子上》）牛山的树木曾经是葱郁茂盛的，但由于它在大都市的郊外，所以经常遭到人们的砍伐，被砍伐一光。本来在雨露的滋润下还具备再生能力的，但接着，人们又驱牛羊在此地放牧，结果牛山就变成光秃秃的山包了。人们见到光秃秃的山，还以为此地从来就没有过树木呢。这个故事说明了在利用自然资源时，无节制地掠夺索取的破坏性是多么的巨大。

三　荀子的生态思想

荀子名况，字卿，战国末期赵国（今山西安泽）人，生卒年不详。荀子主要活动大约在公元前290—前230年之间（梁启超说生于前307年，卒于前213年）⑤。荀子为战国末期最著名的思想家，他的学说对我国传统社会曾经产生过重大影响，谭嗣同曾经说过："二千年来之学，荀学也"⑥；梁启

---

①　（战国）孟轲：《孟子》，杨伯峻、杨逢彬注译，岳麓书社2000年版，第201页。

②　同上书，第5页。

③　同上书，第233页。

④　同上书，第196页。

⑤　安继民：《荀子》，中州古籍出版社2006年版，前言第7页。

⑥　蔡尚思、方行：《谭嗣同全集增订本》下，中华书局1981年版，第337页。

超也曾指出："自秦汉以后，政治学术，皆出于荀子。"① 荀子的生态思想相比"孔孟"来说，显得较为激进；荀子提出了著名的"制天命而用之"的生态哲学命题。

1. 客观规律不以人的意志为转移——天行有常，不与天争职、明于天人之分

荀子的天跟孔孟的"天"相比，主要是指自然之天和自然界的各种客观规律，颇有科学的意蕴，而少有孔孟的"义理之天"、"道德之天"和其他各种形而上的含义。就如台湾学者蔡仁厚先生说："荀子的天为自然，则根本是实然的，而不是形而上的。"② 荀子认为自然界的客观规律是永恒不变的，是不会以人的意志为转移的，"天行有常，不为尧存，不为桀亡"③（《荀子·天论》），又"天不为人之恶寒也，辍冬；地不为人之恶辽远也，辍广"④（《荀子·天论》），天不会因为人讨厌寒冷而废止冬天，地不会因人讨厌它的广阔远大而废止它的广大。天地（自然界的生态环境）既是孕育自然万物的母体，又是自然万物赖以生存的根本条件，"天地合而万物生，阴阳接而变化起"⑤（《荀子·礼论》），"天地者，生之始也"⑥（《荀子·王制》），"天地者，生之本也"⑦（《荀子·礼论》）；又"列星随旋，日月递炤，四时代御；阴阳大化，风雨博施。万物各得其和以生，各得其养以成……皆知其所以成，莫知其无形，夫是之谓天"⑧（《荀子·天论》）。

正因为自然界的客观规律是不以人的意志为转移的，所以荀子要求人们"明于天人之分"、"不与天争职"，即明白人类活动与自然规律的区别，不要去做本应由"天地"来做的事，不要做违背自然规律的事。

---

① 梁启超著，下河边半五郎编辑：《饮冰室文集类编奥附》，帝国印刷株式会社1904年版，第641页。

② 蔡仁厚：《孔孟荀哲学》，台湾学生书局1984年版，第369页。

③ （战国）荀况：《荀子译注》，高长山译注，黑龙江人民出版社2003年版，第318—319页。

④ 同上书，第325页。

⑤ 同上书，第379页。

⑥ 同上书，第152页。

⑦ 同上书，第363页。

⑧ 同上书，第321页。

什么是天职呢？荀子说："不为而成，不求而得，夫是之谓天职。"①（《荀子·天论》）不去做就有成就，不去追求就能得到，这就叫作"天"的职能。荀子认为"人"的职能是配合管理天地万物和人类自身的，"天能生物，不能辨物也；地能载人，不能治人也；宇中万物、生人之属，待圣人然后分也"②（《荀子·礼论》），又，"天地生君子，君子理天地。君子者，天地之参也，万物之总也……无君子，则天地不理"③（《荀子·王制》）。对于"天"的职能，人是不能去干预的，不能与天争职，"如是者，虽深，其人不加虑焉；虽大，不加能焉；虽精，不加察焉；夫是之谓不与天争职"（《荀子·天论》）。人是不能放弃自己原本的配合管理自然的职能而去同天地争职的，如果这样的话就是太糊涂了，"舍其所以参，而愿其所参，则惑矣"（《荀子·天论》）。为什么要"明于天人之分"、"不与天争职"呢？因为对于"天"（自然界客观规律），"应之以治则吉，应之以乱则凶。强本而节用，则天不能贫；养备而动时，则天不能病；循道而不贰，则天不能祸。故水旱不能使之饥，寒暑不能使之疾，祆怪不能使之凶。本荒而用侈，则天不能使之富；养略而动罕，则天不能使之全；倍道而妄行，则天不能使之吉。故水旱未至而饥，寒暑未薄而疾，祆怪未至而凶。受时与治世同，而殃祸与治世异，不可以怨天，其道然也。故明于天人之分，则可谓至人矣"④（《荀子·天论》）。可见，"明于天人之分"，并且按照客观规律去办事，就能使天下太平，人们安居乐业；反之，就会有各种天灾人祸，而导致民不聊生。

2. 人最为天下贵，人与天地参，人要行人的管理之职

在人与自然的生态伦理关系中，荀子与孔孟是一脉相承，也是一位人本主义者。荀子认为"人最为天下贵"，即人是世界上最尊贵的，"水火有气而无生，草木有生而无知，禽兽有知而无义；人有气、有生、有知亦且有义，故最为天下贵也"⑤（《荀子·王制》）。荀子非常重视人的主观能动性，把"人"看作是与"天"、"地"并立的三大要素之一，"天有

①　（战国）荀况：《荀子译注》，高长山译注，黑龙江人民出版社 2003 年版，第 320 页。

②　同上书，第 379 页。

③　同上书，第 152 页。

④　同上书，第 318—319 页。

⑤　同上书，第 154 页。

其时，地有其材，人有其治，夫是之谓能参"①（《荀子·天论》），"君子者，天地之参也"（《荀子·王制》），又"天有常道矣，地有常数矣，君子有常体矣"②（《荀子·天论》）。而且，人的特点和优点就是善于利用外在的事物为己所用，"君子生非异也，善假于物也"③（《荀子·劝学》）。

前面已经说过，人的职能是治理世间的自然万物。然而，人在行使管理之职能时除了要"不与天争职、明于天人之分"外，还要"知天"和"敬天道"。何谓"知天"？荀子说："圣人清其天君，正其天官，备其天养，顺其天政，养其天情，以全其天功。如是，则知其所为，知其所不为矣，则天地官而万物役矣。其行曲治，其养曲适，其生不伤，夫是之谓知天。"④（《荀子·天论》）可见，"知天"就是要"知其所为，知其所不为"，即知道该做什么事和不该做什么事。反之，如果不"知天"，胡作非为违背自然规律的话，就会有大灾难，"顺其类者谓之福，逆其类者谓之祸，夫是之谓天政。暗其天君，乱其天官，弃其天养，逆其天政，背其天情，以丧天功，夫是之谓大凶"（《荀子·天论》）。荀子还说："君子大心则敬天而道。"⑤（《荀子·不苟》），即心往大的方面用，则敬奉遵循自然规律。

荀子认为人类社会的安定或动乱跟"天地"无关，全是由人类自己造成的，"治乱天邪？曰：日月、星辰、瑞历，是禹、桀之所同也；禹以治，桀以乱；治乱非天也。时邪？曰：繁启、蕃长于春夏，畜积、收藏于秋冬，是又禹、桀之所同也；禹以治，桀以乱；治乱非时也。地邪？曰：得地则生，失地则死，是又禹、桀之所同也；禹以治，桀以乱；治乱非地也"⑥（《荀子·天论》）。因此，"不可以怨天"⑦（《荀子·天论》）、"知命者不怨天……怨天者无志"⑧（《荀子·荣辱》）。

---

① （战国）荀况：《荀子译注》，高长山译注，黑龙江人民出版社2003年版，第320页。
② 同上书，第325页。
③ 同上书，第4页。
④ 同上书，第322页。
⑤ （战国）荀况：《荀子译注》，张觉译注，上海古籍出版社1995年版，第35页。
⑥ （战国）荀况：《荀子译注》，高长山译注，黑龙江人民出版社2003年版，第324页。
⑦ 同上书，第318—319页。
⑧ 同上书，第51页。

荀子主张通过"物畜而制之"、"制天命而用之"、"应时而使之"、"聘能而化之"、"理物而无失之"、"有物之所以成"等方式来管理自然万物，反对那种一味去思考"天"的职能而放弃人自己的职能，"唯圣人不求知天"①（《荀子·天论》）。荀子说："大天而思之，孰与物畜而制之！从天而颂之，孰与制天命而用之！望时而待之，孰与应时而使之！因物而多之，孰与聘能而化之！思物而物之，孰与理物而勿失之也！愿于物之所以生，孰与有物之所以成！故错人而思天，则失万物之情。"②（《荀子·天论》）人的分内事，以一言概之就是"序四时，裁万物，而兼利天下"③（《荀子·王制》），即掌握四季变化，管理天下万物，使天下的人都获得利益。如果人们善于掌握自然规律，并且善于根据他们来治理和利用自然万物，那么就会有用不完的财富，从而达到富国富民的目的，荀子在《富国》篇写道：

> 今是土之生五谷也，人善治之则亩数盆，一岁而再获之；然后瓜桃枣李一本数以盆鼓，然后荤菜、百疏以泽量，然后六畜禽兽一而剸车；鼋鼍鱼鳖鳅鳝以时别一而成群，然后飞鸟、凫雁若烟海，然后昆虫万物生其间，可以相食养者不可胜数也。夫天地之生万物也固有余，足以食人矣；麻葛、茧丝、鸟兽之羽毛齿革也，固有余足以衣人矣。④（《荀子·富国》）

"一岁而再获之"的记载，从科技角度讲，表明在战国时期，我国已经实行农作物的一年两熟制了。

关于人要行使人的管理之职，即"制天命而用之"这个哲学命题，有些学者理解为强调征服自然，如张岱年先生就评论说："生活在古代的荀子没有意识到，仅仅强调征服自然，不注意顺应自然，不注意与自然相

---

① （战国）荀况：《荀子译注》，高长山译注，黑龙江人民出版社 2003 年版，第 321 页。
② 同上书，第 329 页。
③ （战国）荀况：《荀子译注》，张觉译注，上海古籍出版社 1995 年版，第 162 页。
④ （战国）荀况：《荀子译注》，高长山译注，黑龙江人民出版社 2003 年版，第 179 页。

协调，是片面的观点。"①其实，所谓"制天命而用之"用今天的话讲就是——掌握自然规律并利用它，"制天命而用之"是在"知天"、"明于天人之分"、"不与天争职"和"敬天道"的前提下进行的，是没有强调征服自然和不注意与自然相协调的。荀子自己追求的理想"圣王之制"的具体措施也可以证明，下面稍后将具体论述。荀子的"制天命而用之"思想，郭沫若先生给予了较中肯的评价："'制天命'则是一方面承认有必然性；在另一方面却要用人力来左右这种必然性，使它于人有利，所以他要'官天地而役万物'。这和近代的科学精神颇能合拍，可惜在中国却没有得到它正常的发育。"②

3. 以时禁发的圣王之制，天时、地利、人和相统一的生态系统思想

荀子说："王者之法：……山林泽梁，以时禁发而不税。"③（《荀子·王制》）接着，荀子详细论述了他对待和利用自然资源的理想方式，即"圣王之制"的可持续发展思想，他说："圣王之制也。草木荣华滋硕之时，则斧斤不入山林，不夭其生，不绝其长也。鼋鼍鱼鳖鳅鳣孕别之时，罔罟毒药不入泽，不夭其生，不绝其长也。春耕夏耘，秋收冬藏，四者不失时，故五谷不绝而百姓有馀食也。污池渊沼川泽，谨其时禁，故鱼鳖优多而百姓有馀用也。斩伐养长不失其时，故山林不童，而百姓有馀材也。"④（《荀子·王制》）圣明帝王的制度：草木开花结果的时候，不允许拿斧头进山林砍伐，不夭折、断绝草木的生长和繁殖。水中各种鱼类怀孕产卵时，渔网、毒药不准投入水泽，不夭折、断绝水生鱼类的生长和繁殖。春耕夏耘，秋收冬藏，四季都不耽误时机地耕作，五谷会不断地供应粮食，而老百姓也就会有余粮了。池塘、水潭、河流、湖泊，严格规定鱼类的捕捞时间，鱼、鳖会因此丰饶繁多，而老百姓也就用不完了。树木的砍伐、培育养护各不误时机，山林就不会光秃秃，而老百姓也会有用不完的木材。可见，荀子把"时"的观念提到核心的高度，对于各种资源的索取利用以及农作物耕种都强调一个"时"字。对待各种自然资源，荀子

①　程宜山、刘笑敢等撰写，张岱年主编：《中华的智慧——中国古代哲学思想精粹》，上海人民出版社1989年版，第109页。
②　郭沫若：《十批判书》，科学出版社1956年版，第212页。
③　（战国）荀况：《荀子译注》，高长山译注，黑龙江人民出版社2003年版，第150页。
④　同上书，第155页。

的观点简言之就是"以时禁发"、"斩养结合"的可持续利用生态思想。索取，要在恰当的季节才能进行；种植、养护也要抓住恰当的时机进行。"斩伐养长不失其时"，说明了荀子不仅仅是主张单纯的"以时禁发"，在合适的时间人们还要主动养护、培育动植物和维护良好的生态环境。由此可见，荀子对自然资源是持一种可持续利用的生态保护思想的，并没有主张征服、掠夺自然的意识。水泽、树林是鱼类、鸟类的家，"川渊者，龙鱼之居也；山林者，鸟兽之居也"（《荀子·致士》），如果林木茂盛、水泽深，则鸟兽、鱼鳖多，"树成荫而众鸟息焉"①（《荀子·劝学》），"川渊深而鱼鳖归之，山林茂而禽兽归之"（《荀子·致士》）；反之，就会没有鱼鳖鸟兽，"川渊枯则龙鱼去之，山林险则鸟兽去之"②（《荀子·致士》）。

那么要怎样才能实现这种理想的"圣王之制"呢？荀子的方法一方面是"分"；另一方面则是"和"与"合"，两个方面是互为前提、相辅相成的。荀子的"分"有两层意思，一是指人的社会地位的高低贵贱的等级划分，这固然有历史局限性；二是指人类社会职能的分工，要求人们忠于职守，做好分内事，这是具有积极意义的。前面说过，荀子认为"天"和"人"的职能是不同的，所以要明白"天"和"人"之间的分工；不仅如此，荀子还认为人类社会也是必须要分工的。社会分工是一个社会所必须的，《荀子·富国》写道："百技所成，所以养一人也。而能不能兼技，人不能兼官。离居不相待则穷，群而无分则争；穷者患也，争者祸也，救患除祸，则莫若明分使群矣。"③ 各行各业制造的产品才能供养一个人；一个人的能力不可能精通所有的技艺，一个人不可能同时从事所有的职业，所以离群索居得不到帮助就会贫穷；因此一个没有社会分工的社会群体是会出现各种问题的。而且这种"分"正是人类得以"和"、"合"和强大的原因。荀子说："（人）力不若牛，走不若马，而牛马为用，何也？曰：人能群，彼不能群也。人何以能群？曰：分。分何以能行？曰：义。故义以分则和，和则一，一则多力，多力则强，强则胜物，

---

① （战国）荀况：《荀子译注》，高长山译注，黑龙江人民出版社 2003 年版，第 6 页。
② 同上书，第 267—268 页。
③ 同上书，第 168 页。

故宫室可得而居也。故序四时，裁万物，兼利天下，无它故焉，得之分义也。"①（《荀子·王制》）可见，在荀子眼里，"分"是人类掌握自然规律、管理自然万物的前提条件。荀子接着详细地叙述了他的社会分工思想：

> 序官：宰爵知宾客祭祀飨食牺牲之牢数。司徒知百宗城郭立器之数。司马知师旅甲兵乘白之数。修宪命，审诗商，禁淫声，以时顺修，使夷俗邪音不敢乱雅，大师之事也。修堤梁，通沟浍，行水潦，安水臧，以时决塞；岁虽凶败水旱，使民有所耘艾，司空之事也。相高下，视肥墝，序五种，省农功，谨蓄藏，以时顺修，使农夫朴力而寡能，治田之事也。修火宪，养山林薮泽草木鱼鳖百索，以时禁发，使国家足用而财物不屈，虞师之事也。顺州里，定廛宅，养六畜，闲树艺，劝教化，趋孝弟，以时顺修，使百姓顺命，安乐处乡，乡师之事也。论百工，审时事，辨功苦，尚完利，便备用，使雕琢文采不敢专造于家，工师之事也。相阴阳，占祲兆，钻龟陈卦，主攘择五卜，知其吉凶妖祥，伛巫跛击之事也。修采清，易道路，谨盗贼，平室律，以时顺修，使宾旅安而货财通，治市之事也。抃急禁悍，防淫除邪，戮之以五刑，使暴悍以变，奸邪不作，司寇之事也。本政教，正法则，兼听而时稽之，度其功劳，论其庆赏，以时慎修，使百吏免尽而众庶不偷，冢宰之事也。论礼乐，正身行，广教化，美风俗，兼覆而调一之，辟公之事也。全道德，致隆高，綦文理，一天下，振毫末，使天下莫不顺比从服，天王之事也。故政事乱，则冢宰之罪也；国家失俗，则辟公之过也；天下不一，诸侯俗反，则天王非其人也。②（《荀子·王制》）

在《富国》篇，荀子又一次强调了他的社会分工思想，"人之生，不能无群，群而无分则争，争则乱，乱则穷矣。故无分者，人之大害也；有

---

① （战国）荀况：《荀子译注》，张觉译注，上海古籍出版社 1995 年版，第 162 页。
② 同上书，第 165—166 页。

分者，天下之本利也。而人君者，所以管分之枢要也"①；又"兼足天下之道在明分，掩地表亩，刺中殖谷，多粪肥田，是农夫众庶之事也。守时力民，进事长功，和齐百姓，使人不偷，是将率之事也。高者不旱，下者不水，寒暑和节，而五谷以时孰，是天下之事也。若夫兼而覆之，兼而爱之，兼而制之，岁虽凶败水旱，使百姓无冻馁之患，则是圣君贤相之事也"②。在其他的篇章，荀子还多次提到了他的"分"的思想。

分析完了"分"的方面，我们接着看同时存在的"和"与"合"的方面。《荀子·王制》写道："群而无分则争，争则乱，乱则离，离则弱，弱则不能胜物。"《荀子·王制》还写道："人何以能群？曰：分。……故义以分则和，和则一，一则多力，多力则强，强则胜物。"从这些论述我们可以看出，"分"的目的是为了消除人们之间的纷争，是为了让人与人和睦相处，即是为了"人和"。而人们之间的"和"，又是为了"合"成一个良好而强大的社会群体。当这个良性社会建立起来时，就可以实行"圣王之制"了，"君者，善群也。群道当则万物皆得其宜，六畜皆得其长，群生皆得其命。故养长时则六畜育，杀生时则草木殖"③（《荀子·王制》）。此外，荀子的"和"与"合"还有作为整体的人类应当与自然和谐发展，以及作为整体的人类与"天时、地利"协调统一的整体思想。《荀子·富国》写道："上得天时，下得地利，中得人和，则财货浑浑如泉源，汸汸如河海，暴暴如丘山，不时焚烧，无所臧之，夫天下何患乎不足也？"④ 天时、地利、人和，三者协调统一，人们就能得到用不完的财富。为了在农业上实现"天时、地利、人和"三者的有机统一，荀子还特别强调了作为社会分工为农夫的职业的专门化，要求他们尽心尽力种地而不去搞其他的技能，"农夫朴力而寡能，则上不失天时，下不失地利，中得人和，而百事不废"⑤（《荀子·王霸》）。反之，如果不能够协调统一，就会灾祸临头，"上失天性，下失地利，中失人和；故百事废，财物

① （战国）荀况：《荀子译注》，高长山译注，黑龙江人民出版社2003年版，第174页。
② 同上书，第178页。
③ 同上书，第155页。
④ 同上书，第182页。
⑤ 同上书，第227页。

诎，而祸乱起"①（《荀子·正论》）；又"上失天时，下失地利，中失人和，天下敖然，若烧若焦"②（《荀子·富国》）。总之，荀子的思想就是主张通过社会分工来营造、建立一个和谐而强大的人类社会；同时，人类自身又必须与自然协调统一、和谐发展。因此，荀子理想中的"圣王之制"以及实现这个理想的方法，其本身就是一种生态系统思想。

4. 物尽其用，节用御欲、长虑顾后而保万世的可持续发展思想

首先，对于自然资源，荀子主张"物尽其用"。荀子说："万物同宇而异体，无宜而有用为人，数也。"③（《荀子·富国》）即同一天底下的自然万物形体各不相同，对人而言，没有固定的用处，但是各有各的用处，这是自然的客观规律。对于此，荀子提出了"物尽其用"思想，"天之所覆，地之所载，莫不尽其美，致其用，上以饰贤良，下以养百姓而安乐之，夫是之谓大神"④（《荀子·王制》），天下所有的东西，都要充分发挥它们的优点、竭尽它们的效用，上用来装饰贤良的人、下用来养活百姓而使他们都安乐，这叫作大治。而这就是《诗经》所描绘的理想境地，"天作高山，大王荒之。彼作矣，文王康之"⑤。怎样才算达到这样的理想境地呢？荀子对此作了较详细的叙述：

> 北海则有走马吠犬焉，然而中国得而畜使之。南海则有羽翮、齿革、曾青、丹干焉，然而中国得而财之。东海则有紫、䌷、鱼、盐焉，然而中国得而衣食之。西海则有皮革、文旄焉，然而中国得而用之。故泽人足乎木，山人足乎鱼，农夫不斲削、不陶冶而足械用，工贾不耕田而足菽粟。故虎豹为猛矣，然君子剥而用之。⑥（《荀子·王制》）

其次，荀子还有"节用御欲、长虑顾后而保万世"的可持续发展思

---

①　（战国）荀况：《荀子译注》，高长山译注，黑龙江人民出版社2003年版，第351页。
②　同上书，第180页。
③　同上书，第168页。
④　同上书，第150页。
⑤　同上。
⑥　同上。

想。荀子在《荣辱》篇写道："人之情，食欲有刍豢，衣欲有文绣，行欲有舆马，又欲夫馀财蓄积之富，然而穷年累世不知足，是人之情也。今人之生也，方知蓄鸡狗猪彘，又蓄牛羊，然而食不敢有酒肉；馀刀布，有囷窌，然而衣不敢有丝帛；约者有筐箧之藏，然而行不敢有舆马。是何也？非不欲也！几不长虑顾后而恐无以继之故也。于是又节用御欲，收敛蓄藏以继之也，是于己长虑顾后，几不甚善矣哉！……长虑顾后而保万世也。"① 荀子对于人们节制自己的欲望、节俭生活而且考虑将来的生活的做法是高度赞扬的，用"几不甚善矣哉"来评价，即"这难道不是非常好吗？""节用"不仅是人民大众应该做的分内事，同时它也是让一个国家富裕的必行政策，即"足国之道"。荀子在《富国》篇写道："足国之道，节用裕民，而善臧其馀。节用以礼，裕民以政。彼裕民故多馀，裕民则民富，民富则田肥以易；田肥以易则出实百倍。上以法取焉，而下以礼节用之。馀若丘山，不时焚烧，无所臧之。夫君子奚患乎无馀？故知节用裕民，则必有仁义圣良之名，而且有富厚丘山之积矣。此无它故焉，生于节用裕民也。"② 节约费用且让人民富裕，善于把多余的财富贮藏起来。老百姓富裕了，就会把田地治理好，而产出的粮食就会增长上百倍。那么多余的粮食就会堆积得像小山一样，就是有时被火灾烧掉了一些，也还是多得没地方贮藏。所以，富足如此，又何愁没有余粮呢？

　　对于不懂得"节用"、不考虑将来的，不论是国家统治者还是普通民众，荀子都给予严厉的批评，并指出了其严重后果。对于统治者，荀子说："不知节用裕民则民贫，民贫则田瘠以秽；田瘠以秽，则出实不半，上虽好取侵夺，犹将寡获也；而或以无礼节用之，则必有贪利纠譑之名，而且有空虚穷乏之实矣。此无它故焉，不知节用裕民也。"③（《荀子·富国》）统治者不节用、不让老百姓富裕，那么老百姓就会种不好田；而种不好田，收成就会大大减少。这样，就是再怎么喜欢搜刮百姓也不会有很多财富。不仅会有贪婪爱搜刮的坏名声，还会真的使国家财力空虚。对于普通老百姓，荀子说："今夫偷生浅知之属，曾此而不知也，粮食大侈，不顾其后，

---

① （战国）荀况：《荀子译注》，高长山译注，黑龙江人民出版社 2003 年版，第 60 页。
② 同上书，第 171 页。
③ 同上。

俄则屈安穷矣，是其所以不免于冻饿，操瓢囊为沟壑中瘠者也。"① （《荀子·荣辱》） 意思是说，那些苟且偷生、目光短浅的人，竟然连这种道理（节用御欲，长虑顾后）都不懂；他们过分地浪费粮食，不顾自己以后的生活，不久就将财物消费光，而使自己陷于困境。这就是他们不可避免挨饿受冻，拿着讨饭的瓢和布袋，而饿死在野外山沟中的原因。

第五节　道家的生态思想

道家对中国文化的贡献是非常重要的，儒家是显表于外，而道家则是裹藏于内。在先秦时期有道家学派的创始人老子和道家理论的主要继承、创立者庄子。道家学派与儒家的社会哲学不同，他直接从天道运行的原理入手，创立了以自然义、中性义为主的"道"的哲学。在生态危机日益加剧的今天，道家学派关于人与自然关系的思考和论述有重要的理论价值和现实意义。澳大利亚环境哲学家西尔万（Richard Sylvan）和贝内特（David Bennett）把道家思想与深层生态学进行详细比较，并得出结论说："道家思想是一种生态学的取向，其中蕴含着深层的生态意识，它为'顺应自然'的生活方式提供了实践基础。"② 美国著名学者卡普拉（F. Capra）对道家进行了深入的研究，他认为道家思想中蕴含着各种生态智慧，所以他作了这样一个广为流传的评价："在各种伟大的传统中，据我看来，只有道家提供了最深刻而且最完善的生态智慧，它强调在自然的循环过程中，个人和社会的一切现象和潜在的本质两者的基本一致。"③ 下面将探讨老子和庄子的生态思想。

一　老子的生态思想④

老子，姓李，名耳，字伯阳，又称老聃，后人称其为"老子"，春秋时

---

① （战国）荀况：《荀子译注》，高长山译注，黑龙江人民出版社 2003 年版，第 60 页。

② 转引自雷毅《深层生态学思想研究》，清华大学出版社 2001 年版，第 76 页。

③ Capra, Fritjof, *Uncommon wisdom: Conversations with remarkable people*, Simon & Schuster 1988 年版，第 36 页。

④ 本小节内容已发表，见罗顺元《老子的生态思想探析》，《大庆师范学院学报》2010 年第 4 期。

期楚国苦县厉乡曲里人（今河南省鹿邑县太清宫镇），周朝守藏室官史。老子与孔子（前551—前479年）同时，长孔子20余岁。老子是世界百位历史名人之一，我国古代伟大的哲学家和思想家，是道家学派创始人，世界文化名人。老子著有五千言八十一章的《老子》（又名《道德经》或《道德真经》）一书，该书和《易经》、《论语》被认为是对中国人影响最深远的三部思想巨著。老子的生态思想在今天仍然具有重要的现实意义和价值，美国环境哲学家科利考特（J. Baird Callicott）将老子思想称为"传统的东亚深层生态学"①。

1. "道"是宇宙世界的本源，产生和养育天地万物

老子提出了"道"这个哲学概念，认为"道"先于天地而存在，为宇宙世界的本源，是天地万物之母，认为天地万物都是由"道"产生的。《老子·二十五章》说："有物混成，先天地生，寂兮寥兮，独立不改，周行而不殆，可以为天下母。吾不知其名，字之曰道，强为之名曰大。"② 有个东西浑然一体，在天地形成以前就存在；无声无形，独立长存而永不休止，循环运行不息；给它取个名字就是"道"。天地万物都是由"道"产生的，"道生一，一生二，二生三，三生万物"③（《老子·四十二章》）。

然而，真正的道是没有名字的，或者说是不可以用言语来表达的，"道可道，非常道；名可名，非常名"④（《老子·一章》），可以用语言表达的道，就不是永恒的道；可以用文字表述的名就不是永恒的名；因此"道常无名"⑤（《老子·三十二章》）。老子认为"道"与现实世界的任何事物都是不同的，它不是有具体形象的东西；没有形体，没有颜色，也没有声音；

---

① Callicott, J. Baird, *Earth's insights: a multicultural survey of ecological ethics from the Mediterranean basin to the Australian outback*, University of California Press 1994 年版，第 67—86 页。

② （春秋）老子，（魏）王弼注：《老子道德经注校释》，楼宇烈校释，中华书局 2008 年版，第 62—63 页。《老子》自成书以后不断被辗转传抄，形成了众多版本，各版本经文存在一定差异；1973 年，长沙马王堆出土了帛书《老子》甲、乙本，1993 年湖北荆门郭店楚墓又出土了竹简本甲、乙、丙三组《老子》。考虑到魏晋时期王弼注本《老子》在中国传统历史上已经形成了重要的文化影响，故本文所引《老子》文以王弼注本为主，同时参考其他各种版本。

③ （春秋）老子，（魏）王弼注：《老子道德经注校释》，楼宇烈校释，中华书局 2008 年版，第 117 页。

④ 同上书，第 1 页。

⑤ 同上书，第 81 页。

听不到，看不到也摸不到；"视之不见名曰夷，听之不闻名曰希，搏之不得名曰微。此三者不可致诘，故混而为一。其上不皦，其下不昧，绳绳不可名，复归于无物，是谓无状之状，无物之象。是谓惚恍。迎之不见其首，随之不见其后。执古之道以御今之有。能知古始，是谓道纪"①（《老子·十四章》）。不过，道虽恍惚深远但包含"象"、"物"、"精"，"道之为物，惟恍惟惚。惚兮恍兮，其中有象；恍兮惚兮，其中有物。窈兮冥兮其中有精，其精甚真，其中有信"②（《老子·二十一章》）；道虽空虚但作用却不穷尽，而且深渊好像万物之本宗，"道冲而用之或不盈，渊兮似万物之宗"③（《老子·四章》）。

"道"不仅产生天地万物，同时也养育天地万物，世界上没有一件事不是他所为的，"道常无为，而无不为"（《老子·三十七章》）。道跟德是紧密不可分的，道的具体表现为德，"孔德之容惟道是从"④（《老子·二十一章》）。当代著名学者陈鼓应先生说："'道'的显现与作用为'德'。"⑤ 韩非在《韩非子·解老》篇说："道有积而德有功；德者，道之功也。"⑥ 接着，老子用他的"道德理论"对万物的产生和发展过程作了论述，并且提出要"尊道而贵德"，"道生之，德畜之，物形之，势成之。是以万物莫不尊道而贵德"⑦（《老子·五十一章》）。我国当代著名哲学家冯友兰先生对此作了精彩的分析，这里作一引用："老子认为，万物的形成和发展，有四个阶段。首先，万物都是由'道'所构成，依靠'道'才能生出来（'道生之'）。其次，生出来以后，万物各得到自己的本性，依靠自己的本性以维持自己的存在（'德畜之'）。再次，有了自己的本性以后，再有一定的形体，才能成为物（'物形之'）。最后，物的形成和发展还要受周围环境的培养和限制（'势成之'）。在这些阶段中，'道'和'德'是基本的。没有

---

① （春秋）老子，（魏）王弼注：《老子道德经注校释》，楼宇烈校释，中华书局 2008 年版，第 31—32 页。

② 同上书，第 52 页。

③ 同上书，第 10 页。

④ 同上书，第 52 页。

⑤ （春秋）老子：《老子今注今译》，陈鼓应注译，商务印书馆 2003 年版，第 156 页。

⑥ （战国）韩非子：《韩非子：注释本》，任峻华注释，华夏出版社 2000 年版，第 93 页。

⑦ （春秋）老子，（魏）王弼注：《老子道德经注校释》，楼宇烈校释，中华书局 2008 年版，第 136—137 页。

'道'，万物无所从出；没有'德'，万物就没有了自己的本性；所以说，'万物莫不尊道而贵德'。"①

2. 依"道"行事，自然无为

正因为"道"是宇宙世界的本源，产生和养育天地万物，所以，老子要求人们按照"道"来行事，"道常无为，而无不为，侯王若能守之，万物将自化"②（《老子·三十七章》）。道永远是自然无为的，然而没有一件事不是它所为；王侯若能持守它，万物就会自生自长。大道荫庇保护自然万物，"道者万物之奥"（《老子·六章》）；因此，道是"善人之宝，不善人之所保"③（《老子·六十二章》）。老子在《三十九章》叙述了道对天地万物的重要性，得道是天地万物存在和生存的基础，失道或离道，天地万物和统治者都不能存在下去，"昔之得一者，天得一以清，地得一以宁，神得一以灵，谷得一以盈，万物得一以生，侯王得一以为天下贞。其致之。天无以清将恐裂，地无以宁将恐发，神无以灵将恐歇，谷无以盈将恐竭，万物无以生将恐灭，侯王无以贵高将恐蹶"④。陈鼓应说："得一：即得道（四十一章：'道生一'）。"⑤ 林希逸注："'一'者，道也。"严灵峰说："一者，'道'之数。'得一'，犹言得道也。"（《老子达解》）⑥道对于天地万物（当然也包括我们人类）是如此重要和不可或缺，所以我们人类应该"得道"，应该依道行事；老子在《十六章》又一次强调，"复命曰常，知常曰明，不知常，妄作，凶。知常容，容乃公，公乃王，王乃天，天乃道，道乃久。没身不殆"⑦。意思是说，回归本原是永恒的规律，认识永恒的规律叫作明；不认识永恒的规律，轻举妄动就会招致凶祸；反过来，如果知道常道并且依道行事，就会终身没有危殆。

人应当依道行事，但是人又是有别于其他事物的，老子把人类当作宇

---

①　冯友兰：《三松堂全集》（第七卷），河南人民出版社1989年版，第278页。

②　（春秋）老子著，（魏）王弼注：《老子道德经注校释》，楼宇烈校释，中华书局2008年版，第90页。

③　同上书，第161页。

④　同上书，第105—106页。

⑤　（春秋）老子著，陈鼓应注译：《老子今注今译》，商务印书馆2003年版，第221页。

⑥　林希逸和严灵峰之解说转引自陈鼓应的《老子今注今译》，页码同上。

⑦　（春秋）老子著，（魏）王弼注，楼宇烈校释：《老子道德经注校释》，中华书局2008年版，第35—36页。

宙中的"四大"之一,突出表示人的卓越性地位,"故道大,天大,地大,人亦大。域中有四大,而人居其一焉。人法地,地法天,天法道,道法自然"①(《老子·二十五章》)。"法"即效法,人效法地,地效法天,天效法道,而"道"呢,则是自然而然;从这里的层层效法关系,我们可以看出,人最终要效法的就是"道"。

老子在《道德经》里叙述了很多"道"的特征和内涵,而所有这些都是人们依照和效法的对象。《道德经》是智者的哲学,通篇都是老子参悟到的"道",以及由此而人们应该效法的内容,这里仅挑选几个例子作一说明。例如,道的一个重要特征和内涵是"道常无为而无不为",在《五十一章》老子对道的这个特性作了细化:"道之尊,德之贵,夫莫之命而常自然。故道生之,德畜之:长之、育之、亭之、毒之、养之、覆之。生而不有,为而不恃,长而不宰,是谓玄德。"② 即:道之所以受尊敬,德之所以被珍贵,就在于它不去干涉而顺任自然。所以道产生万物,德畜养万物,使万物产生、发育、成长、成熟,并且抚养、庇护万物。生育了万物却不占有,缔造了万物却不支配,长养万物却不为主宰,这就是最深的德。在《三十四章》也说道:"大道氾兮,其可左右。万物恃之以生而不辞,功成而不名有,衣养万物而不为主。常无欲,可名于小;万物归焉而不为主,可名为大。以其终不自为大,故能成其大。"③ 道生长万物,养育万物,使万物各得所需,各适其性,但是道却并不主宰他们,不为其主,这就是道的"无为而无不为"的特性。正因为"道"是"无为而无不为"的,所以老子也要求人们顺其自然,效法"道",采取"无为而治"。老子说:"为学日益,为道日损。损之又损,以至于无为,无为而无不为。取天下常以无

---

① (春秋)老子著,陈鼓应注译:《老子今注今译》,商务印书馆2003年版,第169页。"人亦大。域中有四大,而人居其一焉"居中的"人"字王弼本作"王"字,傅奕本、范应元本"王"均作"人"。陈鼓应说:"通行本误为'王',原因不外如奚侗所说的:'古之尊君者妄改之';或如吴承志所说的'人'古文作'三',使读者误为'王'。况且,'域中有四大,而人居其一焉。'后文接下去就是'人法地,地法天,天法道',从上下文的脉络看,'王'字均当改正为'人',以与下文'人法地'相贯。"引文同上,第172页。

② (春秋)老子著,(魏)王弼注,楼宇烈校释:《老子道德经注校释》,中华书局2008年版,第137页。

③ 同上书,第85—86页。

事，及其有事，不足以取天下。"①（《老子·四十八章》）求学是一天天增加知识，求道是一天天减少私欲，减少又减少，一直达到自然无为的境地，自然无为就能无所不成。治理天下要靠清静无事，至于政举繁苛，就不配管理天下。又，"为无为，则无不治"②（《老子·三章》）。用自然无为的方法治理，就能无所不治。又，"是以圣人无为，故无败；无执，故无失。……是以圣人欲不欲，不贵难得之货。学不学，复众人之所过，以辅万物之自然，而不敢为"③（《老子·六十四章》）。圣人自然无为，所以不会失败；不把持，所以不会失去。圣人求人所不欲求，不珍贵难得的货物；学习别人所不学的，补救众人的过错，辅助万物的自然变化而不加以干预。再又，"是以圣人处无为之事，行不言之教，万物作焉而不辞，生而不有，为而不恃，功成而弗居。夫唯弗居，是以不去"④（《老子·二章》）。圣人奉行自然无为的做事方法，实行"不言"的教导；万物兴起而不加干涉，生养万物而不据为己有，做事情而不自恃己能，功成业就而不自我夸耀。

再例如，道的另一个重要特征和内涵是"损有余而补不足"，"天之道，其犹张弓与！高者抑之，下者举之；有余者损之，不足者补之。天之道，损有余而补不足"（《老子·七十七章》）。天道就像拉开弓弦射箭，比靶子高了就压低点，低了就抬高点；拉得太满了就减点力气，不足就增点劲。天道是减损有余，增补不足的。显然老子对于当时"损不足以奉有余"的"人道"是不满的，主张人们效法"天道"，老子接着说："人之道则不然，损不足以奉有余。孰能有馀以奉天下？唯有道者。是以圣人为而不恃，功成而不处。其不欲见贤邪！"⑤（《老子·七十七章》）谁能把有余的拿来供给天下的不足呢？只有有道的人才能做到。这是一种生态平衡观念。

3. 慈爱，节俭，知足知止

对于天地万物，老子主张要以慈爱的心去对待。对物质财富和自然资源的利用，老子主张节俭和知足知止的适度消费生态观。老子说："我有三

①　（春秋）老子著，（魏）王弼注，楼宇烈校释：《老子道德经注校释》，中华书局2008年版，第127—128页。

②　同上书，第8页。

③　同上书，第166页。

④　同上书，第6—7页。

⑤　同上书，第186页。

宝,持而保之。一曰慈,二曰俭,三曰不敢为天下先。"①(《老子·六十七章》)慈即慈爱。老子有一种物无贵贱、天地万物众生平等的思想,"天地不仁,以万物为刍狗;圣人不仁,以百姓为刍狗"(《老子·五章》)。老子虽没有详细展开论述他的慈爱思想,但由他的众生平等观可以看出,慈爱的对象应该是包括人类在内的天地万物。《吕氏春秋·贵公》记载的一个故事也可以说明老子的无私心、平等对待万物思想:

> 荆人有遗弓者,而不肯索,曰:"荆人遗之,荆人得之,又何索焉?"孔子闻之曰:"去其'荆'而可矣。"老聃闻之曰:"去其'人'而可矣。"故老聃则至公矣。②

有个楚国人丢了弓,却不肯去寻找,他说:"楚国人丢了它,反正还是被楚国人捡到,又何必去寻找呢?"孔子听了这件事后说:"他的话中去掉'楚国'字样就合适了。"老子听到以后说:"再去掉那个'人'字就合适了。"老子的公平是达到最高境界了。

俭,即"有而不尽用。和五十九章'啬'字同意"③。老子主张的是一种节俭的适度消费,反对铺张浪费的侈靡生活,老子说,"五色令人目盲,五音令人耳聋,五味令人口爽,驰骋畋猎令人心发狂,难得之货令人行妨。是以圣人,为腹不为目,故去彼取此"④(《老子·十二章》)。老子认为消费的标准是"为腹不为目",求安饱温暖的生活;反对纵情沉溺于声色、美味、狩猎和稀有物品之中,认为这些过分的享受会使人身体受损害。不仅如此,如果放任人类自生的贪欲,无节制地满足人类自己的感性偏好,还会带来灾祸。老子说:"祸莫大于不知足,咎莫大于欲得。"⑤(《老子·四十六章》)没有什么灾祸比不知满足更大,没有什么灾难比贪得无厌更大。

---

① (春秋)老子著,(魏)王弼注,楼宇烈校释:《老子道德经注校释》,中华书局2008年版,第170页。

② (战国)吕不韦编撰,张双棣、张万彬等译注:《吕氏春秋译注》,北京大学出版社2000年版,第20页。

③ (春秋)老子著,陈鼓应注译:《老子今注今译》,商务印书馆2003年版,第310页。

④ (春秋)老子著,(魏)王弼注,楼宇烈校释:《老子道德经注校释》,中华书局2008年版,第27—28页。

⑤ 同上书,第125页。

因此，在平常生活中，应该"见素抱朴，少私寡欲"①（《老子·十九章》），保持朴质，减少私欲。而作为领导者的"圣人"，则须"圣人去甚、去奢、去泰"②（《老子·二十九章》），圣人做事不能极端、奢侈和过分。老子要求人们拥有"故知足之足，常足矣"（《老子·四十六章》）观念和心态，即要知道满足的满足，才能常常感到满足。老子在《四十四章》写道："是故甚爱必大费，多藏必厚亡。知足不辱，知止不殆，可以长久。"③ 知道满足就不会受屈辱，知道适可而止就不会有危险，这样才可以长久平安。对于个人而言，这是一种修身养性。对人类与自然的关系而言，则需要人类采取可持续发展观，"知足知止"，使人与自然和谐发展，只有这样才能使人类与自然界共生共荣，天长地久；否则，如果穷凶极恶地掠夺式开发自然资源，肆意污染、破坏自然环境的话，人类虽然在短期内可获得巨大的物质财富，但从长远看，人类的结果就必然会如老子所说的那样，"多藏必厚亡"。正如英国著名历史学家阿诺尔德·约瑟·汤因比（Arnold Joseph Toynbee）所说："在所谓发达国家的生活方式中，贪欲是作为美德受到赞美的。但是我认为，在允许贪婪肆虐的社会里，前途是没希望的。没有自制的贪婪将导致自灭。"④ 正因如此，在艾伦·杜宁《多少算够》这本名著中，他将《老子》中的"知足"思想，推崇为世界各主要宗教和文化所倡导的消费观的典范之一。⑤

4. 简评与启示

老子所说的"道"，用我们今天的话讲，就是客观规律；老子哲学里的"道"是"先天地生"的，是产生宇宙万物的根源及其规律；"道法自然"，是自然界的自然而然的规律。老子倡导"得道"、效法"道"行事，用今天的话讲就是了解、知道和掌握客观规律并且按照客观规律办事。我们现在倡导的生态文明，就是要求我们人类做事要按照自然生态规律来行事；社

① （春秋）老子著，（魏）王弼注，楼宇烈校释：《老子道德经注校释》，中华书局 2008 年版，第 45 页。

② 同上书，第 76 页。

③ 同上书，第 122 页。

④ ［英］A. J·汤因比，［日］池田大作著，荀春生等译：《展望二十一世纪——汤因比与池田大作对话录》，国际文化出版公司 1985 年版，第 57 页。

⑤ 转引自王建军《〈老子〉生态智慧解读》，《宗教学研究》2000 年第 2 期。

会发展和国民经济建设要遵循各种生态规律——注重物质循环利用、维持"人—社会—自然"这个地球生态系统的和谐平衡、保护自然生态环境，等等。这跟老子提倡的"辅万物之自然，而不敢为"何其相似。因此，老子的哲学在关于人与自然关系问题上，是不存在"征服自然"和"掠夺自然"思想的。当然，老子也并不是主张不向自然界索取资源，因为人类总需要生活资料才能生存；不过老子主张的是在效法自然生态规律的前提下，通过"无为"而达到"无不为"。所以，老子的核心思想所主张的效法"道"，用生态学的视角看，就是一种可持续发展的生态思想，是值得我们继承和发扬的。

其次，老子所说的三宝之"慈"、"俭"二宝，与我们今天所提倡的保护自然生态环境、实行生态消费也是不谋而合的，也是值得大力提倡和发扬光大的。

二　庄子的生态思想

庄子（约前369—前286年），名周，字子休（另一说子沐），战国时期宋国蒙（今安徽省蒙城县，又说今河南省商丘县东北民权县境内）人。著名的思想家、哲学家、文学家，道家学派的代表人物，老子哲学思想的继承者和发展者。他的学说涵盖着当时社会生活的方方面面，但根本精神还是归依于老子的哲学。后世将他与老子并称为"老庄"，他们的哲学为"老庄哲学"。

1. "道"为万物之源，"道"统万物的生态整体论

庄子对老子"道"的哲学思想进行了继承和发扬，跟老子一样，庄子认为，"道"是万物之源，产生和形成万物。《庄子·齐物论》说："夫道，未始有封。"[1]《庄子·大宗师》说："夫道，有情、有信，无为、无形……生天生地。"[2]《庄子·渔父》说："道者，万物之所由也。"[3] 又，《庄子·达生》说："天地者，万物之父母也。"[4] 再又，《庄子·天地》说："夫道，

---

① （战国）庄周著，杨柳桥注：《庄子译注》，上海古籍出版社2006年版，第33页。
② 同上书，第97页。
③ 同上书，第537页。
④ 同上书，第282页。

覆载万物者也……形非道不生，生非德不明。"① 庄子认为，道不仅是万物之源、生养万物，而且所有得道之物、之人莫不繁荣昌盛，兴旺强大；我们再来仔细看看《庄子·大宗师》里的这段话就可以明白：

> 夫道，有情、有信，无为、无形；可传而不可受，可得而不可见。自本、自根，未有天地，自古以固存。神鬼、神帝，生天生地。在太极之上，而不为高；在六极之下，而不为深；先天地生，而不为久；长于上古，而不为老。狶韦氏得之，以挈天地；伏羲氏得之，以袭气母；维斗得之，终古不忒；日月得之，终古不息；堪坏得之，以袭昆仑；冯夷得之，以游大川；肩吾得之，以处大山；黄帝得之，以登云天；颛顼得之，以处玄宫；禺强得之，立乎北极；西王母得之，坐乎少广，莫知其始，莫知其终；彭祖得之，上及有虞，下及五伯；傅说得之，以相武丁，奄有天下，乘东维，骑箕尾，而比于列星。②

得道的人和事物莫不兴旺昌盛；反之，失道的人和事物莫不死亡衰败，"道者，万物之所由也。庶物，失之者死，得之者生；为事，逆之则败，顺之则成"③（《庄子·渔父》）。

那么什么是"道"呢？庄子在《庄子·在宥》篇作了说明："何谓道？有天道，有人道。无为而尊者，天道也；有为而累者，人道也。主者，天道也；臣者，人道也。天道之与人道也，相去远矣，不可不察也。"④ 自然无为且尊贵不可违逆的是天道，有所作为而劳累不懈的是人道。

而且，"道"是无所不在，无处不存的，万事万物都有"道"寓于其中，《庄子·知北游》记载了庄子与东郭子这样的对话⑤：

> 东郭子问于庄子曰："所谓道，恶乎在？"
> 庄子曰："无所不在。"

---

① （战国）庄周著，杨柳桥注：《庄子译注》，上海古籍出版社 2006 年版，第 170—172 页。
② 同上书，第 97 页。
③ 同上书，第 537 页。
④ 同上书，第 168 页。
⑤ 同上书，第 355—356 页。

东郭子曰："期而后可。"

庄子曰："在蝼蚁。"

曰："何其下邪？"

曰："在稊稗。"

曰："何其愈下邪？"

曰："在瓦甓。"

曰："何其愈甚邪？"

曰："在屎溺。"

东郭子不应。

庄子曰："夫子之问也，固不及质。正获之问于监市，履狶也，每下愈况。汝惟莫必，无乎逃物。至道若是，大言亦然。周、遍、咸三者异名同实，其指一也。"

这些充分说明了庄子哲学中的"道"是与万事万物并存的。

"道"不仅存在于万事万物中，而且"道"对万事万物的作用是均匀平等的，"天地虽大，其化均也"①（《庄子·天地》）。世间万事万物虽然千差万别，道理各不相同，但是"道"对待他们却毫无偏私，"万物殊理，道不私"②（《庄子·则阳》）。因此，从"道"的角度看自然万物是没有高低贵贱之分的，大家都是平等的，"以道观之，物无贵贱"③（《庄子·秋水》）。所以，"道"对于世间万物，无论大小一律包容，"夫道，于大不终，于小不遗，故万物备。广广乎其无不容也，渊渊乎其不可测也"④（《庄子·天道》）。又，"道之可以贵，可以贱，可以约，可以散。此吾所以知道之数也"⑤（《庄子·知北游》）。

从"道"的角度看，世间所有的大小、美丑以及各种千奇百怪的事物都是可以贯通一体的，"故为是举：莛与楹，厉与西施，恢、恑、憰、怪，道通为一"（《庄子·齐物论》）。万事万物的生成和毁灭，用大道统一整体

---

① （战国）庄周著，杨柳桥注：《庄子译注》，上海古籍出版社2006年版，第169页。

② 同上书，第442页。

③ 同上书，第249页。

④ 同上书，第212页。

⑤ 同上书，第360页。

的眼光看，都是相通为一的，"其分也，成也；其成也，毁也。凡物无成与毁，复通为一"①（《庄子·齐物论》）。

"道"无始无终，"道"生养万物是一个无限时间的循环过程；在"道"的统摄下，万物自生自灭，"道无终始，物有死生，不恃其成，一虚一满，不位乎其形。年不可举，时不可止；消息盈虚，终则有始……物之生也，若骤若驰；无动而不变，无时而不移。何为乎？何不为乎？夫固将自化"②（《庄子·秋水》）。而且，万事万物的生生灭灭都是因"道"而起，万事万物也是因"道"而互相转化，"至阴肃肃，至阳赫赫，肃肃出乎天，赫赫发乎地，两者交通成和，而物生焉。……死有所乎归，生有所乎萌；始终相反乎无端，而莫知乎其所穷"③（《庄子·田子方》）。

因此，从"道"的角度看，宇宙世间所有的事物都是一个有机的整体，万物皆出于"道"，因"道"而产生、生长、运转、转化、消亡，循环反复、无始无终。即所谓，"以道观之"，则"万物齐一"。《庄子·齐物论》说："天地，一指也；万物，一马也。"天地虽大，但就像一个指头一样是一个整体；万物虽多，但就像一匹马一样，是一个整体。庄子所谓的事物之间的转化，具有今天生态学上物质循环的意味，"故万物一也，是其所美者为神奇，其所恶者为臭腐。臭腐复化为神奇，神奇复化为臭腐。故曰：通天下一气耳。圣人故贵一"④（《庄子·知北游》）。《庄子·德充符》载："自其同者视之，万物皆一也。"⑤ 如果从相同的角度看，万物都是一体的。《庄子·田子方》曰："夫天下也者，万物之所一也。"⑥ 天下，是万物共同生存的整体。《庄子·至乐》中讲了一个万物同种的故事，万物都来源自然，又都回归自然："种有几，得水则为继，得水土之际则为蛙蟆之衣，生于陵屯则为陵舄。陵舄得郁栖则为乌足，乌足之根为蛴螬，其叶为胡蝶。胡蝶胥也化而为虫，生于灶下，其状若脱，其名为鸲掇。鸲掇千日为鸟，其名为乾余骨。乾余骨之沫为斯弥，斯弥为食醯。颐辂生乎食醯，黄軦生

① （战国）庄周著，杨柳桥注：《庄子译注》，上海古籍出版社 2006 年版，第 26 页。
② 同上书，第 251 页。
③ 同上书，第 332 页。
④ （战国）庄周著，马恒君译注：《庄子正宗》，华夏出版社 2007 年版，第 250 页。
⑤ （战国）庄周著，杨柳桥注：《庄子译注》，上海古籍出版社 2006 年版，第 76 页。
⑥ 同上书，第 332 页。

乎九猷，瞀芮生乎腐蠸。羊奚比乎不箰。久竹生青宁，青宁生程，程生马，马生人，人又反入于机。万物皆出于机，皆入于机。"① 从生态学上讲，这也是庄子对万物起源和进化的一种假设和推演。

2. 天人合一，顺应自然

天人关系是我国古代传统文化中的一个重要哲学命题，道家关于天人关系的探讨主要是侧重人和自然之间的关系。汉语中的"自然"一词最早就源于老子的《道德经》，"人法地，地法天，天法道，道法自然"②（《老子·二十五章》），以及"功成事遂，百姓皆谓我自然"③（《老子·十七章》），等等。道家的天是无意识的自然之天，"天法道，道法自然"，天效法道，而道自己本身是自然而然的，因此，天就是自然而然的。庄子说："无为为之之谓天。"④（《庄子·天地》）又说："牛马四足，是谓天；落马首，穿牛鼻，是谓人。"⑤（《庄子·秋水》）可见，庄子的"天"与老子的"天"的含义是一致的，"天"就是天然的、自然而然的，未经过人加工改造的。反之，经过人加工改造的就不是天然的，是人工的，即庄子所说的"是谓人"。

"道"产生天地后，天地又产生了包括人类在内的自然万物，"天地者，万物之父母也"⑥（《庄子·达生》）。"天地一指也，万物一马也"（《庄子·齐物论》）；"天地虽大，其化均也；万物虽多，其治一也"（《庄子·天地》）。因此，人与天地、与自然万物是一体的。庄子在《齐物论》篇说道："天地与我并生，而万物与我为一。"⑦ 天地和我并存，而万物与我合为一体。在《山木》篇，庄子又写道，"无始而非卒也，人与天一也"⑧；没有任何一个开始不同时就是终结的，人与天是一体的。接着，庄子借颜回和孔子之口对"天人合一"问题进行了进一步深入讨论：

① （战国）庄周著，马恒君译注：《庄子正宗》，华夏出版社 2007 年版，第 206 页。
② （春秋）老子著，陈鼓应注译：《老子今注今译》，商务印书馆 2003 年版，第 169 页。
③ （春秋）老子著，（魏）王弼注，楼宇烈校释：《老子道德经注校释》，中华书局 2008 年版，第 40 页。
④ （战国）庄周著，杨柳桥译注：《庄子译注》，上海古籍出版社 2006 年版，第 170 页。
⑤ （战国）庄周著，马恒君译注：《庄子正宗》，华夏出版社 2007 年版，第 192 页。
⑥ （战国）庄周著，杨柳桥译注：《庄子译注》，上海古籍出版社 2006 年版，第 282 页。
⑦ 同上书，第 31 页。
⑧ 同上书，第 319 页。

（颜回问）："何谓'人与天一'邪？"

仲尼曰："有人，天也；有天，亦天也。人之不能有天，性也。圣人晏然，体逝而终矣。"①（《庄子·山木》）

意思说，之所以说人与天是一样的，是因为人的存在是天然的表现，天的存在也是天然的表现；人不能支配天，这是本质属性决定的。只有圣人才能安然地顺着自然的变化而变化。

人类是天地万物这个有机整体中的一部分，与天地万物相比，就好像大山中的小石头、小树木；也好像马身体上众多毫末中的一根。《庄子·秋水》②说："吾在天地之间，犹小石小木之在大山也。"又说："号物之数谓之万，人处一焉；人卒九州，谷食之所生，舟车之所通，人处一焉。此其比万物也，不似毫末之在于马体乎？"因此，万物都是互相蕴含转化的，不管怎么样，他们都是一个统一的整体。《庄子·齐物论》说："万物尽然，而以是相蕴。"③《庄子·大宗师》说："故其好之也一，其弗好之也一；其一也一，其不一也一。其一与天为徒，其不一与人为徒。"④ 天与人是合一的，不管人喜好或不喜好，都是合一的；也不管人认为合一或不合一，它们都是合一的。认为合一的就和自然同类，认为不合一的就和人同类。道家老庄学派从"道"出发，以自己独特的哲学理论演绎推导出了要求人与自然和谐发展的"天人合一"思想。

正因为人是天地万物这个有机整体中的一部分，正因为人和天地万物是一体的，所以庄子要求人们遵循自然规律，顺应自然，要自然而然。庄子强调要以自然的方式来融合到自然，"不开人之天，而开天之天"⑤（《庄子·达生》）。《庄子·大宗师》说，"不以心捐道，不以人助天，是之谓真

---

①　（战国）庄周著，杨柳桥注：《庄子译注》，上海古籍出版社 2006 年版，第 320 页。

②　（战国）庄周著，马恒君译注：《庄子正宗》，华夏出版社 2007 年版，第 183 页。

③　同上书，第 31 页。

④　（战国）庄周著，陈鼓应注译：《庄子今注今译》上，商务印书馆 2007 年版，第 200 页。

⑤　（战国）庄周著，马恒君译注：《庄子正宗》，华夏出版社 2007 年版，第 208—210 页。

人"①；又"天与人不相胜也，是之谓真人"②。即不要用自己的想法去损伤大道，不要用人的作为去帮助天；人与天不是互相对立的。

另外，人类要顺应自然、做到自然无为，还因为天下的万事万物都有自己的"常然"，人若是有所为地去改变，反而会损害事物的自然之本性。《庄子·天道》说："天地固有常矣，日月固有明矣，星辰固有列矣，禽兽固有群矣，树木固有立矣。"③《庄子·骈拇》说："天下有常然，常然者，曲者不以钩，直者不以绳，圆者不以规，方者不以矩，附离不以胶漆，约束不以纆索。故天下诱然皆生，而不知其所以生；同焉皆得，而不知其所以得。"④ 万物有"常"，都依循自己的客观规律生长变化，没有人的干预他们才能正常运转，即所谓"天不产而万物化，地不长而万物育，帝王无为而天下功"⑤（《庄子·天道》）。又"天地有大美而不言，四时有明法而不议，万物有成理而不说。圣人者，原天地之美而达万物之理也。是故至人无为，大圣不作，观于天地之谓也"⑥（《庄子·知北游》），都是在论述这个道理。关于自然万物的天然属性，庄子还有很多举例性质的具体论述。《庄子·秋水》篇说道："梁丽可以冲城，而不可以窒穴，言殊器也。骐骥、骅骝一日而驰千里，捕鼠不如狸狌，言殊技也。鸱鸺夜撮蚤，察毫末，昼出瞋目而不见丘山，言殊性也。"⑦《庄子·齐物论》说："民湿寝则腰疾偏死，鰍然乎哉？木处则惴栗恂惧，猿猴然乎哉？"⑧《庄子·至乐》说："鱼处水而生，人处水而死。"⑨ 又《庄子·庚桑楚》说："奔蜂不能化藿蠋，越鸡不能伏鹄卵，鲁鸡固能矣。"⑩这里庄子用比喻的手法论述了万物都有自己的具体天然属性，都适合于相应的生态环境，在适宜的环境下则能发挥自己的一技之长，反之则不能适应生活。万物的自然属性和他自身所适宜的环境

---

① （战国）庄周著，马恒君译注：《庄子正宗》，华夏出版社 2007 年版，第 70 页。
② （战国）庄周著，陈鼓应注译：《庄子今注今译》上，商务印书馆 2007 年版，第 200 页。
③ （战国）庄周著，马恒君译注：《庄子正宗》，华夏出版社 2007 年版，第 153 页。
④ 同上书，第 98 页。
⑤ 同上书，第 149 页。
⑥ 同上书，第 252 页。
⑦ 同上书，第 188 页。
⑧ 同上书，第 29 页。
⑨ 同上书，第 204 页。
⑩ 同上书，第 269 页。

都是他们的"常然"，一旦这个"常然"遭到破坏，这万物自身就会被伤害，甚至导致死亡。《庄子·骈拇》说："合者不为骈，而枝者不为跂，长者不为有余，短者不为不足。是故凫胫虽短，续之则忧；鹤胫虽长，断之则悲。故性长非所断，性短非所续，无所去无忧也。"① 又，在《庚桑楚》篇，庄子说："夫函车之兽，介而离山，则不免于网罟之患；吞舟之鱼，砀而失水，则蚁能苦之。"② 等等。

人去改变自然事物的"常然"，当然也会对相应的事物产生不好的后果。庄子在《至乐》篇用了这样一个也许是真实的寓言故事进行说明：

> 昔者海鸟止于鲁郊，鲁侯御而觞之于庙，奏《九韶》以为乐，具太牢以为膳，鸟乃眩视忧悲，不敢食一脔，不敢饮一杯，三日而死。此以己养养鸟也，非以鸟养养鸟也。③

可见，用人间上等的居住、饮食、享受条件去养鸟，鸟反而不吃不喝三日而死，那是因为鸟与人的自然属性是不一样的，所需求的也是不一样的。因此，庄子主张应当以自然而然的方式即"以鸟养养鸟"，"夫以鸟养养鸟者，宜栖之深林，游之坛陆，浮之以江湖，食之鳅鰷，随行列而止，委蛇而处"（《庄子·至乐》）。

因此，庄子对于那些不顺应自然、按照自己的主观意识任意改变自然物的天然本性是持反对态度的。庄子在《马蹄》篇就批评了那些所谓的"慧眼识英才"，其实却是改变马的本性，损害马的"伯乐"：

> 马，蹄可以践霜雪，毛可以御风寒，龁草饮水，翘足而陆，此马之真性也。虽有义台路寝，无所用之。及至伯乐，曰：'我善治马'。烧之，剔之，刻之，雒之，连之以羁馽，编之以皂栈，马之死者十二三矣。饥之，渴之，驰之，骤之，整之，齐之，前有橛饰之患，而后有鞭策之威，而马之死者已过半矣。……此亦治天下者之过也。④

---

① （战国）庄周著，马恒君译注：《庄子正宗》，华夏出版社 2007 年版，第 97 页。
② 同上书，第 266—267 页。
③ 同上书，第 204 页。
④ 同上书，第 102 页。

所以，庄子主张的是顺应自然，即"循天之理"①（《庄子·刻意》），"顺之以天理……应之以自然"②（《庄子·天运》）；让一切事物按照其自然的本性去存在生长，人不能对此进行胡乱的治理干扰，因为"为事逆之则败，顺之则成"③（《庄子·渔父》）。《庄子·大宗师》说："不以心捐道，不以人助天，是之谓真人。"《庄子·秋水》说："无以人灭天，无以故灭命，无以得殉名，谨守而勿失，是谓反其真。"④ 都是说要顺应自然，不要违反自然规律并胡作非为。如果人类能够做到自然无为，顺应自然，按照客观规律办事，那么天下就会大定，人与自然就能和谐相处，共同繁荣发展。《庄子·应帝王》说："顺物自然而无容私焉，而天下治矣。"⑤ 《庄子·在宥》说："汝徒处无为，而物自化。"⑥《庄子·天道》说："无为也，则用天下而有余；有为也，则为天下而用不足。"⑦《庄子·至乐》说："天无为以之清，地无为以之宁，故两无为相合，万物皆化。……万物职职，皆从无为殖。"⑧

关于老庄所主张的顺应自然和自然无为，英国著名科技史家李约瑟博士作了这样的评述，笔者认为是非常中肯的，李约瑟说："就早期原始科学的道家哲学家而言，'无为'的意思就是'不做违反自然的活动'（refraining from activity contrary to Nature），亦即不固执地要违反事物的本性，不强使物质材料完成它们所不适合的功能。"⑨

3. 万物平等，人与自然和睦共处

万物平等思想是庄子哲学的主要内容之一，我国晚清著名学者章太炎先生在《齐物论释》就论述了《庄子·齐物论》所讨论的平等问题。章太

---

① （战国）庄周著，马恒君译注：《庄子正宗》，华夏出版社 2007 年版，第 175 页。
② 同上书，第 161 页。
③ 同上书，第 374 页。
④ 同上书，第 192 页。
⑤ 同上书，第 88—89 页。
⑥ 同上书，第 122 页。
⑦ 同上书，第 148 页。
⑧ 同上书，第 200 页。
⑨ ［英］李约瑟：《中国科学技术史（第二卷　科学思想史）》，科学出版社、上海古籍出版社 1990 年版，第 76 页。

炎说："《齐物》者，一往平等之谈，详其实义，非独等视有情，无所优劣，盖离言说相，离名字相，离心缘相，毕竟平等，乃合《齐物》之义。"①

庄子认为从"道"的角度来看，世间万物是没有高低贵贱之分的，是平等的；所谓高低贵贱都是由于人们相对于自己的主观看法而已，万物都以为自己贵而互相贱视跟自己不一样的，"以道观之，物无贵贱。以物观之，自贵而相贱。以俗观之，贵贱不在己"②（《庄子·秋水》）。又"以道观之，何贵何贱？是谓反衍"③（《庄子·秋水》）；从大道的角度看，有什么贵有什么贱呢？都是在向相反的方向演变罢了。不仅事物的贵贱是相对的，而且事物的任何属性，如大小、有无、对错、方向等，都是相对而不是绝对的，"以差观之，因其所大而大之，则万物莫不大；因其所小而小之，则万物莫不小。知天地之为稊米也，知毫末之为丘山也，则差数睹矣。以功观之，因其所有而有之，则万物莫不有；因其所无而无之，则万物莫不无。知东西之相反而不可以相无，则功分定矣。以趣观之，因其所然而然之，则万物莫不然；因其所非而非之，则万物莫不非"④（《庄子·秋水》）。庄子在《齐物论》篇用生动的例子来说明这种美丑价值因评判者不同而具有的相对性，庄子说："猿猵狙以为雌，麋与鹿交，鳅与鱼游。毛嫱、西施，人之所美；鱼见之深入，鸟见之高飞，麋鹿见之决骤。四者孰知天下之正色哉？自我视之，仁义之端，是非之涂，樊然殽乱，吾恶能知其辩！"⑤猿猴把猵狙当妻子，麋鹿喜欢与鹿交配，泥鳅又喜欢与鱼相好。毛嫱和西施是人们公认的美女，可是鱼看见她们就吓得深潜到水里，鸟看见她们就吓得高飞入云，麋鹿看见她们就急速逃去。猿猴、麋鹿、泥鳅和人这四者，他们究竟谁才知道天下真正的美色呢？

天地间的万事万物，各有各的长处，谁也不比谁差，因此既不要轻视他物，也没有必要羡慕他物。一切都是平等的，一切都是"道"的造化所

---

① （清）章太炎著，傅杰编校：《章太炎学术史论集》，中国社会科学出版社 1997 年版，第 251 页。

② （战国）庄周著，马恒君译注：《庄子正宗》，华夏出版社 2007 年版，第 188 页。

③ 同上书，第 190 页。

④ 同上书，第 188 页。

⑤ （战国）庄周著，陈鼓应注译：《庄子今注今译》上，商务印书馆 2007 年版，第 97 页。

致，顺应自然就行。在《庄子·秋水》①篇，庄子用寓言故事讲述了这个道理：

　　夔怜蚿，蚿怜蛇，蛇怜风，风怜目，目怜心。

　　夔谓蚿曰："吾以一足趻踔而行，予无如矣。今子之使万足，独奈何？"

　　蚿曰："不然。子不见夫唾者乎？喷则大者如珠，小者如雾，杂而下者不可胜数也。今予动吾天机，而不知其所以然。"

　　蚿谓蛇曰："吾以众足行，而不及子之无足，何也？"

　　蛇曰："夫天机之所动，何可易邪？吾安用足哉！"

　　蛇谓风曰："予动吾脊胁而行，则有似也。今子蓬蓬然起于北海，蓬蓬然入于南海，而似无有，何也？"

　　风曰："然。予蓬蓬然起于北海而入于南海也，然而指我则胜我，鰌我亦胜我。虽然，夫折大木，蜚大屋者，唯我能也。"

　　《齐物论》篇有一段话已经具有了今天生态学上的意义。《庄子·齐物论》云："民湿寝则腰疾偏死，鳅然乎哉？木处则惴栗恂惧，猿猴然乎哉？三者孰知正处？民食刍豢，麋鹿食荐，蝍蛆甘带，鸱鸦耆鼠。四者孰知正味？"②从生态学视角来看这段话，庄子的描述已经揭示了现代生态学中的生态位和生态食物链的关系。各种生物以不同的生态环境作为自己的居住和生活处所，并适应相应的环境；不同生物的食物也不相同。

　　庄子极为重视、热爱和珍惜人的生命，追求长生高寿，反对为外物如功业、名利等而牺牲性命。《庄子·骈拇》说："自三代以下者，天下莫不以物易其性矣。小人则以身殉利，士则以身殉名，大夫则以身殉家，圣人则以身殉天下。故此数子者，事业不同，名声异号，其于伤性以身为殉，一也。"③《庄子·在宥》说："至道之精，窈窈冥冥；至道之极，昏昏默默。无视无听，抱神以静，形将自正；必静必清，无劳女形，无摇女精，

———————————

①　（战国）庄周著，马恒君译注：《庄子正宗》，华夏出版社 2007 年版，第 192—193 页。

②　同上书，第 29 页。

③　同上书，第 99 页。

乃可以长生。目无所闻，心无所知，女神将守形，形乃长生。"①

　　对于人、生态环境、自然界中的万事万物，庄子都强调热爱和保护。《庄子·天地》说："爱人利物之谓仁。"②《庄子·天下》说："泛爱万物，天地一体也。"③《庄子·知北游》说："圣人处物而不伤物，不伤物者，物亦不能伤也。唯无所伤者，为能与人相将迎。山林与，皋壤与，使我欣欣然而乐与！"④ 即人类因该与自然和谐相处，人们不去损伤自然万物，反过来自然也不会伤害人类；美好的山林、原野等自然环境是能够让我们欣欣然快乐的。前文已经讨论过，庄子是强调顺应自然，反对对自然界横加干涉和破坏的。《庄子·在宥》说："乱天之经，逆物之情，玄天弗成。解兽之群而鸟皆夜鸣，灾及草木，祸及止虫。意！治人之过也！"⑤ 扰乱自然规律，违背万物的真实性情，自然的状态就不能保全；群兽离散，飞鸟夜鸣；殃及草木，祸及昆虫；这些都是那些要去治理自然的人的过错啊。

　　庄子所主张之"和"其实有两个方面，一方面是"与人和"；另一方面是"与天和"，这两个方面是相辅相成的。"人不和"则社会动乱，当然也就无从谈及保护自然环境；而"天不和"，即没有良好的生态环境、多自然灾难，社会也就不会安宁。《庄子·天道》说："夫明白于天地之德者，此之谓大本大宗，与天和者也。所以均调天下，与人和者也。与人和者，谓之人乐；与天和者，谓之天乐。"⑥

　　庄子强烈要求人与自然和睦共处、共生共荣；追求人与自然和谐发展的思想，可以从他所描绘的"至德之世"中明显地体现出来。

　　《庄子·天地》云："至德之世，不尚贤，不使能，上如标枝，民如野鹿。端正而不知以为义，相爱而不知以为仁，实而不知以为忠，当而不知以为信，蠢动而相使不以为赐。是故行而无迹，事而无传。"⑦

　　《庄子·胠箧》云："子独不知至德之世乎？昔者容成氏、大庭氏、伯

---

① （战国）庄周著，马恒君译注：《庄子正宗》，华夏出版社 2007 年版，第 199 页。
② 同上书，第 128 页。
③ 同上书，第 400 页。
④ 同上书，第 263 页。
⑤ 同上书，第 122 页。
⑥ 同上书，第 146—147 页。
⑦ 同上书，第 141 页。

皇氏、中央氏、栗陆氏、骊畜氏、轩辕氏、赫胥氏、尊卢氏、祝融氏、伏牺氏、神农氏，当是时也，民结绳而用之，甘其食，美其服，乐其俗，安其居，邻国相望，鸡狗之音相闻，民至老死而不相往来。若此之时，则至治已。"①

《庄子·马蹄》云："故至德之世，其行填填，其视颠颠。当是时也，山无蹊隧，泽无舟梁，万物群生，连属其乡，禽兽成群，草木遂长。是故禽兽可系羁而游，鸟鹊之巢可攀援而窥。夫至德之世，同与禽兽居，族与万物并。恶乎知君子小人哉？"②

《庄子·盗跖》云："与麋鹿共处，耕而食，织而衣，无有相害之心。此至德之隆也。"③

可见，庄子的"至德之世"都是有两个方面的和睦、和谐的，一方面是人与人之间的"和"，人们安居乐业，人心淳朴，"相爱"、"无有相害之心"；另一方面则是人类与自然的和睦共处，即所谓"同与禽兽居，族与万物并"。

但就人与自然的关系而言，很明显，庄子把人与自然看作是平等的，追求的是"天人合一"，完全没有要征服自然的意味。这在生态伦理学上是有重要意义的。相比西方，直到1923年，美国生态伦理学家奥尔多·利奥波德才提出大地伦理学的思想，把人和自然看作是平等的伙伴关系而不是征服和被征服、统治和被统治的关系。生态伦理学创始人之一罗尔斯顿说："放在整个环境中来看，我们的人性并非在我们自身内部，而是在于我们与世界的对话中。我们的完整性是通过与作为我们的敌手兼伙伴的环境的互动而获得的，因而有赖于环境相应地也保有其完整性。"④ 现代西方马克思主义的代表人物哈贝马斯在《合法化危机》中指出，现代人类面临的生态危机，包括外部自然生态的危机和内部自然生态的危机两个方面，前者导致自然生态平衡的破坏；后者导致人类学和人格系统的破坏。⑤ 因此，庄子

---

① （战国）庄周著，马恒君译注：《庄子正宗》，华夏出版社2007年版，第111页。

② 同上书，第103页。

③ 同上书，第351页。

④ ［美］霍尔姆斯·罗尔斯顿著，刘耳、叶平译：《哲学走向荒野》，吉林人民出版社2000年版，第92—93页。

⑤ 樊浩：《伦理精神的价值生态》，中国社会科学出版社2001年版，第16页。

的"和合"思想对解决目前人类所遇到的生态危机是很有帮助的。

第六节　余　论

对于人与自然的关系，恩格斯曾有过这样的精辟描述，他说："美索不达米亚、希腊、小亚细亚以及其他各地的居民，为了想得到耕地，把森林都砍完了，但是他们梦想不到，这些地方今天竟因此成为荒芜不毛之地，因为他们使这些地方失去了森林，也失去了积聚和贮存水分的中心。阿尔卑斯山的意大利人，在山南坡砍光了在北坡被十分细心地保护的松林，他们没有预料到，这样一来，他们把他们区域里的高山畜牧业的基础给摧毁了；他们更没有预料到，他们这样做，竟使山泉在一年中的大部分时间内枯竭了，而在雨季又使更加凶猛的洪水倾泻在平原上。"① 中国先秦时期的先民们非常重视对生物与环境关系的调查与研究。在春秋战国时期尽管是百家争鸣，各家的学术观点和政治见解互不相让，但在生物（包括人）与自然环境关系的问题上却表现得出奇的一致。本章所分析的部分已能基本体现这种观点，即各个不同学派均要求人与自然和谐发展。中国的传统生态思想并不是空穴来风，而是勤劳、智慧、伟大的中国先民们在与自然的接触和交往过程中对实践经验和认识的总结与概括，是中华文明几千年历史沉淀中的精华。例如，《管子》对黄帝时期的烧山毁林表示赞赏，而对夏后之王则表示批评，"黄帝之王……烧山林，破增薮，焚沛泽，逐禽兽，实以益人，然后天下可得而牧也"②（《管子·揆度》），"夏王之后，烧增薮，焚沛泽，不益民之利"③（《管子·国准》）。

对于先秦时期的传统生态思想，笔者主要是从两个方面进行分析，一方面是生态科技思想；另一方面是生态哲学、生态社会文化等。在生态科技思想方面，笔者认为《管子》、《吕氏春秋》、《尚书·禹贡》、《周礼》等涉及的较多，比较具有代表性，故选择它们进行详细分析。《礼记·月令》与《吕氏春秋》十二纪的纪首篇内容基本一样，只有个别字句之差，本文

---

① 马克思、恩格斯：《马克思恩格斯选集》第三卷，人民出版社 1972 年版，第 517 页。

② （春秋）管仲著，刘柯、李克和译注：《管子译注》，黑龙江人民出版社 2003 年版，第 499 页。

③ 同上书，第 510 页。

选择《吕氏春秋》十二纪的纪首篇进行分析，故不再分析《礼记·月令》。在生态哲学思想和生态社会文化方面，笔者主要选择对我国影响最大、最具代表性的儒家和道家两家进行分析阐述。儒家则主要选择孔子、孟子、荀子这儒门三圣；道家则是老子和庄子这两位主要代表人物。先秦时期，诸子百家争相斗艳，思想家、学者群星荟萃，在其他古代经典里还有很多珍贵的生态思想精粹，限于时间和精力所限，笔者在此未能一一尽全。

对于其他典籍的生态思想，笔者在此仅简单地寥举数例，以示说明。我国最早的诗歌集——《诗经》就蕴含有深刻的生态意蕴，《诗经·召南·鹊巢》说："维鹊有巢，维鸠居之。"① 被称为我国文化源头的《周易》也蕴含有丰富的生态思想精华。《周易》明确要求"天人合一"，遵循自然规律，使人与自然和谐发展，这样才能实现人的发展。《周易·文言传》说："夫'大人'者，与天地合其德，与日月合其明，与四时合其序，与鬼神合其吉凶。先天而天弗违，后天而奉天时。天且弗违，而况于人乎？况于鬼神乎？"② 要求人们爱护自然界的生灵；认为不杀生，促进万物的生长为天地间的"大德"，"天地之大德，曰生"③（《周易·系辞下》）。要保护生态资源，人们的生死存亡依赖于自然界提供的生活资料，《周易·否》就这样忧患地呐喊道："其亡其亡，系于苞桑。"④ 在打猎的时候要网开一面，保留物种资源，使其可持续利用，不要赶尽杀绝。《周易·比》说："王用三驱，失前禽。邑人不诫，吉。"⑤《周易正义》解释道："凡三驱之礼，禽向己者则舍之，背己者则射之，是失于'前禽'也。"⑥ 在先秦时期与儒家并为显学的墨家，也主张节俭、适度消费的生态消费观，不要过度地浪费消耗自然资源。各种用具要节约，适可而止，"凡足以奉给民用，则止。诸加费不加于民利者，圣王弗为"⑦（《墨子·节用中》）。穿衣方面也要节俭，适度消费，"冬服绀緅之衣轻且暖，夏服缔绤之衣轻且清，则止。"⑧（《墨子·

---

① 袁愈荌译注：《诗经全译》，贵州人民出版社 2008 年版，第 18 页。
② 唐明邦主编：《周易评注》，中华书局 1995 年版，第 176 页。
③ 同上书，第 225 页。
④ 同上。
⑤ 李学勤主编：《十三经注疏·周易正义》，北京大学出版社 1999 年版，第 56 页。
⑥ 同上。
⑦ 罗炳良、胡喜云：《墨子解说》，华夏出版社 2007 年版，第 135 页。
⑧ 同上书，第 136 页。

节用中》)。在住房方面也要讲究节俭、适度消费,墨子说:"其旁可以圉风寒,上可以圉雪霜雨露,其中蠲洁可以祭祀,宫墙足以为男女之别,则止。"①(《墨子·节用中》)此外,墨子在饮食、出行、丧葬等各个方面都提出了他的适度消费标准。

最后,笔者还想谈谈《山海经》。《山海经》这部富于神话传说的中国最古老的地理书,虽然它记载的众多怪诞的动植物和传奇色彩的神话并不可信,但它对各地不同生物的叙述却体现出远古时期中华先人对生物与环境关系的观察认识,体现出丰富的生态学思想。《山海经》对各地动植物的记载正如西汉刘歆在《〈山海经〉表》中说:"《山海经》者,出于唐虞之际。……益与伯翳主驱禽兽,命山川,类草木,别水土。……内别五方之山,外分八方之海,纪其珍宝奇物,异方之所生,水土草木禽兽昆虫麟凤之所止,祯祥之所隐,及四海之外,绝域之国,殊类之人。禹别九州,任土作贡;而益等类物善恶,著《山海经》,皆圣贤之遗事,古文之著明者也。"②例如,《山海经·南山经》说:"《南山经》之首曰誰山。其首曰招瑶之山,临于西海之上。多桂多金玉。有草焉,其状如韭而青华,其名曰祝余,食之不饥。有木焉,其状如穀而黑理,其华四照。其名曰迷穀,佩之不迷。有兽焉,其状如禺而白耳,伏行人走,其名曰狌狌,食之善走。"③《山海经·西山经》说:"《西山经》华山之首,曰钱来之山,其上多松,其下多洗石。有兽焉,其状如羊而马尾,名曰羬羊,其脂可以已腊。"④《山海经·北山经》说:"《北山经》之首,曰单狐之山。多机木,其上多华草。"⑤《山海经·东山经》说:"《东山经》之首,曰樕䗱之山,北临乾昧,食水出焉。而东北流注于海。其中多鱅鱅之鱼,其状如犁牛,其音如彘鸣。"⑥《山海经·中山经》说:"《中山经》薄山之首,曰甘枣之山。共水出焉,向西流注于河。其上多杻木。其下有草焉,葵本而杏叶,黄华而荚

---

① 罗炳良、胡喜云:《墨子解说》,华夏出版社 2007 年版,第 136 页。
② 郑慧生注说:《山海经》,河南大学出版社 2008 年版,第 1 页。
③ 同上书,第 49 页。
④ 同上书,第 60 页。
⑤ 同上书,第 83 页。
⑥ 同上书,第 103 页。

实，名曰蓇，可以已瞢。有兽焉，其状如獣鼠而文题，其名曰難，食之已瘻。"① 像这样，《山海经》叙述了各座山和各个地方（后面的《海经》）的自然环境以及相应的动植物情况（包括当地的人们），虽然其内容荒诞怪异而不可信，地理地貌也因年月太久变迁太大而不可考，但其朴素的生态思想却流露无遗，即生物应当与环境相适应，什么样的生物应当生长于什么样的环境中、什么的自然环境会有什么样的生物，是我国传统农学中地宜、物宜理论的萌芽。

---

① 郑慧生注说：《山海经》，河南大学出版社 2008 年版，第 115 页。

第二章 秦汉三国两晋南北朝时期
生态思想的特点

第一节 《氾胜之书》与《四民月令》的生态思想

　　《氾胜之书》与《四民月令》是汉朝著名的两部农书。《氾胜之书》原名《氾胜之十八篇》，由我国西汉著名的农学家氾胜之所著，是成书于西汉晚期的一部重要农学著作，是我国现存最早的农学专著。氾胜之因为领导过一个地区的农业生产，所以他对农业生产有丰富的实践经验和实践知识，而且他把得来的经验知识进行梳理分类，形成了一个有机的知识体系。我国著名农史学家石声汉先生对氾胜之的评价是，"氾胜之是一个有极高理论水平的技术家，他的《氾胜之书》已是一部农学理论书，超过了过去的《吕氏春秋》等书"①。《氾胜之书》在汉朝就已经有了很高的声誉，屡屡为学者所引述。例如《周礼·地官·草人》郑玄注："土化之法，化之使美，若氾胜之术也。"又《礼记·月令》孟春之月"草木萌动"，郑玄注："《农书》曰：'土长冒橛，陈根可拔，耕者急发。'"孔颖达《正义》说："郑所引《农书》，先师以为《氾胜之书》也。"后汉经师注经，就一再引用《氾胜之书》，所以唐贾公彦《周礼注疏》说："汉时农书有数家，《氾胜》为上。"我国著名农史学家万国鼎先生评价说，《氾胜之书》"的确可以说是整个汉朝四百多年间最杰出的农书"②。

　　《四民月令》由我国东汉后期的崔寔所著，是一部月令体农学著作，即按照一年 12 个月的每个月份来安排农事。石声汉先生说："《四民月令》是

---

　　① 石声汉：《中国古代农书评介》，农业出版社 1980 年版，第 19 页。

　　② （西汉）氾胜之著，万国鼎辑释：《氾胜之书辑释》，中华书局 1957 年版，"序"第 1 页。

农家月令书的开创者，也是一种代表。"① 所谓"四民"是指"士、农、工、商"四种职业的人民，"月令"是说每月应当做的事情。《四民月令》不是专言农业的书，其中还有教育、祭祀、医药养生、住房和器物的修缮保藏等各个方面的内容，但从其主线来看，是以农事安排为主，其他的事情围绕着农业生产的进程来进行的，因此历来都被视为农书。就如我国著名农史学家王毓瑚先生对该书的评价一样："（《四民月令》）虽然不是专谈农事，但大部分是同农业生产有关的。……因此历来都是把它看作农书。实际上它同一般专讲节序的月令书确是不同。……它可以说是东汉时期传留下来的唯一的一部综合性的农书。"②

　　遗憾的是，这两部农书都早已佚失，原著的完整内容已难寻踪迹。如今只能从其他现存古籍所引用两部农书的引文中一窥它们的风貌。十九世纪前半期，出现了《氾胜之书》的三种辑佚本：第一种是洪颐煊辑录的《氾胜之书》二卷，编为《经典集林》中的一种，1811 年收刊在《问经堂丛书》里；第二种是宋葆淳在 1819 年辑集的《汉氾胜之遗书》；第三种是马国翰辑集的《氾胜之书》二卷，编刊在他的《玉函山房辑佚书》中，时间大约是 19 世纪前半期之末。这些辑佚本的材料来源主要是《齐民要术》，且所依据的《齐民要术》的版本也不好，因此错误较多③。中华人民共和国成立以后，较好的辑佚本有石声汉的《氾胜之书今释》（科学出版社，1956 年出版）和万国鼎的《氾胜之书辑释》（中华书局，1957 年出版；农业出版社，1980 年新二版）。而《四民月令》，清代先有三个辑佚本，乾隆年间有任兆麟、王谟的两种《四民月令》辑本；嘉庆年间，严可均辑录《四民月令》一卷，收录在他的《四录堂类集》里。后来，唐鸿学以《玉烛宝典》材料重编《四民月令》，编了另一个辑佚本，也就是《怡兰堂丛书本》④。这些辑佚的版本都不是很好。新中国成立后，出了两个较好的辑佚本，分别是中华书局 1956 年出版的石声汉的《四民月令校注》，以及 1981 年农业出版社出版的缪启瑜的《四民月令辑释》。

　　笔者试着从生态学的角度对流传至今的《氾胜之书》与《四民月令》

---

① 石声汉：《中国古代农书评介》，农业出版社 1980 年版，第 18 页。
② 王毓瑚：《中国农学书录》，农业出版社 1964 年版，第 17—18 页。
③ （西汉）氾胜之著，万国鼎辑释：《氾胜之书辑释》，中华书局 1957 年版，"序"第 5—6 页。
④ 王毓瑚：《中国农学书录》，农业出版社 1964 年版，第 17—18 页。

的内容进行一番研究与分析，以期提炼出有价值的历史精华。

一　《氾胜之书》的生态思想

氾胜之是汉成帝时人，在今天的陕西关中平原教民耕种，而《氾胜之书》所论述的即是氾胜之对西汉黄河流域的农业生产经验和耕作技术的总结。氾胜之对耕种田地的总体原则作了一概括，即"凡耕之本，在于趣时，和土，务粪泽，早锄早获"①。耕田种地的基本原则是：赶上适宜的时令并抓紧时间耕作，使土壤松和，达到软硬适中的最佳种植状态，同时要注意肥料和水分，及早锄地，及早收获。由于氾胜之从事农业的关中地区属于北方旱作农业区，干旱少雨，抗旱保泽就成了《氾胜之书》的主要内容之一，这在他的耕种总原则里就有了体现。从《氾胜之书》现存的内容来看，它在顺应天时（趋时），因循地宜，废弃物还田作肥料，抗旱保墒，以及合理密植方面是十分讲究的，书中还有我国最早的间作套种记载，而这些农业科技也体现着传统农业生态思想。

1. 趋时，因循地宜、物宜，赶上适宜的时节及时耕种

《氾胜之书》对农业生产的各个环节有非常强的时间要求，不论是耕耘田地、种植农作物抑或是收获农作物都非常讲究时令。而且，它的趋时性是与因地制宜、因物制宜有机结合在一起的。首先，《氾胜之书》在耕耘田地方面是十分讲究抓住适宜的时间的。《氾胜之书》叙述了一年之中通常而言的几个最佳耕地时期，一个是春天"春冻解，地气始通，土一和解"时；另一个是"夏至，天气始暑，阴气始盛，土复解"时，还有就是"夏至后九十日，昼夜分，天地气和"时，这些时候耕田地可以"一而当五"。《氾胜之书》说："春冻解，地气始通，土一和解。夏至，天气始暑，阴气始盛，土复解。夏至后九十日，昼夜分，天地气和。以此时耕田，一而当五，名曰膏泽，皆得时功。"② 为了准确地抓住春天"地气始通"这个耕作时机，氾胜之叙述了专门测量"地气始通"的措施："春候地气始通：椓橛木，长尺二寸，埋尺见其二寸；立春后，土块散，

———————

① 石声汉：《氾胜之书今释》，科学出版社1956年版，第3页。
② 同上。

上没橇，陈根可拔。此时。"① 这个时候就是耕田的适宜时节，其效果会远远好于在不适宜的时节耕地。氾胜之接着说："二十日以后，和气去，即土刚。以时耕，一而当四；和气去，耕，四不当一。"② 可见，在氾胜之看来，在适宜的时节抓紧时间耕地可以省时省力，事半功倍；反之则会既费力气又没有好效果。氾胜之列举了在不适宜的时节耕地的害处，在不适宜的时节耕地不仅不能使田地的土壤性能变好，反而会使田地成为"败田"，使得田地不适合农作物生长。氾胜之说："春气未通，则土历适不保泽，终岁不宜稼，非粪不解。慎无（旱）［早］耕；须草生［复耕］，至可耕时，有雨即种，土相亲，苗独生，草秽烂，皆成良田。此一耕而当五也。不如此而（旱）［早］耕，块硬，苗秽同孔出，不可锄治，反为败田。秋无雨而耕，绝土气，土坚垎，名曰腊田。及盛冬耕，泄阴气，土枯燥，名曰脯田。脯田与腊田，皆伤田，二岁不起稼，则一岁休之。"③ 可见，不在适宜的时节耕田，坏处很多：春季地气还没有通顺的时候去耕田，就会造成一个个疏疏落落的大土块，不保墒，使这年都长不出好庄稼；过早地耕田（杂草还未有长出），会使土壤结块且坚硬，杂草和禾苗从同一个孔里一起长出来，不能除草治理，田成为坏田；秋天无雨时耕田，会使土壤坚垎；隆冬季节耕田，会使土壤枯燥；这些不合时令的耕作都会使田地受损伤。

其次，《氾胜之书》在耕田中对时令的讲究是跟因循地宜、物宜有机地结合在一起的。根据土壤性状的不同，在耕作时间上也有差异，例如，对于坚硬的"黑垆土"要在"春地气通"时开始耕，"春地气通，可耕坚硬强地黑垆土，辄平摩其块以生草；草生复耕之，天有小雨复耕和之，勿令有块以待时。所谓强土而弱之也"④。而对于过于柔软的

① 石声汉：《氾胜之书今释》，科学出版社1956年版，第4页。
② 同上。
③ 李根蟠：《读〈氾胜之书〉札记》，《中国农史》，1998年第4期，第3—16页；（西汉）氾胜之著，万国鼎辑释：《氾胜之书辑释》，中华书局1957年版，第25—27页。关于此段文字中的"旱"、"种"以及句读等方面，万国鼎的《氾胜之书辑释》、石声汉的《氾胜之书今释》、《中国农学史》以及其他一些学者专家存在不少分歧和争议，学者李根蟠先生在综合考虑各家的基础上敲定了如本文引文的文字，笔者认为这种解释能较好地符合《氾胜之书》原意，且上下文意义通顺，故从之，其余句读部分从万国鼎的《氾胜之书辑释》。
④ （西汉）氾胜之著，万国鼎辑释：《氾胜之书辑释》，中华书局1957年版，第23页。

"轻土弱土"则是在"杏始华荣"时开始耕，"杏始华荣，辄耕轻土弱土。望杏花落，复耕。耕辄蔺之。草生，有雨泽，耕重蔺之。土甚轻者，以牛羊践之。如此则土强。此谓弱土而强之也"①。而且在具体的耕作方式上也是因地制宜的，这从耕作"黑垆土"与"轻土弱土"的比较中可以明显地看出来。耕田的时间也是跟所种植的作物密切相关的，例如，对于种麦子的田则一般是要在五月开始耕，"凡麦田，常以五月耕，六月再耕，七月勿耕，谨摩平以待种时。五月耕，一当三。六月耕，一当再。若七月耕，五不当一"②。氾胜之对于农田耕作顺天时、因地宜的有机结合作了精炼的概括，"得时之和，适地之宜，田虽薄恶，收可亩十石"③。

再次，《氾胜之书》对农作物的种植和收获也是十分讲究时间性的，而且也是跟地宜、物宜有机地相结合的。作物的种植对季节时令的要求是非常高的，《氾胜之书》说："黍者暑也，种者必待暑。"④又，"种麦得时无不善。……早种则虫而有节，晚种则穗小而少实。"⑤再又，"种枲太早，则刚坚、厚皮、多节；晚则皮不坚。宁失于早，不失于晚"⑥。这些都充分体现了在合适的时节种植农作物的极度重要性，也充分表明了《氾胜之书》在农作物的种植上对时令的强调和重视。《氾胜之书》说："种禾无期，因地为时。"⑦种禾没有固定的日期，要根据各地的情况来决定播种的日期。这是农作物的种植在时间上要因地制宜的典型体现。作物的收获同样也是十分讲究时间性的，作物成熟了必须及时收割，"获不可不速，常以急疾为务。芒张叶黄，捷获之无疑。获禾之法，熟过半断之"⑧。现存的《氾胜之书》记载的各种农作物的种植时间如表2—1所示。

① （西汉）氾胜之著，万国鼎辑释：《氾胜之书辑释》，中华书局1957年版，第25页。
② 同上书，第27页。
③ 同上。
④ 同上书，第105页。
⑤ 同上书，第109—110页。
⑥ 同上书，第146页。
⑦ 同上书，第100页。
⑧ 同上书，第102页。

表 2—1　　　　　　　　《氾胜之书》记载的农作物种植时间

农作物	种植时间	情况说明
禾	三月榆荚时雨，高地强土可种禾	种禾无期，因地为时
黍	先夏至二十日，此时有雨，强土可种黍	黍者暑也，种者必待暑
麦	夏至后七十日，可种宿麦。春冻解，耕和土，种旋麦	种麦得时无不善。早种则虫而有节，晚种则穗小而少实
稻	冬至后一百一十日可种稻	三月种粳稻，四月种秫稻
大豆	三月榆荚时有雨，高田可种大豆。种大豆，夏至后二十日尚可种	
小豆	椹黑时，注雨种	
枲		种枲：春冻解，耕治其土。种枲太早，则刚坚、厚皮、多节；晚则皮不坚。宁失于早，不失于晚
麻	二月下旬，三月上旬，傍雨种之	
芋	二月注雨，可种芋	

2. 肥田，废弃物还田作肥料，物质循环利用

《氾胜之书》的粪肥思想很丰富，从今天所残存的内容看，用于还田作肥料的废弃物有蚕矢（即蚕屎）、马骨、牛骨、羊骨、猪骨、麋骨、鹿骨、麋矢（即麋屎，下同）、鹿矢、羊矢、缲蛹汁、溷中熟粪（坑中腐熟过的人粪尿）等，种类已经很多了。这些废弃物返还农田作肥料，一方面，增加了土壤肥力，维护了农田生态系统的物质循环；另一方面，也减少了环境污染，有利于建立清洁的人类居住环境。

《氾胜之书》非常重视施粪肥，其概括的耕种田地的总原则就包括"务粪泽"，"务粪"就是要注意施粪肥。在所有的粪肥当中，可以说《氾胜之书》最器重的就是蚕矢，例如以原蚕矢给禾作种肥，能够使禾不生虫，"薄田不能粪者，以原蚕矢杂禾种种之，则禾不虫"[1]；又，"种瓜

---

① （西汉）氾胜之著，万国鼎辑释：《氾胜之书辑释》，中华书局 1957 年版，第 45 页。

法……蚕矢一斗，与土粪合"。如果没有蚕矢也可用常见的沤熟过的人粪替代，例如"种麻……树高一尺，以蚕矢粪之，树三升；无蚕矢，以溷中熟粪粪之亦善，树一升"①。文中还有很多未说明是何种粪的，例如，"区种大豆法：坎方深各六寸……其坎成，取美粪一升，合坎中土搅和，以内坎中"②；"又种芋法，宜择肥缓土近水处，和柔粪之"③；"区种瓜：一亩为二十四科。……一科用一石粪，粪与土合和，令相半"④；等等。这些未说明种类的粪肥，根据上下文推测理应就是蚕矢、人畜粪便和其他有肥力的废弃物。

《氾胜之书》还叙述了著名的"溲种法"，类似于今天的下种肥，其肥料来源涉及蚕矢（即蚕屎）、马骨、牛骨、羊骨、猪骨、麋骨、鹿骨、麋矢（即麋屎，下同）、鹿矢、羊矢、缲蛹汁等废弃物。

《氾胜之书》云："又马骨锉一石，以水三石，煮之三沸；漉去滓，以汁渍附子五枚；三四日，去附子，以汁和蚕矢羊矢各等分，挠令洞洞如稠粥。先种二十日时，以溲种如麦饭状。常天旱燥时溲之，立干；薄布数挠，令易干。明日复溲。天阴雨则勿溲。六七溲而止。辄曝谨藏，勿令复湿。至可种时，以余汁溲而种之。则禾不蝗虫。无马骨，亦可用雪汁，雪汁者，五谷之精也，使稼耐旱。常以冬藏雪汁，器盛埋于地中。治种如此，则收常倍。"

又，"验美田至十九石，中田十三石，薄田一十石，尹择取减法，神农复加之骨汁粪汁溲种。锉马骨牛羊猪麋鹿骨一斗，以雪汁三斗，煮之三沸。以汁渍附子，率汁一斗，附子五枚，渍之五日，去附子。捣麋鹿羊矢等分，置汁中熟挠和之。候晏温，又溲曝，状如后稷法，皆溲汁干乃止。若无骨者，煮缲蛹汁和溲。如此则以区种，大旱浇之，其收至亩百石以上，十倍于后稷。此言马蚕皆虫之先也，及附子令稼不蝗虫；骨汁及缲蛹汁皆肥，使稼耐旱，终岁不失于获。"⑤

纵观《氾胜之书》所记载的这两种溲种法，其原理和内容要点基本

---

① （西汉）氾胜之著，万国鼎辑释：《氾胜之书辑释》，中华书局1957年版，第149—150页。
② 同上书，第130—132页。
③ 同上书，第164页。
④ 同上书，第152页。
⑤ 同上书，第45—49页。

上是一样的，只有一些细节上的差别。总的来讲，溲种法的原理就是要在种子外面包上一层肥力丰富、并且附加杀虫药物的粪壳，像鱼皮花生在花生米外面套上糖衣一样，我们今天农业生产上的"种子包衣技术"与此类似。溲种法的肥料功效大致相当于今天的"种肥"，即与播种同时施下或与种子拌混的肥料。溲种法在种子外面套上的是一层以"蚕矢、羊矢"为主的粪壳。分析溲种法原料的肥力效能，可以看出主要起肥力作用的是"蚕矢、麋矢、鹿矢、羊矢"等这些含养料丰富的动物粪便。马骨或其他兽骨的沸煮汁含有骨胶，它的主要作用是黏合蚕屎、羊屎等动物粪便（当然，这些骨汁也是含有一些肥料的），以利于这些粪便包在种子上。正因为骨汁不是主要的肥力者，所以在没有兽骨的时候可以用"雪汁"、"煮缲蛹汁"代替。笔者推测，就是用雨水或者江、河、湖、井水等较干净的水代替也会很不错。北方旱作农业区的井水含盐碱较多，不适合农业，而"雪汁"是纯水其效果当然胜过盐碱水，这也许是氾胜之推荐"雪汁"，并认为"雪汁"很好的原因。附子是一种有剧毒的中药，它在防治地下害虫方面可能有一定效果。总之，肥力丰富的种肥使作物幼苗生长强盛，再加上附子的抗虫防病作用，当然就可以使作物免于或减少病虫害了。"雪汁者，五谷之精也"以及"马蚕皆虫之先也"等为迷信成分。

1988 年，北京农业大学的学者阎万英、梅汝鸿用现代实验对"溲种法"进行验证，其结果是"用溲种法处理种子，小麦与谷子在苗期根系发达，植株长势旺盛"，"附子的杀虫作用，在谷子田间小区试验中显示出一定效果"，"溲种法的增产、抗寒效果，并不亚于现代技术处理种子"[①]。

3. 设法解决限制因子"水"的影响，抗旱保墒

《氾胜之书》在他的耕种总原则里就有"务粪泽"，其中"务泽"就是要解决限制因子"水"的影响，抗旱保墒。这是由氾胜之所在的农业地区的气候条件所决定的，因为陕西关中平原属于北方旱作农业区，这地方干旱少雨，水（泽）成了影响农作物生长的主要限制因子。为把田里土壤的水分留住，氾胜之有很多耕作上的技巧发明，在耕作田地时有很多讲究。例如，不能在不合适的时节耕田，"春气未通"不能耕田，否则"春气未通，则土历适不保泽，终岁不宜稼"；盛冬季节也不能耕田，否

---

① 阎万英、梅汝鸿：《古今包衣技术处理种子的比较》，《农业考古》1989 年第 1 期。

则"盛冬耕，泄阴气，土枯燥，名曰脯田"；等等。这些时节上的注意和讲究都是为了抗旱保墒。除了通过耕田技术把水分留住外，还可以在冬天下雪的时候把田里的雪拦住，以增加农田的水分，"冬雨雪止，辄以蔺之，掩地雪，勿使从风飞去；后雪复蔺之；则立春保泽，冻虫死，来年宜稼"①。此外，就是"区田法"中所说的人工灌溉，"负水浇稼"，"天旱常溉之"。

4．合理密植

对于合理密植，先秦时期的《吕氏春秋·辩土》就论述过，"慎其种，勿使数，亦无使疏"②，即不要种得过密也不要种得过稀。但是，这是原理上的总体论述，并没有详细到具体农作物的密植程度。与此相比，《氾胜之书》显然已有长足的进步，《氾胜之书》已经详细到具体农作物的合理密植程度了。

从书中内容多寡所占的篇幅看，关于农作物的合理密植程度方面可以说是《氾胜之书》的主要内容。按照耕种方式，笔者给《氾胜之书》所记载的作物合理密植情况分一下类，大致可分为一般农田栽种的合理密植和区种法的合理密植。首先，我们来看看一般农田栽种的农作物的合理密植情况。麦子，如果种得太密了，叶子的颜色就会发黄，需要用锄头给锄稀些，"麦生黄色，伤于太稠。稠者锄而稀之"③。种植大豆，则需要株距均匀稀疏，"大豆须均而稀"④。《氾胜之书》论述的各种农作物在一般农田栽种的应当密植程度如表2—2所示。

表2—2　　《氾胜之书》论述的农作物一般农田合理密植情况

农作物	播种时间	作物密度	情况说明
黍	先夏至二十日	一亩三升	此时有雨，强土可种黍。凡种黍，覆土锄治，皆如禾法；欲疏于禾

① （西汉）氾胜之著，万国鼎辑释：《氾胜之书辑释》，中华书局1957年版，第27页。
② （战国）吕不韦编撰，张双棣、张万彬等译注：《吕氏春秋译注》，北京大学出版社2000年版，第906页。
③ （西汉）氾胜之著，万国鼎辑释：《氾胜之书辑释》，中华书局1957年版，第110页。
④ 同上书，第133页。

续表

农作物	播种时间	作物密度	情况说明
稻	冬至后一百一十日	一亩四升	稻地美、用种亩四升。三月种粳稻，四月种秫稻
大豆	三月榆荚时有雨	一亩五升	土和无块，亩五升；土不和，则益之。夏至后二十日尚可种
小豆	椹黑时，注雨种	一亩五升	
麻	二月下旬，三月上旬，傍雨种之	率九尺一树	麻生布叶，锄之。率九尺一树
芋	二月注雨，可种芋	率二尺下一本	
桑	五月	每亩椹子三升	每亩以黍、椹子各三升合种之

《氾胜之书》叙述的区田法，更是用尺子量出来的，情况有点像现在的工程图，区与区之间的距离、苗与苗之间的行距，一亩种多少作物都有确定的数字。区田法的形式两种，即开沟点播和坑穴点播，沟或坑就称为"区"。万国鼎先生给这两种区田代起了名字，分别是"带状区种法"和"小方形区种法"。不管是哪种方式的区种法对作物的种植密度都有严格的要求，体现在《氾胜之书》细致地论述了各种区种作物株与株的行距，以及一亩地总共植株数。例如，对于"带状区种法"，"凡区种麦，令相去二寸一行。一行容五十二株。一亩凡九万三千五百五十株"；"凡区种大豆，令相去一尺二寸。一行容九株。一亩凡六千四百八十株"①；等等。对于"小方形区种法"则是，"上农夫区，方深各六寸，间相去九寸。一亩三千七百区。……区种粟二十粒……亩用种二升"；"中农夫区，方九寸，深六寸，相去二尺。一亩千二十七区。用种一升"②；等等。

5. 间作套种，利用农作物的种间关系提高产量

《氾胜之书》现在残存的部分有两处记载了间作（混作）套种，一是桑和黍间作；二是区种法中的瓜与薤、小豆间的间作。《氾胜之书》说："种桑法……每亩以黍、椹子各三升合种之。黍、桑当俱生，锄之，桑令

---

① （西汉）氾胜之著，万国鼎辑释：《氾胜之书辑释》，中华书局1957年版，第66页。

② 同上书，第68—71页。

稀疏调适。黍熟获之。桑生正与黍高平，因以利镰摩地刈之，曝令燥；后有风调，放火烧之，常逆风起火。桑至春生。"① 这便是桑和黍的混合播种。黍和桑的混合播种，不但可以充分利用土地，多得一季农作物收获的利益，而且可以借此防止桑苗地里杂草的生长，节省锄草的人工②。我们再来看，瓜与薤、小豆间的间作，《氾胜之书》说："区种瓜：一亩为二十四科。……种瓜瓮四面各一子。……又种薤十根，令周回瓮，居瓜子外。至五月瓜熟，薤可拔卖之，与瓜相避。又可种小豆于瓜中，亩四五升，其藿可卖。"③薤，即藠头，百合科葱属多年生草本，一种蔬菜类植物。同样的道理，无论是瓜与薤间作还是瓜与小豆间作，都大大地提高了土壤利用率，增加了单位面积田地的产出率，生产了更多的农产品。其中，小豆的间作还能由于其自身的固氮作用给土壤增加肥力，从而更利于瓜的生长。我们知道，生态学是一门研究生物与环境以及生物与生物之间关系的科学，《氾胜之书》对农作物间作套种的成功运用，反映出在西汉时期我国先民对生物与环境以及物种（农作物）间的关系已经有相当深刻的认识，已经出现了我们今天的生态学雏形。遗憾的是，由于《氾胜之书》的佚失，我们仅能见到这两条实际应用的论述，而看不到其理论论述。

二　《四民月令》的生态思想

《四民月令》的作者崔寔（约103—约170年），字子真，又名台，字元始，涿郡安平（今河北安平）人，曾任郎、五原太守等职。虽然《四民月令》在学术理论上远不及《氾胜之书》，但它在论及农作物的耕种时也展现出不少生物与自然关系的知识，体现着闪光的生态学思想。《四民月令》描述的农作物季节安排是以洛阳为中心，也包括与洛阳地理气候条件相近的其他地区，书中对于正月地气的测量就明确指出——"雨水中，地气上腾，土长冒橛，陈根可拔，急葙强土黑垆之田。此周雒京师之法，其冀州远郡，各以其寒暑早晏，不拘于此也。"④ 即，这种测量及耕

① （西汉）氾胜之著，万国鼎辑释：《氾胜之书辑释》，中华书局1957年版，第166页。
② 同上书，第168页。
③ 同上书，第152页。
④ （东汉）崔寔著，缪启愉辑释：《四民月令辑释》，农业出版社1981年版，第2页。

田时令是关中（周）和洛阳（雒）两个京城附近的做法，其他的像冀州一样的远处州郡，应该按照当地的寒暑情况作早晚不同安排，不要受这种法则的拘束。这里体现出《四民月令》对因地制宜与顺天时理论的有机结合，即在农业生产上要根据各地不同的实际情况来顺应当地的时令季节。书中还有地宜、物宜、时宜与合理密植有机结合起来的论述，我们来比较一下这三种情况：（1）"二月……可种稙禾，美田欲稠，薄田欲稀"①；（2）"三月……时雨降，可种秔稻，稻，美田欲稀，薄田欲稠"②；（3）"四月……时雨降，可种黍、禾——谓之上时——及大小豆，美田欲稀，薄田欲稠"③。为了便于比较，笔者列一表格，见表2—3。

表2—3   地宜、物宜、时宜与合理密植结合比较表

种植时间	作物	合理密植情况
二月	稙禾	美田欲稠，薄田欲稀
三月	秔稻	美田欲稀，薄田欲稠
四月	黍、禾，大小豆	美田欲稀，薄田欲稠

由表2—3可以明白地看出来，在一块农田上种植作物的密度是由多种因素综合决定的，时间、作物种类、土地贫瘠情况这三个要素是必须要有机结合综合考虑的。对于稙禾，在好的田地里要种得稠密些，在贫瘠的田地里要种得稀疏些；而对于秔稻、黍、禾，大小豆等，在好的田地里就要种得稀疏些，在贫瘠的田地里就要种得稠密些。这就正是把地宜、物宜、时宜与合理密植有机结合考虑后得出的结果，也是当时人们生产实践的经验总结。

书中还有地宜、物宜、时宜三者有机结合的例子，《四民月令·八月》说："凡种大小麦，得白露节，可种薄田；秋分，种中田；后十日，种美田。唯穬，早晚无常。"④凡是种大小麦，白露节时可以种在比较差的田里；秋分时，要种在中等的田里；秋分后十天，要种在好田里。只有

---

① （东汉）崔寔著，缪启愉辑释：《四民月令辑释》，农业出版社1981年版，第25页。

② 同上书，第37页。

③ 同上书，第47页。

④ 同上书，第85页。

颟麦早晚都可以，没有严格的时间要求。

另外，《四民月令》还展现着"以时禁发"的生态资源保护思想。从春天到夏天这一段万物生长的时间里，如果不是有特殊情况急着需要，《四民月令》都主张不能砍伐竹木。《四民月令·正月》说："自是月以终季夏，不可以伐竹木。"① 但是到了冬季，植物经过生长期长成后，已经很苗壮了，则是砍伐竹木的时机。《四民月令·十一月》说："伐竹木。"②

从总体上讲，《四民月令》的核心指导思想就是传统农学的"三才论"生态系统思想，把天时、地利、人力等有机统一结合，以及注重地宜、物宜、时宜的恰当搭配。不过从表面上看，《四民月令》是特别注重顺应天时罢了，把一年十二个月作为线索纲要来安排农业生产活动。因此，《四民月令》就像是根据传统农学理论做出来的洛阳地区的农业生产安排说明书，侧重安排，而不注重理论论述。《四民月令》所论述的一年12个月的顺天时农事安排如表2—4所示。

表2—4　　　　《四民月令》论述的一年12个月顺天时农事安排

月份	耕作	播种、移栽、采集、收获	情况说明
正月	可畜强土黑垆之田。粪田畴	可种春麦，䕩豆，瓜、瓠、芥、葵、薤、大小葱、蓼、苏、苜蓿、杂蒜、韭。 可别蓠、芥。 可移诸树：竹、漆、桐、梓、松、柏、杂木	移栽有果实的树及望而止。春麦，䕩豆的播种尽二月止。正月，尽二月可剡树枝。正月以终季夏不可伐竹木
二月	可畜美田、缓土及河渚小处	可种稙禾、大豆、苴麻、胡麻。 可掩树枝，可种地黄。 采桃花、茜、土瓜根、乌头、天雄、天门冬、术。 收榆荚	

① （东汉）崔寔著，缪启愉辑释：《四民月令辑释》，农业出版社1981年版，第3页。
② 同上书，第104页。

月份	耕作	播种、移栽、采集、收获	情况说明
三月	可畲沙白轻土之田	三日可种瓜。时雨降，可种秔稻、穊禾、苴麻、胡豆、胡麻；别小葱。 "昏参夕，桑椹赤"，可种大豆，谓之上时。 榆荚落，可种蓝。 三日及上除可采艾、乌韭、瞿麦、柳絮	三月桃花盛，农人候时而种
四月		立夏节后，蚕大食，可种生姜。 蚕人蔟，时雨降，可种黍、禾、大豆、小豆、胡麻。 分栽小葱。 收芜菁、芥、亭历、冬葵、茛菪子。 布谷鸣，收小百货	
五月	畲麦田	时雨降，可种胡麻。 夏至前后五日，可种禾、牡麻；夏至前后两日，可种黍。 分栽稻、蓝。 刈英刍。 采葸耳，取蟾诸、蝼蛄	分栽稻、蓝的日期下限为夏至后二十天
六月	畲麦田	六日，可种葵；中伏后，可种冬葵、芜菁、冬蓝、小蒜，分栽大葱。 大暑节后可畜瓠，藏瓜，收芥子，尽七月止	趣耘锄，毋失时
七月	畲麦田	种芜菁、芥、苜蓿、大小葱、小蒜、胡葱、分栽蓳。 藏韭菁。 刈刍葵，收柏实。取艾叶	

月份	耕作	播种、移栽、采集、收获	情况说明
八月		种大小蒜、芥、苜蓿、大小麦、穬麦。 采车前实、乌头、天雄、王不留行。 收韭菁、豆藿。 刈蒭、苇、乌茭。 断瓠，作蓄。 干地黄、葵	凡种大小麦，得白露节，可种薄田；秋分，种中田；后十日，种美田。唯穬，早晚无常
九月		采菊花，收枳实。 藏茈姜、襄荷。 作葵沮，干葵	
十月		分栽大葱。 趣纳禾稼，毋或在野。 收芜菁，藏瓜。 收括楼	
十一月		伐竹木	
十二月			遂合耦田器，养耕牛，选任田者，以俟农事之起

由表 2—4 可以一目了然地清楚看出一年之内什么时候该干什么农活，能够十分方便地据此来安排农业生产。因此，《四民月令》具有很强的实践应用价值。

第二节　《齐民要术》的生态思想

中国自古以来就是一个农业大国，农业在传统社会中一直都是位于国民经济生产的核心地位的。因而有关我国传统社会的人与自然关系、生物与环境关系的知识、方法和思想，很大一部分就体现在农业生产中。农业生产是我国传统社会中体现人与自然关系的最主要的领域之一。

《齐民要术》为一千多年前我国南北朝时期北魏的杰出农学家贾思勰所作，它是一部综合性的农业百科全书；它既是中国现存的最完整的最早农学名著，也是世界农学史上最早的专著之一。《齐民要术》全书十卷，九十二篇，约十一万五千余字，内容涵盖农、林、牧、副、渔等行业。我国农史学家石声汉先生认为《齐民要术》可能是成书于 533—544 年的十一年中。① 也有的学者认为，《齐民要术》问世于北魏末年或东魏初年，即公元 534 年前后。②

在中国传统农学中，《齐民要术》是一部承前继后，具有里程碑意义的伟大农学巨著。往前，它总结了先秦两汉至北魏时期的农业科技成就；往后，它提纲挈领，指导着传统农业和农学的发展。它对中国传统农业和传统农学的发展产生过重大影响，即使是在今天，一些农业生产活动仍然有《齐民要术》的影子。我国农史学科重要奠基人、农业史学家、农业教育家和植物生理学家石声汉先生在他的《中国古代农书评介》中说，《齐民要术》是继崔寔《四民月令》之后，将近四百年，我国出现的一部空前伟大的农书。③ 他还绘制了一幅《农书系统图》（见图 2—1），从中我们可以一目了然地看到《齐民要术》的重要地位和价值。

《齐民要术》蕴含着丰富的农业生态思想，笔者试着从以下方面进行分析，以期提炼出对当今生态农业的建设和发展具有参考价值的历史精华。

一　生态施肥思想

施肥是任何农业都不可或缺的工作之一，但是，不同的施肥方式和不同质地的肥料会对农田生态系统产生极为不一样的后果。现代石油农业大量施用以石油为原料来源的化肥，却不注重物质循环利用，不使用作物秸秆、落叶、人畜粪遗等还田作肥料；虽然暂时性地做到了高投入、高产出，较大地提高了农业生产率，但是长此以往，化肥中的酸根、碱离子等

---

① 石声汉：《从〈齐民要术〉看中国古代的农业科学知识——整理〈齐民要术〉的初步总结》，《石声汉农史论文集》，中华书局 2008 年版，第 221 页。

② 李薇：《论〈齐民要术〉农业思想中的忧患意识》，《管子学刊》2008 年第 3 期。

③ 石声汉：《中国古代农书评介》，农业出版社 1980 年版，第 20 页。

会在土壤里不断累积，进而引起土壤盐碱化，使田地逐渐丧失生长作物的能力，因而是不能够持续发展的。与此不同的是，生态农业是一种注重物质循环利用的可持续发展农业。物质循环利用是生态农业必须遵循的生态定律之一。在生态农业中，要尽量把农业生产中的各种废弃物，如秸秆、落叶、人畜粪便等，通过适当的处理后，返回农业生态系统中，使各种营养元素能够循环利用。从生态学意义上看，《齐民要术》中记载的施肥方法具有浓厚的农业生态学思想，可以称之为生态施肥。

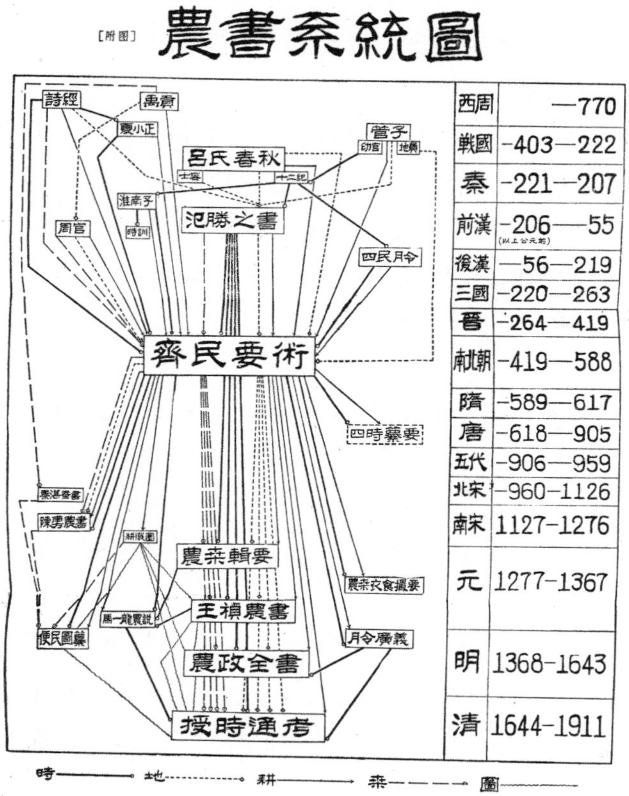

[附图]
農書系統圖
詩經
禹貢
夏小正
管子
幼官
地員
呂氏春秋
士容
十二紀
淮南子
時訓
周官
氾勝之書
四民月令
齊民要術
四時纂要
秦湛蠶書
陳旉農書
耕織圖
農桑輯要
農桑衣食撮要
馬一龍農說
王禎農書
便民圖纂
月令廣義
農政全書
授時通考
西周 —770
戰國 -403—222
秦 -221—207
前漢 -206—55
(以上公元前)
後漢 —56—219
三國 -220—263
晉 -264—419
南北朝 -419—588
隋 -589—617
唐 -618—905
五代 -906—959
北宋 -960-1126
南宋 1127-1276
元 1277-1367
明 1368-1643
清 1644-1911
時
地
耕
桑
圖

图 2—1　石声汉先生的《农书系统图》①

1. 注重物质循环利用，废弃物资源化、变废为宝

从生态系统的原理来看，构成生态系统的营养物质就是建造生命的砖

① 石声汉：《中国古代农书评介》，农业出版社 1980 年版，“附图”。

头，营养物质的循环就如同封闭系统一样；没有循环的话，生态系统的功能很快就会停止。[①] 在农业生态系统中，物质的利用要遵循物质循环原理。即物质从自然环境中进入生物体，然后再从生物体回到自然环境的循环。而在农田生态系统中，要通过人的干预尽量使各种营养物质在这个系统中循环，以维持农田生态系统的"青年"状态，从而持续获得较高的农业生产率。由于农业产品的转移，以及水土流失，农田中总会损失一部分养分，人工施肥增加农田肥力是农业生产中一个必不可少的工作。人工施肥的好坏将会对农田生态系统产生巨大的影响，如当今现代农业大量使用化肥，由于化肥中含有酸根、碱离子，则会造成田地盐碱化，使田地丧失生长农作物的能力。

《齐民要术》中记载的施肥方法则是生态施肥法，它增加田地的肥力，而不会破坏农田生态系统的平衡，不会使田地失去耕种的作用。《齐民要术》注重物质的循环利用，把各种农业废弃物如秸秆、壳秕等经牛践踏后堆聚沤肥处理转变为肥料，返施于田中；使这些废物资源化、变废为宝。《齐民要术·杂说》[②] 记载：

> 其踏粪法：凡人家秋收治田后，场上所有穰、谷䅖等，并须收贮一处。每日布牛脚下，三寸厚；每平旦收聚堆积之；还依前布之，经宿即堆聚。计经冬一具牛，踏成三十车粪。至十二月、正月之间，即载粪粪地。计小亩亩别用五车，计粪得六亩。均摊，耕，盖着，未须转起。

意思是说，秋收以后，把田场上所有遗散的秸秆、残叶经牛践踏后堆聚沤肥，到十二月、正月间再把沤好的肥料施于农田中。这种施肥法与生

---

① Murphy, Gordon Dickinson and Kevin: *Ecosystems Second edition*, Routledge 2007 年版, 第 57 页。

② 《齐民要术》卷三已另有《杂说》一篇；虽然现在学界一般公认，插在《序》和卷前之间的《杂说》不是贾思勰所作，话虽如此，但此《杂说》在《齐民要术》中也已存在久远，已经成为了《齐民要术》不可分割的内容之一。再说，书的作者也并不要求就是一人，多人合著十分常见。因此，它不是贾思勰所作，但它是《齐民要术》的内容。引文见（北魏）贾思勰著，缪启愉、缪桂龙译注：《齐民要术译注》，上海古籍出版社 2006 年版，第 21 页。

态农业中所强调的遵循物质循环理念是一致的。农作物的秸秆、残叶等废弃物本身含有从田地吸收来的氮、磷、钾等植物生长所必需的营养元素，如果任意将这些杂物丢弃，则会逐步削弱农田的肥力。而"踏粪法"就是把这些营养物质重新返回农田，最大限度地保持农田的肥力，实现农田的持续生产。另外，这种施肥方法还增加了农田的有机肥料。这种做法既肥沃了田地，既保持了地力的"常新壮"，又减少了环境污染、保护了生态环境，可谓一举两得。

　　除了用牛踏粪制肥外，各种人畜粪便也是《齐民要术》所记载的主要肥料，特别是"蚕矢、熟粪"，尤为推荐。在农作物的下种和移栽时，《齐民要术》多主张用粪肥打底，如贾思勰引用氾胜之的区种大豆法，底肥为"其坎成，取美粪一升，合坎中土搅合"，一亩"用粪十二石八斗"①（《齐民要术·大豆第六》）。种麻，则"地薄者粪之。粪宜熟"②（《齐民要术·种麻第八》）。种桃，选好桃核后，"即内牛粪中，头朝上；取好烂粪和土，厚覆之，令厚尺余"③（《齐民要术·种桃奈第三十四》）。此外，书中还有很多类似这样施用粪肥的记载。

　　2. 注重利用植物特性，巧施绿肥

　　凡是利用植物的绿色部分作肥料的均称绿肥。现代生态农业就很提倡将具有生物固氮功能的植物引入农田生态系统作绿肥，以达到改良土壤，提高土壤肥力的目的。"生态农业"除了充分利用系统内物质闭合循环的机制外，"另一条重要途径是扩种具共生固氮功能的豆科植物，以及利用非共生固氮机制，加速氮素的地质——大气循环，促使更多的氮素进入农业生态系统和被利用的过程"④。

　　《齐民要术》里含有丰富的绿肥思想，使用绿肥是《齐民要术》所记载的主要肥田手段，而且其对绿肥的应用显示出与现代科学原理的一致性。《齐民要术·耕田第一》："凡美田之法，绿豆为上，小豆、胡麻次

---

① （北魏）贾思勰著，缪启愉、缪桂龙译注：《齐民要术译注》，上海古籍出版社 2006 年版，第 108 页。

② 同上书，第 113 页。

③ 同上书，第 264 页。

④ 李文华、闵庆文、张壬午：《生态农业的技术与模式》，化学工业出版社、环境科学与工程出版中心 2005 年版，第 22 页。

之。悉皆五、六月中穱种，七月、八月犁掩杀之，为春谷田，则亩收十石，其美与蚕矢、熟粪同。"① 意思是，肥田的方法中，绿豆效果最好，小豆、胡麻其次。这些都要在五月、六月播种，到七月、八月时用犁将这些作绿肥的植物耕翻埋杀，这种肥田效果可与蚕屎、熟粪相当。用豆科植物作绿肥，是《齐民要术》的重要施肥方法之一。《齐民要术》中其他地方提到的用豆科植物作绿肥的记载还有：

区种瓜法：六月雨后种菉豆，八月犁掩杀之；十月又一转，即十月中种瓜。② （《齐民要术·种瓜第十四》）

若粪不可得者，五、六月中穊种菉豆，至七、八月犁掩杀之，如以粪粪田，则良美与粪不殊，又省功力。③ （《齐民要术·种葵第十七》）

其拟种之地，必须春种绿豆，五月掩杀之。比至七月，耕数遍。④ （《齐民要术·种葱第二十一》）

现代生物学知识表明，豆科植物具有生物固氮功能，它能将空气中游离的氮气通过自身的生物化学反应固定到植株当中。这样，通过栽种绿肥植物，就相当于给农田施了一道氮肥和有机肥。

其次，除了提倡主动栽种绿肥植物外，《齐民要术》也注重利用天然植物作绿肥。例如，田里的杂草经过耕埋腐烂也同样是好肥料。《齐民要术·耕田第一》载："秋耕掩青者为上。比至冬月，青草复生者，其美与小豆同也。"⑤ 秋耕最好把青草翻掩到田里；到冬天青草复生时，其肥力能与小豆相同。这是变害为利的好办法，一方面除掉了杂草；另一方面又给农田增加了肥料，可谓一举两得。

最后，《齐民要术》还论述了通过作物间合理的轮作和间作套种来提

---

① （北魏）贾思勰著，缪启愉、缪桂龙译注：《齐民要术译注》，上海古籍出版社 2006 年版，第 34 页。

② 同上书，第 154 页。

③ 同上书，第 175 页。

④ 同上书，第 194 页。

⑤ 同上书，第 34 页。

高农田肥力。"凡谷田，绿豆、小豆底为上，麻、黍、胡麻次之，芜菁、大豆为下。常见瓜底，不减绿豆，本既不论，聊复记之。"① （《齐民要术·种谷第三》）种桑树，则"其下常斸掘种绿豆、小豆。二豆良美，润泽益桑"② （《齐民要术·种桑、柘第四十五》）。桑树下种些绿豆、小豆，这两种豆本身既是好农作物，又能提供肥料（根瘤菌固氮）滋润土地，利于桑树生长。

二　协调利用种内、种间关系，提高作物产量

自然界中的植物种群的种内关系表现为密度效应、他感作用等。密度效应有两个基本规律③：（1）最后产量恒值法则；（2） –3/2 自疏法则。最后产量恒值法则是说，在一定范围内，当条件相同时，起初产量会随着种植的密度增加而增加，但到达一定程度后，不管如何提高一个种群的密度，最后的产量总是差不多一样的。 –3/2 自疏法则是指，当种群密度过高时，有些植株会在生长过程中死亡，即种群出现"自疏现象"。这两个规律用在农业生产上，就是要合理密植，使植株的密度刚好达到土地的最大产能，过稀或过密都不利于农业生产。他感作用就是植物通过向体外分泌化学物质，对其他植物产生直接或间接的影响，是种间关系的一部分，种内关系也有此现象。他感作用在农林业生产上则表现为歇地现象，即一些农作物必须与其他的农作物轮作，不宜连作，否则就会降低产量。例如早稻就不宜连作，它的根系分泌的对 – 羟基肉桂酸对早稻幼苗起强烈的抑制作用，连作则长势不好。

生物种间关系错综复杂，有捕食、寄生、竞争、偏害作用、互利共生等多种，在农业生产中可以利用农作的互利共生关系，将它们搭配栽种，以提高产量，即是农作物的间作套种。对于与农作物竞争激烈的各种杂草，那就得想法将其除去，以免与农作物争肥、争水、争光照等，影响农作物产量。

贾思勰在对农业生产长期研究的基础上，对农作物的这些种间、种内

---

① （北魏）贾思勰著，缪启愉、缪桂龙译注：《齐民要术译注》，上海古籍出版社 2006 年版，第 58 页。

② 同上书，第 311 页。

③ 李博主编：《生态学》，高等教育出版社 2006 年版，第 89—100 页。

关系有很好的把握和应用。处理好物种关系，以便提高作物产量的生态耕作思想在《齐民要术》中体现得非常深刻，它在这方面的成就是我国传统农业科技思想的经典代表之一。

1. 合理密植，避免作物种内过度竞争

根据土壤肥力、气候、时节等实际情况，合理密植，使其达到最大产能是《齐民要术》的重要农学思想。贾思勰已经很清楚地认识到，种得过密或者过稀都会影响农作物的产量，只有在作物密度合理的情况下才能得到最好的收成。《齐民要术·种谷第三》云："良田率一尺留一科"，又"谚云'回车倒马，掷衣不下，皆十石而收'言大稀大概之收，皆均平也。"① 良田留苗的标准是，相距一尺留一窠。农谚说："苗稀得可回车倒马，或苗密得可以撑住衣服不落下去，都只能收十石。"这个谚语意思是说，种得过稀或种得过密，其收成都是一样不好的。

在栽种方法中，贾思勰几乎对他所研究的每一种农作物应该密植的程度都作了详细的论述。例如，种谷"良地一亩，用子五升，薄地三升。此为稙谷，晚田加种也"②（《齐民要术·种谷第三》）。即一亩良田要用五升种子，一亩薄地要用三升种子。这是对早种的农田而言，晚种的话，还要增加下种量。其他的记载如：种黍穄，则"一亩，用子四升"③（《齐民要术·黍穄第四》）；种大豆，"春大豆，次稙谷之后。二月中旬为上时。一亩用子八升。三月上旬为中时，用子一斗。四月上旬为下时。用子一斗二升。岁宜晚者，五六月亦得；然稍晚稍加种子"④（《齐民要术·大豆第六》）。种麻，则"良田一亩，用子三升；薄地二升。概则细而不长，稀则粗而皮恶"⑤（《齐民要术·种麻第八》）。太密了茎就会细弱长不粗大，太稀了虽然粗大，但麻皮的质量很差。《齐民要术》中关于农作物合理密植的记载详如表2—5所示。

---

① （北魏）贾思勰著，缪启愉、缪桂龙译注：《齐民要术译注》，上海古籍出版社 2006 年版，第 63 页。

② 同上书，第 59 页。

③ 同上书，第 95 页。

④ 同上书，第 104 页。

⑤ 同上书，第 113 页。

表 2—5　　　　　　　　　　《齐民要术》中的合理密植

农作物	土壤情况	时节	作物密度	情况说明
谷	良地	稙谷	5升/亩	晚田加种。二、三月种者为稙禾
	薄地	稙谷	3升/亩	
黍、穄		三月上旬种者为上时，四月上旬为中时，五月上旬为下时	4升/亩	
粱、秫	薄地	稙谷	3.5升/亩	粱秫并欲薄地而稀。地良多秕尾。苗概不成。种与稙谷同时。晚者全不收也
大豆	不熟地	二月中旬	8升/亩	岁宜晚者，五六月亦得；然稍晚稍加种子
		三月上旬	1斗/亩	
		四月上旬	1斗2升/亩	
小豆	麦底、谷底	夏至后十日	8升/亩	
		初伏断手	1斗/亩	
		中伏断手	1斗2升/亩	
麻	良地	夏至前十日为上时，至日为中时，至后十日为下时	3升/亩	概则细而不长，稀则粗而皮恶
	薄地		2升/亩	
麻子		三月种者为上时，四月为中时，五月初为下时	3升/亩	大率二尺留一根。概则不科
穬麦	必须良熟地，高下田皆可	八月中戊社前	2.5升/亩	
		八月下戊社前	3升/亩	
		八月末九月初	3.5或4升/亩	
小麦	宜下田	八月上戊社前	1.5升/亩	
		八月中戊社前	2升/亩	
		八月下戊社前	2.5升/亩	
瞿麦	良地	以伏为时	5升/亩	
	薄田		3~4升/亩	

农作物	土壤情况	时节	作物密度	情况说明
青稞麦			0.8斗/亩	
稻	地无良薄，水清则稻美	三月种者为上时，四月上旬为中时，中旬为下时	3升/亩	
胡麻	宜白地种	二三月为上时，四月上旬为中时，五月上旬为下时	2升/亩	
芋		二月	率二尺下一本	
葵	地不厌良，故墟弥善	十月末	3升/亩	
蔓菁	须良地	七月初	3升/亩	
蒜	良软地	九月初	五寸一株	谚曰："左右通锄，一万余株"
薤	白软良地	二三月种。八九月种亦得	率七八支为一本	
薤子			率一尺一本	
葱	良田		5升/亩	其拟种之地，必须春种绿豆，五月掩杀之。一亩用子四五升
葱	薄地		4升/亩	
蜀芥	地欲粪熟		1升/亩	
芸薹	地欲粪熟		4升/亩	
胡荽	宜黑软、青沙良地	春种者	近市负郭田，2升/亩	
胡荽	宜黑软、青沙良地	春种者	外舍无市之处，1升/亩	
胡荽	宜黑软、青沙良地	六七月种	1升/亩	
姜	白沙地	三月	一尺一科	

农作物	土壤情况	时节	作物密度	情况说明
枣			三步一树，行欲相当	
桃、李			大率方两步一根	大概连阴，则子细味亦不佳
椒			方三寸一子	移栽：先作小坑，圆深三寸
桑			小苗：率五尺一根。大如臂许：率十步一树	阴相接者，则妨禾豆
杨柳			二尺一根	
梓			方两步一树	此树须大，不得概栽
楸			方两步一根，两亩一行	
青桐			五寸下一子	
蓝	地欲得良		三茎作一科，相去八寸	
紫草	良田	三月	2.5升/亩	宜白软良地，青沙地，开荒黍穄下，必须高田，性不耐水
	薄田		3升/亩	
地黄		三月上旬为上时，中旬为中时，下旬为下时	5石/亩	

2. 强调除草，为农作物除去竞争对手

在农田中，最常见的物种间关系之一就是种间竞争，即各种杂草与农作物争肥、争水、争光照等。《齐民要术·种谷第三》引用《盐铁论》的话对这种关系进行了总体理论概括，即"惜草茅者耗禾稼"①（爱惜杂草，就会损耗庄稼）。又《齐民要术·种瓜第十四》："勿令有草生。草生，胁瓜无子。"② 在农业生产上，就是要设法把杂草去除，或者更好的办法就是变害为利。《齐民要术》较详细地论述了各种不同作物的除草办法，例如，它引用氾胜之的方法在耕田时就把杂草消灭，"慎无旱耕。须草生，至可耕时，有雨即耕，土相亲，苗独生，草秽烂，皆成良田"③（《齐民要术·耕田第一》）。这种办法不仅会使杂草烂掉，还会增加农田肥力，使其变成良田。《齐民要术·种谷第三》叙述了给五谷锄草的基本原则："苗生如马耳则镞锄。谚曰：'欲得谷，马耳镞。'凡五谷，唯小锄为良。小锄者，非直省功，谷亦倍胜。大锄者，草根繁茂，用功多而收益少。"④《齐民要术·水稻第十一》叙述了除去水稻杂草的方法："稻苗长七八寸，陈草复起，以镰侵水芟之，草悉脓死。稻苗渐长，复须薅。拔草曰薅。"⑤《齐民要术》里还有使杂草变成肥料，变害为利的好办法："秋耕掩青者为上。比至冬月，青草复生者，其美与小豆同也。"⑥（《齐民要术·耕田第一》）

3. 轮作和间作套种

《齐民要术》对于农作物的他感作用引起的歇地现象有较充分的论述，详细叙述了许多作物必须要轮作的原因。例如，"谷田必须岁易"，否则"䆉子则莠多而收薄矣"⑦（《齐民要术·种谷第三》）。种水稻，"稻，无所缘，唯岁易为良"，否则"既非岁易，草稗具生，芟亦不死"⑧（《齐民要术·水稻十一》）。种麻，则"麻欲得良田，不用故墟。故墟亦良，有點叶夭折之患，不任作布也"⑨（《齐民要术·种麻第八》）。为了

<hr>

① 《盐铁论》不见此句，但《齐民要术》既然已经写了，故算作《齐民要术》的内容。引文见（北魏）贾思勰著，缪启愉、缪桂龙译注：《齐民要术译注》，上海古籍出版社2006年版，第152页。
② 同上书，第42页
③ 同上书，第61页。
④ 同上书，第133页。
⑤ 同上书，第34页。
⑥ 同上书，第59页。
⑦ 同上书，第133—134页。
⑧ （北魏）贾思勰著，缪启愉、缪桂龙译注：《齐民要术译注》，上海古籍出版社2006年版，第113页。
⑨ 同上。

提高农作物的产量，为了让农田持续保持较高的生产率，贾思勰根据各种农作物的种内、种间关系，以作物间的互惠互利为原则，提出了轮作方法。《齐民要术》记载的轮作方法详情如表2—6所示。

表2—6　　　　　　　　　《齐民要术》中的农作物轮作

农作物	前茬作物（底）	情况说明
谷	绿豆、小豆、瓜（为上），麻、黍、胡麻（次之），芜菁、大豆（为下）	谷田必须岁易，䢉子则莠多而收薄矣
黍穄	新开荒地（为上），大豆（为次），谷（为下）	
大豆（青荴）	麦	
小豆	麦，谷	当年麦底，头年谷底
麻	小豆	麻欲得良田，不用故墟。故墟亦良，有点叶夭折之患
水稻		稻无所缘，唯岁易为良。不岁易者，草稗俱生
胡麻	宜白地	白地：指非连作地。白：同一种作物空着几年没有种过①
瓜	小豆（佳），黍（次之）	
葵	葵	地不厌良，故墟弥善
蔓菁	大小麦	取蔓菁根者
葱	绿豆	必须春种绿豆，五月掩杀之（绿肥）
紫草	开荒地、黍穄	上佳

对物种间的关系，《齐民要术》也有深刻的认识，并且成功把这些关系应用到提高农业生产上。贾思勰叙述了许多作物的间作套种方法，优化搭配，提高作物的产量。有些农物混种在一起，会发生强烈的竞争，造成

---

① 繆启愉：《齐民要术导读》，巴蜀书社1988年版，第237页。

两者的产量都低；或偏害一方，使其减产或无收。例如，"榆性扇地，其阴下五谷不植。随其高下广狭，东西北三方所扇，各与树等"①（《齐民要术·种榆、白杨第四十六》）。又如，"慎勿于大豆地中杂种麻子，扇地两损，而收并薄"②（《齐民要术·种麻子第九》）。种瓜时，利用大豆为瓜苗起土后则需掐去豆苗，否则"瓜生不去豆，则豆反扇瓜，不得滋茂"③（《齐民要术·种瓜第十四》）。也有不少农作物由于生态位的差异，恰当地搭配栽种时，会偏利于一方而对另一方无害，甚至互惠互利，提高双方的收成。《齐民要术》记载了许多这种利用物种间关系特点来提高农业生产率的间作套种方法，其详情如表2—7所示。

表 2—7　　　　　　　　　　《齐民要术》中的农作物间作套种

农作物	间作套种方法
麻子	六月间，可于麻子地间散芜菁子而锄之，拟收其根
葱	葱中亦种胡荽，寻手供食；乃至孟冬为菹，亦无妨
桑	明年正月，移而栽之。仲春、季春亦得。率五尺一根……其下常厮掘种绿豆、小豆。二豆良美，润泽益桑 大如臂许，正月中移之，亦不需髡。率十步一树……岁常绕树一步散芜菁子，收获之后，放猪唉之，其地柔软，有胜耕者。种禾豆，欲得逼树。不失地利，田又调熟。绕树散芜菁者，不劳逼树也
楮	耕地令熟。二月，耧耩之，和麻子漫散之，即劳。秋冬仍留麻勿刈，为楮作暖。若不和麻子种，率多冻死
槐	好雨种麻时，和麻子撒之。当年之中，即与麻齐。麻熟刈去，独留槐。槐既细长，不能自立，根别竖木，以绳拦之。冬天多风雨，绳拦宜以茅裹；不则伤皮，成痕瘢也。明年厮地令熟，还于槐下种麻。胁槐令长。三年正月，移而植之，亭亭条直，千百若一。所谓"蓬生麻中，不扶自直"。若随宜取栽，非直长迟，树亦曲恶

---

① （北魏）贾思勰著，缪启愉、缪桂龙译注：《齐民要术译注》，上海古籍出版社 2006 年版，第 330 页。

② 同上书，第 118 页。

③ 同上书，第 149 页。

三　"天时、地利、人力"相统一的农业生态系统思想

农业生态系统（agroecosystem）是指在人类的积极参与下，利用农业生物和非生物环境之间以及农业生物种群之间的相互关系，通过合理的生态结构和高效生态机能，进行能量转化和物质循环，并按人类社会需要进行物质生产的综合体①。它是一种被人类驯化了的生态系统，与纯自然的生态系统是有区别的，它除了受自然生态规律的制约外，还受人的调控。发展农业，要以整体的、系统的观念为依据，辩证地处理好人、农作物、环境之间的关系，建立合理、高效的农业生态系统。"人是农田生态系统的核心"，因为"人类既是农田生态系统的组成成分，又是系统的主要调控者"②。

中国传统农业是以"天时、地利、人力"相辩证统一的"三才论"为指导思想的，"三才论"的最早完整表述出自《吕氏春秋·审时》："夫稼，为之者人也，生之者地也，养之者天也。"③《齐民要术》继承和发扬了"三才论"农学思想，把"天、地、人"（即自然与人）看作一个有机统一的整体，辩证地处理人与自然的关系；要求服从客观规律，但并不要求消极等待。即一方面强调农业生产要按自然生态规律进行，"顺天时、量地利"④（《齐民要术·种谷第三》）；另一方面又强调发挥人的主观能动性，对肥料、天时、地利、水、阳光以及作物本身特性等诸多生态因子进行有机统一地把握和调控，创造出最适合农作物的生态环境，实现农业生产的可持续发展。这里的遵守自然规律和发挥人的主动性并不矛盾，而是辩证关系，是在遵守自然规律的前提下积极发挥人的主动性。

1. 顺天时，按作物的季节生长规律进行耕作

天时是指时间性、季节等。农作物的生长都会随季节的变化而呈现一定周期性。农作物的生长发育进程大体有以下几种情况：春播、夏长、秋

---

① 　陈阜：《农业生态学》，高等教育出版社 2002 年版，第 19 页。

② 　路明主编：《现代生态农业》，中国农业出版社 2002 年版，"扉页"。

③ 　（战国）吕不韦编撰，张双棣、张万彬等译注：《吕氏春秋译注》，北京大学出版社 2000 年版，第 911—912 页。

④ 　（北魏）贾思勰著，缪启愉、缪桂龙译注：《齐民要术译注》，上海古籍出版社 2006 年版，第 58 页。

收、冬藏；或春播、夏收；或秋播、幼苗（或营养体）越冬、春长和夏收。① 这就要求耕种者按照农作物的生长规律，在恰当的季节进行耕作；否则，就会导致农作物减产甚至颗粒无收。

《齐民要术》很注重掌握恰当的时令，对种植和管理农作物的时间有严格的要求，这些要求包括何时播种、何时锄草、何时收割等。在恰当的时节里播种，是获得好收成的关键环节之一。对于肥沃程度不同的土壤，谷类的栽种时间一般是，"地势有良薄，良田宜种晚，薄田宜种早。良地非独宜晚，早亦无害；薄地宜早，晚必不成实也"②（《齐民要术·种谷第三》）。

《齐民要术》在叙述农作物的播种时间时，一般都提供了上、中、下三个播种时节，以供耕种者参考选择。一般以上时为好，中时次之，下时再次。例如《齐民要术·种谷第三》对谷类作物的种植就作了详细的论述。种谷子，时间上是"二月上旬及麻菩、杨生种者为上时，三月上旬及清明节、桃始花为中时，四月上旬及枣叶生、桑花落为下时"③。而且一般说来是早种比晚种要好，"然大率欲早，早田倍多于晚"，"然早谷皮薄，米实而多；晚谷皮厚，米少而虚也"④。除了早种与晚种收成上有差别外，晚种还要"晚田加种也"⑤，种子比早田用的多；而且薄地晚种会"晚种必不成实也"⑥，也就是没有收成；而且"早田净而易治，晚者芜秽难治"⑦。在谷子的生长过程中，还要在恰当的时间进行正确的管理。如，"苗生如马耳则镞锄"⑧、"苗出垅则深锄"、"春锄起地，夏为锄草"、"苗一尺高，锋之"⑨，等等。收谷子也得在正确的时间里抓紧完成。"熟，速刈。干，速积。刈早则镰伤，刈晚则穗折，遇风则收减。湿积则藥烂，积

① 王忠：《植物生理学》，中国农业出版社 2000 年版，第 339 页。
② （北魏）贾思勰著，缪启愉、缪桂龙译注：《齐民要术译注》，上海古籍出版社 2006 年版，第 58 页。
③ 同上书，第 59 页。
④ 同上书，第 60 页。
⑤ 同上书，第 59 页。
⑥ 同上书，第 58 页。
⑦ 同上书，第 60 页。
⑧ 同上书，第 61 页。
⑨ 同上书，第 63 页。

晚则损耗"①（《齐民要术·种谷第三》）。《齐民要术》其他的种植篇都有类似的论述，表明了它对时间性的高度重视。《齐民要术》中有关农作物的顺天时栽种情况详如表2—8所示。

表2—8　　　　　　　　　《齐民要术》中的顺天时栽种

农作物	适宜的栽种时节	情况说明
谷	二月上旬及麻菩、杨生种者为上时，三月上旬及清明节、桃始花为中时，四月上旬及枣叶生、桑花落为下时。岁道宜晚者，五月、六月初亦得	凡田欲早晚相杂。防岁道有所宜。有润之月，节气近后，宜晚田。然大率欲早，早田倍多于晚。早田净而易治，晚田芜秽难治。其收多少，从岁所宜，非关早晚。然早谷皮薄，米实而多；晚谷皮厚，米少而虚也
黍穄	三月上旬种者为上时，四月上旬为中时，五月上旬为下时	非夏者，大率以椹赤为候。常记十月、十一月、十二月冻树日种之，万不一失。刈穄欲早，刈黍欲晚。穄晚多零落，黍早米不成
梁秫	种与稙谷同时	晚者全不收也。收刈欲晚。性不零落，早刈损实
大豆	二月中旬为上时，三月上旬为中时，四月上旬为下时	春大豆次稙谷之后。岁宜晚者，五六月亦得。收刈欲晚。此不零落，早刈损实
小豆	夏至后十日为上时，初伏断手为中时，中伏断手为下时	中伏以后则晚矣
麻	夏至前十日为上时，至日为中时，至后十日为下时	夏至后者，非唯浅短，皮亦轻薄
麻子	三月种者为上时，四月为中时，五月初为下时	

———————

①　（北魏）贾思勰著，缪启愉、缪桂龙译注：《齐民要术译注》，上海古籍出版社2006年版，第65页。

农作物	适宜的栽种时节	情况说明
穬麦	八月中戊社前种者为上时，下戊前为中时，八月末九月初为下时	
小麦	八月上戊社前为上时，中戊前为中时，下戊前为下时	
瞿麦	以伏为时	
水稻	三月种者为上时，四月上旬为中时，中旬为下时	霜降获之。早刈米青而不坚，晚刈零落而损收
旱稻	二月半为上时，三月为中时，四月初及半为下时	
胡麻	二、三月为上时，四月上旬为中时，五月上旬为下时	月半前种者，实多而成；月半后种者，少子而秕多
瓜	二月上旬为上时，三月上旬为中时，四月上旬为下时。五月、六月种晚瓜 又种瓜法：种稙谷时种之 区种瓜法：十月中种瓜	五月、六月可种藏瓜。 种越瓜、胡瓜：四月中种之。 种冬瓜：正月晦日种。二月、三月种亦得。 冬瓜、越瓜、瓠子，十月区种，如区种瓜法
茄子	二月畦种	十月种者，如区种瓜法
芋	二月注雨，可种芋	
蔓（芜）菁	七月初种之	六月种者，根虽粗大，叶复虫食；七月末种者，叶虽膏润，根复细小；七月初种者，根叶具得。九月末收叶，晚收则黄落
蒜	九月初种	
薤	二月、三月种。八月、九月种亦得	秋种者，春末生

续表

农作物	适宜的栽种时节	情况说明
葱	七月纳种	
韭	二月、七月种	
蜀芥、芸薹	皆七月半种	取叶者
芥子、蜀芥、芸薹	皆二三月好雨泽时种	收子者；三物性不耐寒，经冬则死，故须春种
胡荽	开春冻解地起有润泽时，急接泽种之 六七月种。 秋种	
兰香	候枣叶始生，乃种兰香	早种者，徒费子耳，天寒不生。 六月连雨，拔栽之
荏、蓼	三月可种荏、蓼	取子者，候实成，速刈之。性易凋零，晚则落尽
姜	三月种之	
襄荷	二月种之	
苜蓿	七月种之	
树	凡栽树，正月为上时，二月为中时，三月为下时	谚曰："正月可栽大树。" 早栽者，叶晚出。虽然，大率宁早为佳，不可晚也
樱桃	二月初，山中取栽	
栗	至春二月，悉芽生，出而种之	种而不栽。栽者虽生，寻死矣
石榴	三月初	
椒	四月初，畦种之	移大栽，二月、三月中移之
茱萸	二、三月栽之	
桑	桑椹熟时，畦种。明年正月，移而栽之。仲春、季春亦得	

农作物	适宜的栽种时节	情况说明
楮	二月，耧耩之	
槐	五月夏至前十余日浸种，发芽后，好雨时种	三年正月，移而植之
柳	正月、二月	
杨柳	五月初，尽七月末	
梓	秋末初冬，漫散即再劳之。后年正月，斸移之	
竹	正月、二月种	
红蓝花	二月末三月初种	五月种晚花
蓝	三月中浸子。五月中新雨后，即接湿耧耩，拔栽之	
紫草	三月种之	
地黄	三月上旬为上时，中旬为中时，下旬为下时	

2. 量地利，因地、因物制宜地栽种作物

田地是农作物生长发育的地方。田地里的土壤是提供农作物生活必须的水分和养分条件的基质，是农业生态系统中的基础生态因子之一，其理化性质对农作物的影响是根本性的。

《齐民要术》有明确的因地制宜观。所谓因地制宜，就是要根据土壤特性来栽种相应的适宜农作物，这是非常正确的，因为质地不同的田地适合于栽种不同特性的农作物。例如，《齐民要术·种谷第三》就在总体上介绍了种田应该遵循的一般的因地制宜耕种规律："地势有良薄，良田宜种晚，薄田宜种早。良地非独宜晚，早亦无害；薄地宜早，晚必不成实也。山、泽有异宜。山田种强苗，以避风霜；泽田种弱苗，以求华实也。"① 在《齐民要术》中，贾思勰根据土壤的理化性质将耕地分成不同的类型；《齐民要术》记载的田地类型有良田、薄田、山田、泽田、熟地、不熟地、白土田、黑土田、白地、良软地（白良软地、黑良软地）、清沙良地、白沙地，等等。各种性质不同的田地适合种植相应不同的农作物。

《齐民要术》也有明确的因物制宜观，所谓因物制宜，就是要根据作物的特性把它们种植到适宜的环境中去，这也是十分重要的，因为不同特性的农作物适合栽种于不同理化性质的土壤。地宜是根据土壤情况来安排农作物，物宜则是根据农作物情况来挑选田地，两个方面有机结合才能充分利用土地，发展好农业。关于因物制宜，《齐民要术》中有很多例子，例如，种黍穄，则"地必欲熟"②（《齐民要术·黍穄第四》）；种大豆就要"地不求熟"，因为"地过熟者，苗茂而实少"③（《齐民要术·大豆第六》）；种旱稻，则"旱稻用下田，白土胜黑土。非言下田胜高原，但夏停水者，不得禾、豆、麦，稻田种，虽涝亦收，所谓彼此俱获，不失地利故也"④（《齐民要术·旱稻第十二》）；种蒜，则"蒜宜良软地。白软地，蒜甜美而科大；黑软次之；刚强之地，辛辣而瘦小也"⑤（《齐民要术·种蒜第十九》）。

实际上，《齐民要术》是把因地制宜、因物制宜两个方面有机结合起来的，通过考察研究土地和农作物两者的各自情况，对它们进行合理的选择和搭配，从而制定出最优的耕种策略。这对于田地的充分有效利用，以及对于我国传统农业的兴旺发达都是具有重大意义的。《齐民要术》中有关因地制宜、因物制宜的详细情况如表2—9所示。

---

① （北魏）贾思勰著，缪启愉、缪桂龙译注：《齐民要术译注》，上海古籍出版社2006年版，第58页。

② 同上书，第95页。

③ 同上书，第104页。

④ 同上书，第140页。

⑤ 同上书，第187页。

表 2—9　　　　　　　　　《齐民要术》中的因地、因物制宜

农作物	适宜的田地	情况说明
谷	绿豆、小豆底为上，麻、黍、胡麻次之，芜菁，大豆为下。常见瓜底，不减绿豆	良田宜种晚，薄田宜种早。良地非独宜晚，早亦无害；薄地宜早，晚必不成实也。山、泽有异宜。山田种强苗，以避风霜；泽田种弱苗，以求华实也
黍穄	新开荒为上，大豆底为次，谷底为下	地必欲熟
粱秫	薄地	地良多雉尾
大豆	地不求熟	地过熟者，苗茂而实少
小豆	大率用麦底	然恐小晚，有地者，常须兼留去岁谷底下以拟之
麻	良田	不用故墟，故墟亦良，有点叶夭折之患，不任作布也。地薄者粪之
穬麦	非良地则不须种	薄地徒劳，种而必不收。高下田皆得用，但必须良熟
小麦	宜下田	"高田种小麦，稴穇不成穗"
瞿麦	良地、薄田	
水稻	地无良薄，水清则稻美也	无所缘，唯岁易为良
旱稻	用下田，白土胜黑土	非言下田胜高田，但夏停水者，不得禾、豆、麦，稻种，虽涝亦收，所谓彼此俱获，不失地利故也。其高田种者，不求极良，唯须废地。过良则苗折，废地则无草
胡麻	宜白地种	
瓜	良田，小豆底佳，黍底次之	
芋	宜择肥缓土近水处	

农作物	适宜的田地	情况说明
葵	地不厌良，故墟弥善	薄即粪之，不宜妄种
蔓（芜）菁	唯须良地，故墟新粪坏墙垣乃佳	若无故墟粪者，以灰为粪，令厚一寸；灰多则燥不生也。耕地欲熟
蒜	宜良软地	白软地，蒜甜美而科大；黑软地次之。刚强之地，辛辣而瘦小也
薤	宜白软良地	
葱	良地、薄地	其拟种之地，必须春种绿豆，五月掩杀之
蜀芥、芸薹	地欲粪熟	
胡荽	宜黑软、青沙良地	树荫下得，禾豆处亦得
苣、蓼	蓼尤宜水畦种。苣则随意，园畔漫掷，便岁岁自生矣	
姜	宜白沙地	不厌熟
襄荷	宜在树荫下	
苜蓿	地宜良熟	
树		凡栽一切树木，欲记其阴阳，不令转易。阴阳易位则难生。小小栽者，不烦记也
樱桃	宜坚实之地，不可用虚粪也	阳中者还种阳地，阴中者还种阴地。若阴阳易地则难生，生亦不实：此果性，生阴地，既如园圃，便是阳中，故多难得生
茱萸	宜故城、堤、冢高燥之处	凡于城上种莳者，先宜随长短掘堑，停之经年，然后于堑中种莳，保泽沃壤，与平地无差。不尔者，土坚泽流，长物至迟，历年倍多，树木尚小

续表

农作物	适宜的田地	情况说明
榆	宜于园地北畔。 其白土薄地不宜五谷者，唯宜榆及白榆	
楮	宜涧谷间种之。地欲极良	
杨柳	下田停水之处，不得五谷者，可以种柳	
柞	宜于山阜之曲	
竹	宜高平之地。近山阜，尤是所宜。黄白软土为良	下田得水即死
红蓝花	地欲得良熟	
蓝	地欲得良	
紫草	宜黄白软良之地，青沙地亦善；开荒黍穄下大佳	性不耐水，必须高田
地黄	须黑良田	

3. 重视阳光、水、温度等生态因子的作用

生态因子（ecological factors）是指环境中对生物生长、发育、生殖、行为和分布有直接或间接影响的环境要素。生态因子中生物所不可缺少的环境条件，有时又称为生物的生存条件。所有生态因子构成生物的生态环境（ecological environment）①。阳光、水、温度等都是对农作物的生长发育起重要作用的生态因子。

生物的生存和繁殖依赖于各种生态因子的综合作用，其中限制生物生存和繁殖的关键性因子就是限制因子。任何一种生态因子只要接近或超过生物的耐受范围，它就会成为这种生物的限制因子。如果一种生物对某一生态因子的耐受范围很窄，而且这种因子又易于变化，那么这种因子就很可能是一种限制因子。生态因子从两个方面来作用影响生物。一方面是Liebig 最小因子定律，即"植物的生长取决于处在最小量状况的食物的

---

① 李博主编：《生态学》，高等教育出版社 2006 年版，第 13 页。

量"；另一方面是 Shelford 耐性定律，即生物的存在与繁殖，要依赖于某种综合环境因子的存在，只要其中一项因子的量（或质）不足或过多，超过了某种生物的耐性限度，则使该物种不能生存，甚至灭绝。[①]

贾思勰对农作物的限制因子有充分的认识，《齐民要术》记载了各种各样的办法来使农作物避免或克服这些限制因子的不利影响，这些宝贵的生产知识和经验即使在今天仍然具有参考和借鉴价值。阳光是农作物生存的能量来源，光照的强度和时长对农作物的生长发育和形态建成有重要作用。阳地植物要在阳光强的地方生长，阴地些植物却要在光照弱的地方才能生长好。贾思勰对农作物的这种现象有清楚的认识，例如，在桑树间套种禾豆之类的阳地植物就要想办法保证它们充分的光照强度；这样，桑树间就要保持合适的间距，要"率十步一树"，否则"阴相接者，则妨禾豆"[②]（《齐民要术·种桑、柘第四十五》）。而阴地植物则要种在光照弱的地方，《齐民要术·种枣第三十三》："种楔枣法：阴地种之，阳中则少实。"[③] 水是植物生存的必须条件之一，对植物的生长发育有重要影响。水量过高，植物根系会缺氧窒息以至死亡；缺少水分，植物也会萎蔫、停止生长，甚至死亡。植物只有获得适宜的水分才能正常生长。《齐民要术》里讨论的地区主要是黄河中下游，属于北方的旱作农业区，降雨不足，春季干旱多风，夏季高温多雨。如何解决春旱是这一地区的农业必须要面对的首要问题。贾思勰论述了一整套防旱保墒的精耕细作措施，尽可能地防止蒸发，留住水分。《齐民要术·耕田第一》的耕田保墒法："春耕寻手劳……春即多风，若不寻劳，地必虚燥。……谚曰：'耕而不劳，不如作暴。'盖言泽难遇，喜天时故也。……凡秋耕欲深，春夏欲浅。犁欲廉，劳欲再。犁廉耕细，牛复不疲；再劳地熟，旱亦保泽也。"[④] 依照这种抗旱保墒法进行耕作，就算遇到小旱灾也能有收成，"一切但依此法，除虫灾外，小小旱，不至全损。何者？缘盖磨数多故也。又锄耨以时。谚曰：'锄头三寸泽'，

---

① 李博主编：《生态学》，高等教育出版社 2006 年版，第 15—16 页。

② （北魏）贾思勰著，缪启愉、缪桂龙译注：《齐民要术译注》，上海古籍出版社 2006 年版，第 311 页。

③ 同上书，第 260 页。

④ 同上书，第 31—34 页。

此之谓也"①（《齐民要术·杂说》）。《齐民要术》引用《氾胜之书》利用堆积冬雪来抗旱保墒，"冬雨雪止，辄以蔺之，掩地雪，勿使从风飞去；后雪，复蔺之。则立春保泽，冻虫死，来年宜稼"②（《齐民要术·耕田第一》）。贾思勰也非常重视温度的影响，冬天用草裹树给其保温；对于梧桐树苗，《齐民要术·种槐、柳、楸、梓、梧、柞第五十》："至冬，竖草于树间令满，外复以草围之，以葛十道束置。不然则冻死也。"③ 在果树开花期间，燃烧杂草防冻，《齐民要术·栽树第三十二》："凡五果，花盛时遭霜，则无子。常预于园中，往往贮恶草生粪。天雨新晴，北风寒切，是夜必霜，此时放火作煜，少得烟气，则免于霜矣。"④《齐民要术》中有关避免和克服限制因子的不利影响的叙述详如表 2—10 所示。

表 2—10　　《齐民要术》中记载的避免或克服限制因子不利影响的方法

农作物	限制因子	应对方法
茄子	水少	性宜水，常须润湿
蒜	冬寒	取谷得布地，一行蒜，一行得。不尔则冻死
芸薹	性不耐寒，经冬则死	芸薹冬天草覆，亦得收子；又得生茹供食
胡荽（取子者）	冬寒	以草覆上。覆者得供生食，又不冻死
姜	低温	宜作窖，以谷物得合埋之
襄荷	冬寒	十月以谷麦糠覆之。不覆则冻死，二月扫去之

① （北魏）贾思勰著，缪启愉、缪桂龙译注：《齐民要术译注》，上海古籍出版社 2006 年版，第 21—22 页。

② 同上书，第 42 页。

③ 同上书，第 350 页。

④ 同上书，第 251 页。

农作物	限制因子	应对方法
树	光照	凡栽一切树木，欲记其阴阳，不令转易。阴阳易位则难生。小小栽者，不烦记也
	花盛时遇霜	凡五果，花盛时遭霜，则无子。常预于园中，往往贮恶草生粪。天雨新晴，北风寒切，是夜必霜，此时放火作煴，少得烟气，则免于霜矣
樱桃	光照	阳中者还种阳地，阴中者还种阴地。若阴阳易地则难生，生亦不实：此果性，生阴地，既如园圃，便是阳中，故多难得生
蒲萄	冬寒	十月中，去根一步许，掘作坑，收卷蒲萄悉埋之。近枝茎薄安黍穰弥佳。无穰，直安土亦得。不宜湿，湿则冰冻。二月中还出，舒而上架。性不耐寒，不埋即死。其岁久根茎粗大者，宜远根作坑，勿令茎折。其坑外处，亦掘土并穰培覆之
栗	低温	栗初熟出壳，即于屋里埋着湿土中。埋必须深，勿令冻彻。若路远者，以韦囊盛之。停二日以上，及见风日者，则不复生矣。至春二月，悉芽生，出而种之
石榴	冬寒	十月中，以蒲、藁裹而缠之。不裹则冻死也。二月初乃解放
椒	性不耐寒	此物性不耐寒，阳中之树，冬须裹草。不裹即死。其生小阴中者，少禀寒气，则不用裹。一木之性，寒暑易容；若朱、蓝之染，能不易质？
楮	低温	二月，耧耩之，和麻子漫散之，即劳。秋冬仍留麻勿刈，为楮作暖。若不和麻子种，率多冻死

农作物	限制因子	应对方法
槐	风	好雨种麻时，和麻子撒之。当年之中，即与麻齐。麻熟刈去，独留槐。槐既细长，不能自立，根别竖木，以绳拦之。冬天多风雨，绳拦宜以茅裹；不则伤皮，成痕瘢也。明年斸地令熟，还于槐下种麻。胁槐令长。三年正月，移而植之，亭亭条直，千百若一。所谓"蓬生麻中，不扶自直"
梧桐	水少	生后数浇令润泽。此木宜湿故也
	冬寒	至冻，竖草于树间令满，外复以草围之，以葛十道束置。不然则冻死
竹	过多的水	宜高平之地。近山阜，尤是所宜。下田得水即死。不用水浇。浇则淹死
紫草	性不耐水	性不耐水，必种高田

4. 强调人对农业生态系统的调控作用

农业生态系统与自然生态系统最大的不同点就在于，农业生态系统是由人设计建构出来的，它除了受自然规律制约外还受人的调控。《齐民要术》强调发挥人对农业生态系统进行积极主动的调控，前文所述的注重物质循环利用、巧施绿肥、合理密植、轮作、间作套种，以及对天时、地利、阳光、水、温度等生态因子进行积极地掌握和调控等都可以说是发挥人的主动性的生动例子。此外，《齐民要术》还叙述了综合利用各种因素，趋利避害，优化农田生态系统的例子，例如，《齐民要术·种麻子第九》记载："凡五谷地畔近道者，多为六畜所犯，宜种胡麻、麻子以遮之。胡麻，六畜不食；麻子啮头，则科大。收此二实，足供美烛之费也。"[①] 农业生产是社会经济的基础，《齐民要术》中的一些论述还含有生态经济学的意味；对于经济作物要根据市场决定栽种量，因地制宜，尽量提高耕种者的收益。例如，《齐民要术·种胡荽第二十四》："近市负郭

---

① （北魏）贾思勰著，缪启愉、缪桂龙译注：《齐民要术译注》，上海古籍出版社 2006 年版，第 118 页。

田，一亩用子二升，故糅种，渐锄取，卖供生菜也。外舍无市之处，一亩用子一升，疏密正好。"① 总之，《齐民要术》提倡的就是在遵循自然规律的前提下，积极发挥人的主动调控作用。自然规律必须遵循，因为"顺天时，量地利，则用力少而成功多。任情返道，劳而无获。入泉伐木，登山求鱼，手必虚；迎风散水，逆坂走丸，其势难"②（《齐民要术·种谷第三》）。仅遵循自然规律还不够，还需要人的积极干预，农业生态系统才能良性发展；贾思勰引用《淮南子》的话对此作了总结，"上因天时，下尽地利，中用人力，是以群生遂长，五谷蕃殖"③（《齐民要术·种谷第三》）。

四 有关生物适应环境的生态学知识

现代生态学认为，同一个种的植物个体群，由于长期生活在不同的环境中，它们的性状就会随之发生或大或小的改变，这就是趋异适应（Divergent Adaptation）。植物的趋异适应引起了植物种内的生态分化，形成了不同的生态型。生态型（Ecoltpye）就是植物对特定生境适应所形成的在形态结构、生理生态、遗传特性上有显著差异的个体群。④

关于生物对环境的适应，《齐民要术》中已经有了与现代生态学相一致的论述，即在一定环境条件下生物为了生存会对自身的生理机能进行适应性调整。例如，花椒原本是性不耐寒的"阳中之树"，但是如果它从小就生长在阴冷的地方，则也会逐渐形成抗寒的特性。《齐民要术·种椒第四十三》记载："此物性不耐寒，阳中之树，冬须裹草。不裹即死。其生小阴中者，少禀寒气，则不用裹。所谓'习以性成'。一木之性，寒暑异容；若朱、蓝之染，能不易质？故'观邻识士，见友知人'也。"⑤ 这是一段关于生态型之典型论述。花椒性不耐寒，生长在阳地者，冬天需要用

---

① （北魏）贾思勰著，缪启愉、缪桂龙译注：《齐民要术译注》，上海古籍出版社 2006 年版，第 202 页。

② 同上书，第 58 页。

③ 同上书，第 69 页。

④ 姜汉侨、段昌群、杨树华、王崇云：《植物生态学》，高等教育出版社 2004 年版，第 230—231 页。

⑤ （北魏）贾思勰著，缪启愉、缪桂龙译注：《齐民要术译注》，上海古籍出版社 2009 年版，第 267 页。

草包裹，避免冻害，但是从小生长在阴寒地区的花椒树，由于环境条件的变化，使花椒在不断地与外界的斗争过程中增强了抗寒能力，形成了耐寒的生态特性，冬天不用草包裹仍能安全越冬，即所谓"习以性成"。他接着又说，树木本性耐寒与否有不同的表现，就像碰到红蓝颜色会染上色一样，性质怎么能不发生变化呢？所以，由邻居和朋友，就可以推断某人的性情。这段话对"习以性成"作了进一步的解释。总的意思在表明：由于环境条件的变化，可以改变某种植物原来的生态习性，出现植物对不同环境条件的趋异适应现象。[1]

这种认识在其他篇章也有反映，《齐民要术·种桃奈第三十四》介绍樱桃种植技术云："二月初，山中取栽，阳中者还种阳地，阴中者还种阴地。若阴阳易地则难生，生亦不实。"[2] 据现代科学分析，长期生活在阳光充足环境中的树苗，形成了适应强光环境的形态结构和生理特征，如叶片角质层栅状组织发达，气孔数目多，细胞结构紧密，体积小和蒸腾作用强烈等；长期生长在阴地的树苗则适于光照较弱、荫蔽较强的环境条件，也形成了适于阴地生态环境的生态型。又如《齐民要术·种谷第三》介绍了粟的九十六个品种，这些品种有的"早熟，耐旱，勉虫"，有的"穗皆有毛，耐风，勉雀暴"，有的"晚熟，耐水；有虫灾则尽矣"[3]。可见当时人们已经根据各地生态条件的不同，培育出一些生态特性互有差别的生态型。这是同种植物在不同环境条件下趋异适应的结果。

概而言之，《齐民要术》中的个体生态学知识大约有两个方面：第一，认识到土壤、水分、阳光、温度等是植物生长的重要生态因子，认识到这些生态因子能改变和影响植物的形态结构和生理生化特性，对各种植物的不同生长发育规律和所需的条件作了详细研究，提出了按自然规律组织和安排生产的原则。第二，贾思勰的认识并没有停留在环境条件对植物具有生态作用方面，而且也认识到植物对环境也具有适应性，能以自身的变异来适应外界环境的变化，形成生态特性不同的生态型，这对农业生产

---

[1]　陈良文：《〈齐民要术〉一书中的生态学知识》，《农业考古》1985 年第 2 期。

[2]　（北魏）贾思勰著，缪启愉、缪桂龙译注：《齐民要术译注》，上海古籍出版社 2009 年版，第 233 页。

[3]　同上书，第 49 页。

中的育种、引种具有重要的意义。①

五　简评与启示

《齐民要术》中丰富的生态农业思想在当今仍然具有重要的参考作用和借鉴价值，能为解决现代"石油农业"所面临的困境在思想上和知识上提供启示和帮助。现代"石油农业"使用大量的机械、化肥、农药等各种辅助生产手段，摆脱了一部分自然条件的限制，农业产出水平也有很大提高。但由于化肥、农药、激素等的过分使用，造成了严重的环境污染和毒物残留，导致农业生产变得不可持续。1962年美国生物学家R. 卡逊通过长期的调查，在《寂静的春天》里描绘了滥用杀虫剂、除草剂、杀菌剂等农药对环境的严重污染情况，如果不采取措施的话，也许不久的将来整个地球都会变得像她描绘的"小镇"那样"寂静"，所有的生物都将不复存在②。因此，强调保护环境和可持续发展的生态农业是人类农业发展的出路和方向。可喜的是，我国的农业正朝着生态农业方向发展；就如温家宝总理所说："我赞成这样的观点，二十一世纪是实现我国农业现代化的关键历史阶段，现代化的农业应该是高效的生态农业。"③因此，对于祖先留给我们的农学经典和瑰宝——《齐民要术》，我们应当珍惜和引以为荣；同时，更应当继承和发扬其中的精粹思想，并使其与现代科技相结合，为我国的农业现代化建设添砖加瓦。

第三节　《淮南子》的生态思想

《淮南子》原名《鸿烈》（《淮南子》书后的《要略》篇记有书的原名），为西汉淮南王刘安与他所召集的宾客"苏飞、李尚、左吴、田由、雷被、毛被、伍被、晋昌等八人，及诸儒大山、小山之徒，共讲论道德，

---

① 陈良文：《〈齐民要术〉一书中的生态学知识》，《农业考古》1985年第2期。
② ［美］R. 卡逊：《寂静的春天里》，科学出版社1979年版。
③ 路明主编：《现代生态农业》，中国农业出版社2002年版，"扉页"。

总统仁义，而著此书"①。后来刘向对这部书"校定撰具，名之《淮南》"②，《隋书·经籍志》始称《淮南子》③，后世又称此书为《淮南鸿烈》。东汉高诱说，"鸿，大也；烈，明也，以为大明道之言也"，"学者不论《淮南》，则不知大道之深也"④。据《汉书·淮南厉王刘长传》记载，《淮南子》总共是《内篇》二十一篇，《外篇》甚重，《中篇》八卷，言神仙黄白之术，也有二十余万字。流传至今的《淮南子》仅剩《内篇》的二十一篇。

《淮南子》是以道家的老庄思想为主，同时吸取各家之长，兼收儒家、名家、法家和阴阳家的思想。高诱对它的评价是，"其旨近老子，淡薄无为，蹈虚守静，出入经道……归之于道"⑤。现代著名学者刘文典的评价是，"淮南王书博极今古，总统仁义，牢笼天地，弹压山川……太史公所谓'因阴阳之大顺，采儒、墨之善，撮名法之要'者也"⑥。

《淮南子》撰写于景帝一朝后期，汉武帝即位之初被递交皇室；它集中体现了我国汉朝文景之治时的社会主流思想意识。《淮南子》的内容包罗万象，"宇宙自然，天文律历、阴阳五行、地理时令、世俗人生、治乱祸福、主术兵略、养生保真以及相关的诡异瑰奇之事无不罗列，有关哲学、政治学、史学、伦理学、天文学、自然科学、军事战略学等先民思想精华无不萃集"⑦。笔者在此仅讨论《淮南子》一书中有关人（包括其他生物）与自然关系的生态哲学思想和生态学知识。

一　继承发扬"道"的观念，推演宇宙演化和万物生成

1. "道"生天地万物，也是一切事物运转变化的根源

跟老庄一样，《淮南子》也认为"道"是生成天地万物的本源。《淮南子·原道训》云："道者，一立而万物生矣。"⑧又，《淮南子·原道训》

①　刘文典撰，冯逸、乔华点校：《淮南鸿烈集解》上，中华书局1989年版，叙目第2页。
②　同上。
③　同上书，"前言"第1页。
④　同上书，"叙目"第2页。
⑤　同上。
⑥　同上书，"自序"第1页。
⑦　赵宗乙译注：《淮南子译注》上，黑龙江人民出版社2003年版，前言第1页。
⑧　刘文典撰，冯逸、乔华点校：《淮南鸿烈集解》上，中华书局1989年版，第30页。

云："夫太上之道，生万物而不有，成化像而弗宰。"① 至高无上的道，产生万物而不据为己有，使万物变化成形象却不主宰。再又，《淮南子·天文训》云："道曰规，始于一。一而不生，故分而为阴阳，阴阳合和而万物生。故曰：'一生二，二生三，三生万物。'"② 同时，《淮南子》认为，"道"也是一切事物运转变化的根源，在《原道训》开篇即书写道：

> 夫道者，覆天载地，廓四方，柝八极，高不可际，深不可测，包裹天地，禀授无形。原流泉浡，冲而徐盈，混混滑滑，浊而徐清。故植之而塞于天地，横之而弥于四海，施之无穷而无所朝夕。舒之幎于六合，卷之不盈于一握。约而能张，幽而能明，弱而能强，柔而能刚。横四维而含阴阳，纮宇宙而章三光。甚淖而滒，甚纤而微。山以之高，渊以之深，兽以之走，鸟以之飞，日月以之明，星历以之行，麟以之游，凤以之翔。③

这段话，是说道无处不在，无所不及，宇宙世间所有的事物都是因为它而得以运转。例如，空间四维、阴阳、宇宙、星辰等都是它在维系；山川、深渊、鸟兽、日月、星辰、麒麟、凤凰等都是凭借它而得以运转变化，即所谓"山以之高，渊以之深，兽以之走，鸟以之飞，日月以之明，星历以之行，麟以之游，凤以之翔"。

道是客观存在的，是不会因人们的主观意愿而改变的，因此，人们做事必须要依道行事。《淮南子·泰族训》云："天设日月，列星辰，调阴阳，张四时，日以暴之，夜以息之，风以干之，雨露以濡之。其生物也，莫见其所养而物长；其杀物也，莫见其所丧而物亡，此之谓神明。圣人象之，故其起福也，不见其所由而福起；其除祸也，不见其所以而祸除。……故神明之事，不可以智巧为也，不可以筋力致也。"④《淮南子·览冥训》云："夫道者，无私就也，无私去也。能者有余，拙者不足，顺

---

① 刘文典撰，冯逸、乔华点校：《淮南鸿烈集解》上，中华书局 1989 年版，第 3 页。
② 同上书，第 112 页。
③ 同上书，第 1—2 页。
④ 同上书，第 663—664 页。

之者利，逆之者凶。"① 天道是公平无私的，善于掌握道的人功德有余，拙于掌握道的人功德不足；顺应天道就顺利，违逆天道就凶险。《淮南子·天文训》对那些违反天道做事的评价是，"故举事而不顺天者，逆其生者也"②。办事不依循自然规律，就是在违反自然生存法则。但是，《淮南子》并不是主张消极地顺应自然，人们什么也不做；而是主张在遵循自然规律的前提下积极作为，为人类社会谋福利。《淮南子·泰族训》对这种合理的积极性进行了总结："夫物未尝有张而不弛，成而不毁者也，惟圣人能盛而不衰，盈而不亏。"③ 关于如何在顺应自然规律的前提下积极地改造自然，为人类自身谋福利，详见下面有关对《淮南子》无为思想的分析。

2. 对"无为"思想的继承和发扬

首先，《淮南子》继承了先秦老子、庄子的无为思想。前文已经论述过，从道家学派的创始人老子开始，就认为"无为"是"道"固有的最重要的特性之一，道是无为而无不为；而人们应当效法道、依道行事，最重要的方面就是要效法道的无为，实行无为而治，通过无为来达到无不为的境地。《淮南子》对"道"的看法以及对人们做事时应当效法无为之"道"的论述，都体现出了它对先秦道家无为思想的一脉相承。《淮南子·原道训》云："无为为之而合于道，无为言之而通乎德，恬愉无矜而得于和……夫太上之道，生万物而不有，成化像而弗宰。"④ 又如，《淮南子·诠言训》云："无为者，道之体也；执后者，道之容也。"⑤《淮南子·俶真训》云："是故至道无为……道出一原，通九门，散六衢，设于无垓坫之宇，寂漠以虚无。非有为于物也，物以有为于己也。是故举事而顺于道者，非道之所为也，道之所施也。"⑥《淮南子·主术训》云："无为者，道之宗。"⑦ 等等。

① 刘文典撰，冯逸、乔华点校：《淮南鸿烈集解》上，中华书局1989年版，第198页。
② 同上书，第126页。
③ 刘文典撰，冯逸、乔华点校：《淮南鸿烈集解》下，中华书局1989年版，第672页。
④ 刘文典撰，冯逸、乔华点校：《淮南鸿烈集解》上，中华书局1989年版，第2—3页。
⑤ 刘文典撰，冯逸、乔华点校：《淮南鸿烈集解》下，中华书局1989年版，第482—483页。
⑥ 刘文典撰，冯逸、乔华点校：《淮南鸿烈集解》上，中华书局1989年版，第54—55页。
⑦ 同上书，第278页。

其次，《淮南子》在先秦道家"无为"思想的基础上进行了自己的创造和发展，对无为而无不为的思想进行了积极的改进和细化。先秦老庄提出了自己的"无为"观，但并没有对它进行具体的分析和说明；因此就给人们消极地理解无为思想留下了可能。《淮南子》就正是在这一方面对老庄的无为思想进行了论述和发展，使道家思想焕然一新；这不仅更有利于人们对道家思想的理解和掌握，也使之更适合积极指导人与自然的和谐发展，更加有助于推动人类社会的进步与发展。《淮南子》明确反对消极地理解道家的无为思想。《淮南子·修务训》云："或曰：'无为者，寂然无声，漠然不动，引之不来，推之不往。如此者，乃得道之像。'吾以为不然。"① 即，《淮南子》的作者认为这种观点是错误的——无为就是寂静无声，漠然不行动，拉他他不来，推他他不去；像这样就是得道的模样。《淮南子》用神农、尧、舜、禹、汤这五位被公认为圣人的事迹对那种消极的无为观进行了反驳，如果以消极无为的观点看，他们就都不是无为的了。"尝试问之矣：'若夫神农、尧、舜、禹、汤，可谓圣人乎？'有论者必不能废。以五圣观之，则莫得无为，明矣。"②（《淮南子·修务训》）《淮南子》认为那种消极的无为思想是错误而且有害的，是必须放弃的，因为用它作指导思想是不能够做成功任何事情的，"自天子以下，至于庶人，四胑不动，思虑不用，事治求澹者，未之闻也。夫地势，水东流，人必事焉，然后水潦得谷行。禾稼春生，人必加功焉，故五谷得遂长。听其自流，待其自生，则鲧、禹之功不立，而后稷之智不用"③（《淮南子·修务训》）。因此，"无为者，非谓其凝滞而不动也"④（《淮南子·主术训》）。

那么什么才是真正的无为呢？《淮南子》对此进行了十分明确的论述，它说："若吾所谓'无为'者，私志不得入公道，嗜欲不得枉正术，循理而举事，因资而立，权自然之势，而曲故不得容者，事成而身弗伐，功立而名弗有，非谓其感而不应，攻而不动者。"⑤（《淮南子·修务训》）

① 刘文典撰，冯逸、乔华点校：《淮南鸿烈集解》下，中华书局1989年版，第629页。
② 同上书，第629页。
③ 同上书，第634页。
④ 刘文典撰，冯逸、乔华点校：《淮南鸿烈集解》上，中华书局1989年版，第295页。
⑤ 刘文典撰，冯逸、乔华点校：《淮南鸿烈集解》下，中华书局1989年版，第634—635页。

即"无为"是指个人的私心不能掺入普遍真理之中，个人的嗜欲不能歪曲正确的规律，依循事理规律办事，根据实际情况来成就事业，权衡自然规律，使巧伪奸诈不得容身，事业成功了不炫耀，功劳建立后不占为己有；而不是说那种有感触而不反应，有压力也无动于衷。又，《淮南子·原道训》云："所谓无为者，不先物为也；所谓无不为者，因物之所为。所谓无治者，不易自然也；所谓无不治者，因物之相然也。"①所谓自然无为，是说不超越事物的本性而人为去做；所谓无不为，是指顺应事物的本性。所谓无治，是说不改变事物的自然本性；所谓无不治，是指顺应事物的必然性。再又，《淮南子·诠言训》云："何谓无为？智者不以位为事，勇者不以位为暴，仁者不以位为患，可谓无为矣。"②

而且，《淮南子》把那种违反自然规律，过分强调人的主观意志的错误做事方式和思想观念给具体地指了出来，并把它称为"有为"。《淮南子·修务训》云："若夫以火熯井，以淮灌山，此用己而背自然，故谓之有为。"③像那种用火烘干井水，用淮水浇灌高山，根据自己的意愿而违背自然规律的事，就叫作"有为"。而那些因循自然规律，在服从客观规律前提下的积极作为，都不能算作"有为"的，例如，"若夫水之用舟，沙之用鸠，泥之用輴，山之用蔂，夏渎而冬陂，因高为田，因下为池，此非吾所谓为之"④（《淮南子·修务训》）。

最后，在书末的《淮南子·要略》篇，作者再一次对他的"无为"思想进行了总结性说明："人之于道未淹，味论未深，见其文辞，反之以清静为常，恬淡为本，则懈堕分学，纵欲适情，欲以偷自佚，而塞于大道也。今夫狂者无忧，圣人亦无忧。圣人无忧，和以德也；狂者无忧，不知祸福也。故通而无为也，与塞而无为也同，其无为则同，其所以无为则异。"⑤可见，《淮南子》的作者是反对由于对道的一知半解而消极"清净"、"恬淡"的，而由于这种一知半解导致的"懈堕分学、纵欲适情、欲以偷自佚"更是错上加错，是"塞于大道"的。消极的无为与积极的

①　刘文典撰，冯逸、乔华点校：《淮南鸿烈集解》上，中华书局1989年版，第24页。
②　刘文典撰，冯逸、乔华点校：《淮南鸿烈集解》下，中华书局1989年版，第474页。
③　同上书，第635页。
④　同上书，第635页。
⑤　同上书，第705—706页。

无为，就好比疯子的无忧与圣人的无忧一样，两者都是无忧，但导致他们这样的原因却是完全不一样的。因此，消极的无为，是"塞而无为"；而积极的无为是"通而无为"。《淮南子》的无为思想与我们今天生态文明的要求表现出一致性，即在遵循自然规律的前提下积极地改造自然、为人类社会谋福利。这样的无为观有利于人对天地万物之物性、规律的认识以及人的改造自然和社会的实践活动。①

3. 推演宇宙和万物生成

在先秦道家的宇宙生成论基础上，《淮南子》结合阴阳学说和远古神话，提出了自己的宇宙演化模式。《淮南子·俶真训》从引用《庄子·齐物论》的话——"有始者，有未始有有始者，有未始有夫未始有有始者。有有者，有无者，有未始有有无者，有未始有夫未始有有无者"作为开篇，然后以此为时间段划分标准，提出了各个不同时期的宇宙演化和万物生成情况。即：

所谓有始者，繁愤未发，萌兆牙蘖，未有形埒垠堮，无无蠕蠕，将欲生兴而未成物类。

有未始有有始者，天气始下，地气始上，阴阳错合，相与优游竞畅于宇宙之间，被德含和，缤纷茏苁，欲与物接而未成兆朕。

有未始有夫未始有有始者，天含和而未降，地怀气而未扬，虚无寂寞，萧条霄霏，无有仿佛，气遂而大通冥冥者也。

有有者，言万物掺落，根茎枝叶，青葱苓茏，萑蔧炫煌，蠉飞蠕动，蚑行哙息，可切循把握而有数量。

有无者，视之不见其形，听之不闻其声，扪之不可得也，望之不可极也，储与扈冶，浩浩瀚瀚，不可隐仪揆度而通光耀者。

有未始有有无者，包裹天地，陶冶万物，大通混冥，深闳广大，不可为外，析豪剖芒，不可为内，无环堵之宇而生有无之根。

有未始有夫未始有有无者，天地未剖，阴阳未判，四时未分，万物未生，汪然平静，寂然清澄，莫见其形，若光耀之间于无有，退而自失也，曰："予能有无，而未能无无也。及其为无无，至妙何从及

① 王巧慧：《淮南子的自然哲学思想》，科学出版社 2009 年版，第 30 页。

此哉！"①（《淮南子·俶真训》）

《淮南子》总共描述了七个时间点的宇宙万物生成演化情况，这七个时间点分别是"有始者"、"有未始有有始者"、"有未始有夫未始有有始者"、"有有者"、"有无者"、"有未始有有无者"和"有未始有夫未始有有无者"，最后宇宙万物之始归于"道"。

在《天文训》和《精神训》篇，《淮南子》对宇宙和天地万物的生成过程进行了推演。《淮南子·天文训》云：

> 天墬未形，冯冯翼翼，洞洞灟灟，故曰太昭。道始于虚霩，虚霩生宇宙，宇宙生气。气有涯垠，清阳者薄靡而为天，重浊者凝滞而为地。清妙之合专易，重浊之凝竭难，故天先成而地后定。天地之袭精为阴阳，阴阳之专精为四时，四时之散精为万物。积阳之热气生火，火气之精者为日；积阴之寒气为水，水气之精者为月。日月之淫为精者为星辰。天受日月星辰，地受水潦尘埃。昔者共工与颛顼争为帝，怒而触不周之山，天柱折，地维绝。天倾西北，故日月星辰移焉；地不满东南，故水潦尘埃归焉。②

《淮南子·精神训》云：

> 古未有天地之时，惟像无形，窈窈冥冥，芒芠漠闵，澒蒙鸿洞，莫知其门。有二神混生，经天营地，孔乎莫知其所终极，滔乎莫知其所止息，于是乃别为阴阳，离为八极，刚柔相成，万物乃形，烦气为虫，精气为人。③

可以看出，《淮南子》的宇宙和万物生成模式是以先秦道家老庄思想为基础的，但是，与老子的万物生成论相比，《淮南子》的理论明显要详

---

① 刘文典撰，冯逸、乔华点校：《淮南鸿烈集解》上，中华书局1989年版，第44—46页。
② 同上书，第79—80页。
③ 同上书，第218页。

细和复杂得多。而且，《淮南子》的宇宙演化论有较多自己的创新，最明显的就是引入了阴阳理论和"气"的学说，使整个演化理论结构清晰、逻辑严密，浑然一体，具有很强的说服力。《淮南子》的宇宙演化论在我国历史上具有重大影响，该理论具有了与现代科学假说相似的特征。总之，《淮南子》的《俶真训》、《天文训》、《精神训》等篇力图对世界的形成、运动、变化、发展作出符合当时科学水平的解释。"清阳者薄靡而为天，重浊者凝滞而为地"，阳为日，阴为月，阴阳分化为四时，这一套宇宙构成论，在近代科学出现以前，几乎成为我国古代唯物主义公认的定论①。《淮南子》突出的贡献是将本体论的道所具有的生成万物的动力机制开显出来，并根据气的质量、密度以及升降、分合来解释道生成天地万物的机制，从而使宇宙演化理论走出了哲学思辨的层面而有了科学假说的内涵。② 这种宇宙、天地万物同出一体的演化论，也为《淮南子》对人与自然的伦理关系的论述奠定了基调。

　　上面已经说过，《淮南子》的《俶真训》、《天文训》、《精神训》等篇都涉及对宇宙和天地万物形成过程的推演，而《淮南子·墬形训》对世界万物的起源和演化过程则有更为详细的论述：

　　　　窍生海人，海人生若菌，若菌生圣人，圣人生庶人，凡窍者生于庶人。

　　　　羽嘉生飞龙，飞龙生凤皇，凤皇生鸾鸟，鸾鸟生庶鸟，凡羽者生于庶鸟。

　　　　毛犊生应龙，应龙生建马，建马生麒麟，麒麟生庶兽，凡毛者生于庶兽。

　　　　介鳞生蛟龙，蛟龙生鲲鲠，鲲鲠生建邪，建邪生庶鱼，凡鳞者生于庶鱼。

　　　　介潭生先龙，先龙生玄鼋，玄鼋生灵龟，灵龟生庶龟，凡介者生于庶龟。

　　　　暖湿生容，暖湿生于毛风，毛风生于湿玄，湿玄生羽风，羽风生

① 任继愈主编：《中国哲学史》第二册，人民出版社1966年版，第51页。
② 王巧慧：《淮南子的自然哲学思想》，科学出版社2009年版，第137—138页。

煖介，煖介生鳞薄，鳞薄生暖介。

五类杂种兴乎外，肖形而蕃。

日冯生阳阏，阳阏生乔如，乔如生干木，干木生庶木，凡根拔木者生于庶木。

根拔生程若，程若生玄玉，玄玉生醴泉，醴泉生皇辜，皇辜生庶草，凡根茇草者生于庶草。

海间生屈龙，屈龙生容华，容华生蕙，蕙生萍藻，萍藻生浮草，凡浮生不根茇者生于萍藻。①

这样，《淮南子》便清晰地勾画出一幅生物进化图谱：

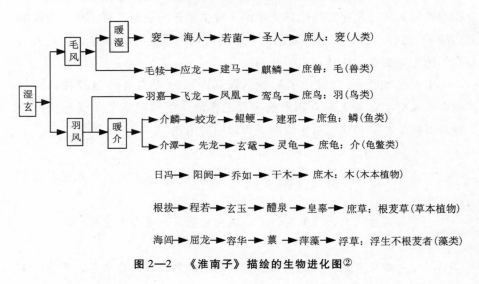

图 2—2　《淮南子》描绘的生物进化图②

通过这幅图谱可以看出，《淮南子》已经把当时的生物形态分类学知识与朴素的生物进化观察统一起来。例如，把动物分为窥（人类）、毛（兽类）、羽（鸟类）、鳞（鱼类）、介（龟鳖类）五类，把植物分为木本、草本和藻类三类，并描绘了各种动物、植物的系统进化途径。另外，认为所有的动物都起源于一个共同的祖先——湿玄。湿玄派生出"毛风"

---

① 刘文典撰，冯逸、乔华点校：《淮南鸿烈集解》上，中华书局1989年版，第154—156页。

② 引自张弘《〈淮南子〉和谐发展生态论》，《济南大学学报》（社会科学版）2004年第5期。

和"羽风"两支。毛风演化出窦（人类）和毛（兽类），羽风演化出羽（鸟类）、鳞（鱼类）和介（龟鳖类）。并且每类动物、植物都有一个始祖，如人类的始祖是"窦"，兽类的始祖为"毛犊"，鸟类的始祖是"羽嘉"，鱼类的始祖为"介鳞"，等等。认为五类不同的动物各按其自身的特质遗传、繁衍，即"五类杂种兴乎外，肖形而蕃"。这幅关于生物界从一个始祖开始，由简单到复杂，由低等到高等的逐步演化发展图谱，虽然与现代生物进化论的观点相差甚远，但其探索精神难能可贵，在自然生态环境中生物的演化发展方面的建树与贡献，更显得弥足珍贵。① 我们知道，科学在发展过程中会经过科学假说这个阶段，而科学假说就是人们运用科学思维，根据已知的事实材料，对未知的事物及其规律所作的推断和假定，是一种还没有经过实践证实的推测性理论。近现代科学中就有很多著名的科学假说，如拉马克的"用进废退"进化假说、康德和拉普拉斯的"星云假说"、现代的"宇宙大爆炸假说"、"黑洞理论"，等等，就是达尔文的"进化论"一开始也是一种科学假说，只不过后来得到了许多科学材料的印证，才会让今天大多数人相信。因此，《淮南子》在对自然的探索和研究过程中所蕴含的科学精神和科学思想在当时的世界上是非常先进和非常可贵的。前文已经论述过，先秦时期的《庄子·至乐》篇（见第一章道家生态思想探讨中有关庄子的部分）曾对万物的起源和进化进行过推演。《淮南子》在这里的论述显得更为系统和全面，理论性和科学假说的意味更浓，显示出进步性。

二　人与自然的伦理关系

1. 万物同源，物无贵贱

前文已经论述过，《淮南子》认为，宇宙和世间的万事万物都是由道演化生成的，因此万物是同源的。在世间万物同出一源的理论基础上，《淮南子》对人与自然间的伦理关系也进行了一些探讨，认为"人"也是天下之一物，世间万物在本质上没有贵贱之分。《淮南子·精神训》云："夫天地运而相通，万物总而为一。……譬吾处于天下也，亦为一物矣。不识天下之以我备物与？且惟无我而物无不备者乎？然则我亦物也，物亦

---

① 张弘：《〈淮南子〉和谐发展生态论》，《济南大学学报》（社会科学版）2004 年第 5 期。

物也，物之与物也，又何以相物也？"① 天地运行相通，万物总归为道。我们（人类）处于天地之间，也是万物中的一种。既然我们人也是"物"，其他的事物也是"物"，同样是物，我们又为什么要把对方看成是物呢？因此，《淮南子》认为贵贱是相对的，在本质上世界上所有的事物都是平等的，都是没有贵贱之分的。《淮南子·齐俗训》云："物无贵贱。因其所贵而贵之，物无不贵也，因其所贱而贱之，物无不贱也。"② 世间万物没有贵贱之分，从其可贵的角度看，任何事物都珍贵；从其低贱的角度看，任何事物都低贱。所以，世间的异同与是非都是由人的主观相对赋予的，"自其异者视之，肝胆胡越；自其同者视之，万物一圈也"③（《淮南子·俶真训》）；"天下是非无所定，世各是其所是而非其所非，所谓是与非各异，皆自是而非人"④（《淮南子·齐俗训》）。而且，对于不同的对象，其利害关系也是相对转化的，"明月之珠，蜕之病而我之利；虎爪象牙，禽兽之利而我之害"⑤（《淮南子·说林训》）。总之，天地万物是混同一体的，没有是非对错，都是由"道"化生而来的，我们（人类）与天下没有界限，"万物玄同也，无非无是，化育玄耀，生而如死。夫天下者亦吾有也，吾亦天下之有也，天下之与我，岂有间哉"⑥（《淮南子·原道训》）！

不过虽然万物同源，都来源于道，从本质上看物无贵贱，但是，《淮南子》认为人与自然界中的其他事物还是存在差别的。道分化为阴阳二气，然后阴阳再化生万物，但在这万物中人是最尊贵的：

> 阴阳者，承天地之和，形万殊之体，含气化物，以成埒类⑦（《淮南子·本经训》）；
>
> 天地以设，分而为阴阳，阳生于阴，阴生于阳。阴阳相错，四维

---

① 刘文典撰，冯逸、乔华点校：《淮南鸿烈集解》上，中华书局 1989 年版，第 224 页。
② 同上书，第 349 页。
③ 同上书，第 55 页。
④ 同上书，第 365 页。
⑤ 刘文典撰，冯逸、乔华点校：《淮南鸿烈集解》下，中华书局 1989 年版，第 580 页。
⑥ 刘文典撰，冯逸、乔华点校：《淮南鸿烈集解》上，中华书局 1989 年版，第 36 页。
⑦ 同上书，第 258 页。

乃通，或死或生，万物乃成。蚑行喙息，莫贵于人①（《淮南子·天文训》）。

为什么会"蚑行喙息，莫贵于人"呢？因为阴阳二气之中的"烦气为虫，精气为人"（《淮南子·精神训》），人是天地之精华所形成的，且人与天地是相通的，"是故精神，天之有也；而骨骸者，地之有也。精神入其门，而骨骸反其根"②（《淮南子·精神训》），"天气为魂，地气为魄，反之玄房，各处其宅。守而勿失，上通太一"③（《淮南子·主术训》）。

《淮南子》虽然凸显了人是天地之精，但并没有将人从万物中超拔出来。④ 人来源自然，最后又回归于自然，从本源上看，人与天地万物是一体的。

2. 明于天人之分

前文在讨论荀子的生态思想的时候，谈到过"明于天人之分，不与天争职"的思想，《淮南子》在论及天人关系时，也是主张要明于天人之分，这显示出《淮南子》对儒家思想的吸收和整合。说到天人关系，有必要探讨一下《淮南子》中的天的内涵。学者王巧慧女士，她在《淮南子的自然哲学思想》中将《淮南子》一书中天的含义归纳为以下几个方面：(1)事物的本然状态；(2)天命意义上的天，指命运、机遇；(3)一切包括自然天象、气候、物象的总称，相当于现在的自然界。⑤ 确实，《淮南子》所论及的天人关系中的"天"有多种含义，我们今天说的人与自然关系就蕴含于当时所说的天人关系之中。笔者在这里讨论的《淮南子》中的"天"，仅涉及它的自然层面，即自然和自然规律等。

《淮南子·泰族训》云："凡学者能明于天人之分，通于治乱之本，澄心清意以存之，见其终始，可谓知略矣。"⑥ 可见，《淮南子》是要求明

①　刘文典撰，冯逸、乔华点校：《淮南鸿烈集解》上，中华书局 1989 年版，第 126 页。

②　同上书，第 218 页。

③　同上书，第 270 页。

④　王巧慧：《淮南子的自然哲学思想》，科学出版社 2009 年版，第 140 页。

⑤　同上书，第 138 页。

⑥　刘文典撰，冯逸、乔华点校：《淮南鸿烈集解》下，中华书局 1989 年版，第 691 页。

于天人之分的。这里的"明于天人之分"是什么意思呢？跟先秦时期荀子的意思差不多，也是要求明白"天"与"人"在职能上的分工，不要与天争职，不要去做本应由天来做的事。紧接着这句话，《淮南子》就对天之所为（天职）和人之所为（人职）作了精炼的概括，"天之所为，禽兽草木；人之所为，礼节制度，构而为宫室，制而为舟舆是也"①（《淮南子·泰族训》）。这里的字面意思是，天的职能是产生天地万物，即所谓的天地者万物父母；而人的职能是制定创立礼节制度，构造宫室，制造舟舆等事情。透过这里的字面意思，我们可以看出，"天之所为"是自然界的万事万物和其自然属性；而人应该做的，即"人之所为"是应该处理好人类社会自己的事情，构建一个秩序良好的和谐社会，并且创造制作各种物质条件以满足人类社会的需求。

《淮南子》的"明于天人之分"思想，与前文提到的它的"无为而无不为"观是有机联系在一起的。我们知道，《淮南子》对道家的"无为"思想是进行较大的创造和发展的，其实，《淮南子》的无为思想用我们今天的话讲就是既要服从客观规律，也要积极创造；对于属于"天"的自然规律人们要服从，而对于属于人们应当做的分内事情，人们则需要积极行动。前文提到过，《淮南子》一书中有很多反对违背自然规律的例子，同时，也有不少主张顺应自然规律积极做事的例子。我们再联系现在的"明于天人之分"思想，可以发现，《淮南子》主张人们应该"无为"的事情其实都是些属于"天"的职能分内事情，是人们无法以主观意志改变的自然规律和自然属性；而要求要积极行动的都是些属于"人"的职能的分内事情，如建设和谐社会、发展生产、制造各种用具等。例如，《淮南子·览冥训》云："若夫以火之能焦木也，因使销金，则道行矣；若以慈石之能连铁也，而求其引瓦，则难矣。"②又，《淮南子·主术训》云："禹决江疏河，以为天下兴利，而不能使水西流。稷辟土垦草，以为百姓力农，然而不能使禾冬生。岂其人事不至哉？其势不可也。"③再又，《淮南子·齐俗训》云："马不可以服重，牛不可以追速，铅不可以为刀，

---

① 刘文典撰，冯逸、乔华点校：《淮南鸿烈集解》下，中华书局 1989 年版，第 691 页。
② 刘文典撰，冯逸、乔华点校：《淮南鸿烈集解》上，中华书局 1989 年版，第 199 页。
③ 同上书，第 284 页。

铜不可以为弩。"① 等等。

3. 以人为本，天人感应

尊重生命，爱护人类，以人为本，也是《淮南子》生态伦理思想的鲜明主题之一。前文说过，《淮南子》认为"蚑行喙息，莫贵于人"（《淮南子·天文训》），"烦气为虫，精气为人"（《淮南子·精神训》），这也反映出了《淮南子》对人类自身的尊敬的态度，也为其人本思想作了理论铺垫。

《淮南子》的人本思想表现为：《淮南子》认为懂得人道和热爱人类自身是作为智者和仁者的必要条件，只要是缺少了关怀"人"自身这个因素，不管知道的再多，抑或热爱的事物再广，都不能算是"智者"和"仁者"。《淮南子·主术训》说："遍知万物而不知人道，不可谓智。遍爱群生而不爱人类，不可谓仁。仁者，爱其类也；智者，不可惑也。"② 又，《淮南子·泰族训》说："所谓仁者，爱人也；所谓知者，知人也。"③ 我们知道，在中国传统文化里"智者"和"仁者"是为数不多的带有最高褒奖含义概念中的其中两个，是人们学习和修炼的理想境界，《淮南子·主术训》也是如是说："凡人之性，莫贵于仁，莫急于智。仁以为质，智以行之。两者为本。"④ 又，《淮南子·泰族训》说："故仁知，人材之美者也。"⑤ 现在，《淮南子》把对人类的关怀和热爱赋予并内化为这两个概念的必须内容，这就表明了《淮南子》思想中的以人为本的价值观取向。对于那种"贫民糟糠不接于口，而虎狼熊罴狃刍豢"⑥（《淮南子·主术训》）不关爱人民百姓的行为，《淮南子》是深恶痛绝的，将其称之为"衰世"。

《淮南子》的以人为本思想，还表现为对人生命的敬重和珍惜，对占用身外之物的淡漠。《淮南子·精神训》说："尊势厚利，人之所贪也。

---

① 刘文典撰，冯逸、乔华点校：《淮南鸿烈集解》上，中华书局 1989 年版，第 348 页。

② 同上书，第 314 页。

③ 刘文典撰，冯逸、乔华点校：《淮南鸿烈集解》下，中华书局 1989 年版，第 698 页。

④ "知"通"智"。刘文典撰，冯逸、乔华点校：《淮南鸿烈集解》上，中华书局 1989 年版，第 315 页。

⑤ 刘文典撰，冯逸、乔华点校：《淮南鸿烈集解》下，中华书局 1989 年版，第 698 页。

⑥ 刘文典撰，冯逸、乔华点校：《淮南鸿烈集解》上，中华书局 1989 年版，第 291 页。

使之左据天下图而右手刎其喉，愚夫不为。由此观之，生尊于天下也。"①
这里说明了，人的生命是比拥有整个天下更珍贵的。又，《淮南子·诠言
训》说："身以生为常，富贵其寄也。"②又，《淮南子·天文训》云："蚑
行喙息，莫贵于人。孔窍肢体，皆通于天。"③上天能够感应到人，对人
的不同行为做出不同的反应。一般说来，如果人们胡作非为，违背自然规
律，祸害人民，损害天下苍生，那么，上天就会惩罚人类，降灾祸于人间
或显示异常现象警示人们；如果人们至精至诚、遵守天道，那么也能感动
上天，能得到天的帮助。总之，"天"是起着一种最终的赏善罚恶作用，
是终极的是非评判者，是最终的正义行使者。

例如，国家政令失常，社会混乱就会出现各种自然灾难或异常现象，
"人主之情，上通于天，故诛暴则多飘风，枉法令则多虫螟，杀不辜则国
赤地，令不收则多淫雨。四时者，天之吏也；日月者，天之使也；星辰
者，天之期也；虹蜺彗星者，天之忌也"④（《淮南子·览冥训》）。如果
违反自然规律，祸害天下苍生，就会自然灾害连绵不断，"逆天暴物，则
日月薄蚀，五星失行，四时干乖，昼冥宵光，山崩川涸，冬雷夏霜。诗
曰：'正月繁霜，我心忧伤。'天之与人有以相通也。故国危亡而天文变，
世惑乱而虹蜺见，万物有以相连，精祲有以相荡也"⑤（《淮南子·泰族
训》）。

而反过来，如果心怀天下，精诚守道，上天就会帮助人，降祥瑞于人
间，使风调雨顺，五谷丰登，万物欣欣然，"故圣人者怀天心，声然能动
化天下者也。故精诚感于内，形气动于天，则景星见，黄龙下，祥凤至，
醴泉出，嘉谷生，河不满溢，海不溶波。故诗云：'怀柔百神，及河峤
岳'"⑥（《淮南子·泰族训》）。又，"汤之时，七年旱，以身祷于桑林之
际，而四海之云凑，千里之雨至。抱质效诚，感动天地"⑦（《淮南子·主

①　刘文典撰，冯逸、乔华点校：《淮南鸿烈集解》上，中华书局1989年版，第237页。
②　刘文典撰，冯逸、乔华点校：《淮南鸿烈集解》下，中华书局1989年版，第479页。
③　同上书，第126页。
④　同上书，第84页。
⑤　同上书，第664页。
⑥　同上。
⑦　刘文典撰，冯逸、乔华点校：《淮南鸿烈集解》上，中华书局1989年版，第276页。

术训》）。那些精诚守道，全性保真的人，在个人遇到危难时，上天也会及时相助，"武王伐纣，渡于孟津，阳侯之波，逆流而击，疾风晦冥，人马不相见。于是武王左操黄钺，右秉白旄，瞋目而撝之，曰：'余任，天下谁敢害吾意者！'于是风济而波罢。鲁阳公与韩构难，战酣日暮，援戈而撝之，日为之反三舍。夫全性保真，不亏其身，遭急迫难，精通于天"①（《淮南子·览冥训》）。

　　而且，上天对人的感应没有身份地位的要求，只要人们诚心诚意、依循天道，无论身份地位贵贱与否都能感动上天。《淮南子·览冥训》云："昔者，师旷奏白雪之音，而神物为之下降，风雨暴至，平公癃病，晋国赤地。庶女叫天，雷电下击，景公台陨，支体伤折，海水大出。夫瞽师、庶女，位贱尚菜，权轻飞羽，然而专精厉意，委务积神，上通九天，激厉至精。由此观之，上天之诛也，虽在圹虚幽闲，辽远隐匿，重袭石室，界障险阻，其无所逃之，亦明矣。"②

　　在天对人的感应过程中，"气"是媒介，天正是通过"气"来感应到人的，"天地之合和，阴阳之陶化万物，皆乘人气者也。是故上下离心，气乃上蒸，君臣不和，五谷不为"③（《淮南子·本经训》）。在《淮南子》中，能够与大自然相通并非是人的专利，动物和其他自然物也能感动天，引起自然反应，如"虎啸而谷风至，龙举而景云属，麒麟斗而日月食，鲸鱼死而彗星出，蚕珥丝而商弦绝，贲星坠而勃海决"④（《淮南子·天文训》）。客观地说，《淮南子》所述的天对人的感应现象是带有神话色彩的，用今天的眼光来看，是没有科学根据的；但是，由于他把"天"定位成一个至高无上的正义评判和维护者，执行着赏善罚恶的职能，能够对人们的行为起到一定的规范和威慑作用，也能够对人类社会的和谐发展和人与自然的和谐相处起到一定的促进作用，因而也是具有一定积极意义的。

---

　　① 刘文典撰，冯逸、乔华点校：《淮南鸿烈集解》上，中华书局1989年版，第192页。
　　② 同上书，第191—192页。
　　③ 人气：诸注本都认为本作"一气"。刘文典撰，冯逸、乔华点校：《淮南鸿烈集解》上，中华书局1989年版，第249页。
　　④ 同上书，第83—84页。

三　有关的生态学知识

1. 生物与环境中生态因子的关系

我们知道，生态学是一门研究生物与环境关系的科学，研究环境对生物的影响以及生物对环境的适应是生态学的主旋律。《淮南子》中有很多关于生物与环境关系的论述，虽然当时生态学这门学科还没有产生，不能说它就是生态学，但是这些论述与今天生态学的研究内容是相当一致的，因此我们可以称它为生态学知识和生态学思想。从环境对生物的影响而言，《淮南子》认为生物必须要有适宜的生活环境，一方面，环境对生物的生长发育具有决定性的限制和影响作用；另一方面，生物也会为适应不同的生态环境而做出相应的生理、生活上的改变。

世界上不同种类的生物天生就具有不同的生理、生活特性，适宜于不同的生活环境，"夫萍树根于水，木树根于土，鸟排虚而飞，兽蹠实而走，蛟龙水居，虎豹山处，天地之性也"①（《淮南子·原道训》）。因此，不同的生物就必须生活于相应的不同生活环境，《淮南子·齐俗训》用举例的形式生动地讲述了这个道理，"广厦阔屋，连闼通房，人之所安也，鸟入之而忧。高山险阻，深林丛薄，虎豹之所乐也，人人之而畏。川谷通原，积水重泉，鼋鼍之所便也，人人之而死。咸池、承云，九韶、六英，人之所乐也，鸟兽闻之而惊。深溪峭岸，峻木寻枝，猿狖之所乐也，人上之而栗。形殊性诡，所以为乐者乃所以为哀，所以为安者乃所以为危也。乃至天地之所覆载，日月之所照誋，使各便其性，安其居，处其宜，为其能"②。这里的例子举得生动形象：高大宽敞的房子是人安适的住所，鸟进来就会不安；高山险阻，丛草密林，是虎豹的乐园，人进去就会恐惧；大川深谷，湖泽深渊，是鼋鼍的适宜的场所，人进去就会死亡；《咸池》、《承云》、《九韶》、《六英》，是人们喜爱的音乐，鸟兽听了就会惊恐；深溪峭岸，高树大枝，是猿猴的乐土，人上去了就会浑身战栗。生物种类不同，习性相差很大，各种生物应该"便其性，安其居，处其宜，为其能"，即根据生物自己的特性找到适宜居住的地方，处于适宜的环境中，做能够做的事。

① 刘文典撰，冯逸、乔华点校：《淮南鸿烈集解》上，中华书局1989年版，第17页。
② 同上书，第347页。

《淮南子·原道训》讲了著名的"橘生淮北则为枳"故事，用来说明气候对生物的巨大影响作用，"橘树之江北则化而为枳，鸲鹆不过济，貂渡汶而死，形性不可易，势居不可移也"①。这里主要讲的是气候温度对生物的影响，生活于热带或亚热带的橘子树、貂渡、狗獾等生物不能适应北方的寒冷天气，一旦到达温度过低的北方，生理特性就会受到严重影响，甚至死亡。而且《淮南子》指出"形性不可易，势居不可移也"，用今天的话讲就是生物的生理特性不能改变，生活环境不能变易。

气温对生物的影响重大，其他生态因子对生物的影响同样重要，例如，"今夫徙树者，失其阴阳之性，则莫不枯槁"②（《淮南子·原道训》）。即，移植树木时，如把阳地植物与阴地植物的属性弄错了则没有不枯死的。阳地植物适宜于生长在阳光充分的地方，而阴地植物则适宜于生长在阳光较弱的地方。这里说的是阳光因子对生物的重要影响。

就在《原道训》篇，《淮南子》的作者还讲述了人们的生活习性、穿着打扮等随着生态环境的变化而改变的事例。《淮南子·原道训》云："九疑之南，陆事寡而水事众，于是民人被发文身，以像鳞虫，短绻不绔，以便涉游，短袂攘卷，以便刺舟，因之也。雁门之北，狄不谷食，贱长贵壮，俗尚气力，人不弛弓，马不解勒，便之也。"③九嶷山以南，在陆地上活动的事情少而在水上活动的事情多，于是人们就剪短头发，只穿围裙不穿长裤，为了方便划船，很短的衣袖也要捋起来，这是适应水上生活的结果；而雁门以北的狄人，习俗崇尚武力，人不离弓，马不解下笼头，这是为了适应北方草原的游牧生活的结果。

在《墬形训》篇，《淮南子》的作者论述了气、水、土地性状等环境因素对人性别、健康状况、体力、智力等多方面的影响；也讲了食物、水质、地理位置对人和各种动植物的影响。虽然有些内容在今天看来也许不正确，但古人的这种探索和研究生物（包括人）与环境关系的精神正是生态学思想的表现和反映。"气"、"水"、"土"等生态因子对人的性别、健康、品性等的影响如表 2—11 所示。

---

① 刘文典撰，冯逸、乔华点校：《淮南鸿烈集解》上，中华书局 1989 年版，第 20 页。
② 同上书，第 20 页。
③ 同上书，第 19—20 页。

表 2—11   生态因子"气"、"水"、"土"的类型对人的影响

"气"、"水"、"土"的类型	对人的影响
山气	多男
泽气	多女
障气	多暗
风气	多聋
林气	多癃
木气	多伛
岸下气	多肿
石气	多力
险阻气	多瘿
暑气	多夭
寒气	多寿
谷气	多痹
丘气	多狂
衍气	多仁
陵气	多贪
轻土	多利
清水	音小
浊水	音大
湍水	人轻
迟水	人重
中土	多圣人
坚土	人刚
弱土	人肥
垆土	人大
沙土	人细
息土	人美
耗土	人丑

《淮南子·墬形训》说："土地各以其类生……皆象其气，皆应其类。""土地各以其类生"，王念孙说，这句本应作"土地各以类生人"，今本衍"其"字，脱"人"字。[1]用今天的话讲，这句话是说，各种不同类型的土地会产生不同特点的人；（人）的这些特点都与他们所在地的气息类型相吻合，都与他们的生活环境相适应。《淮南子》的作者叙述的表 2—11 中的各种生态因子与人的关系，有的是有一定道理的，如"暑气多夭，寒气多寿"等；同样，因为水土的不同对人类男女性别出生率有影响也是有一定道理的。不过，这里有些论述将自然环境因素与人的品格联系起来就有些牵强附会了，如"陵气多贪，轻土好利"等。但是，总的来讲，这里的论述是典型的对生物与环境关系的研究和探讨，体现出了浓厚的生态学思想。

《墬形训》把天下分为东、南、西、北、中五大区域，对每个区域的生态环境、处于这个生态环境中的人们的体征、适宜的农作物和盛产的动物都作了论述，详见表 2—12 所示。

表 2—12　　　　东、南、西、北、中生态环境与生物的关系

区域及生态环境特点	人们的体征及性情、智商、品行等	适宜的农作物和动物
东方川谷之所注，日月之所出	其人兑形小头，隆鼻大口，鸢肩企行，窍通于目，筋气属焉，苍色主肝，长大早知而不寿	其地宜麦，多虎豹
南方阳气之所积，暑湿居之	其人修形兑上，大口决眦，窍通于耳，血脉属焉，赤色主心，早壮而夭	其地宜稻，多兕象
西方高土，川谷出焉，日月入焉	其人面末偻，修颈卬行，窍通于鼻，皮革属焉，白色主肺，勇敢不仁	其地宜黍，多旄犀
北方幽晦不明，天之所闭，寒水之所积	其人翕形短颈，大肩下尻，窍通于阴，骨干属焉，黑色主肾，其人蠢愚，禽兽而寿	其地宜菽，多犬马
中央四达，风气之所通，雨露之所会也	其人大面短颐，美须恶肥，窍通于口，肤肉属焉，黄色主胃，慧圣而好治	其地宜禾，多牛羊及六畜

---

① 刘文典撰，冯逸、乔华点校：《淮南鸿烈集解》上，中华书局 1989 年版，第 140—141 页。

《墜形训》篇还对不同的生物的取食类型与生物特征的关系进行了论述，如表2—13所示。

表2—13　　　　　　　　**生物的取食类型及其特征**

取食类型	生物特征
食水者	善游能寒
食土者	无心而慧
食木者	多力而奰
食草者	善走而愚
食叶者	有丝而蛾
食肉者	勇敢而悍
食气者	神明而寿
食谷者	知慧而夭
不食者	不死而神

表2—13所示的取食类型与其生命特征的关系，其实是《淮南子》的作者根据生物的饮食特点对生物进行的分类，就像我们今天根据营养方式和结构的差异把世界上所有的生物分为原核生物界、原生生物界、真菌界、植物界和动物界一样。如表2—13所示情况，"食水者"，原注"鱼鳖鹭鹜之属是也"；"食土者"，原注"蚯蚓之属是也"；"食木者"，原注"熊罴之属是也"；"食草者"，原注"麋鹿之属是也"；"食叶者"，原注"蚕是也"；"食肉者"，原注"虎豹鹰鹯之属是也"；"食气者"，原注"仙人松、乔之属是也"[1]。"食谷者"，指人类；"不食者"，指不食人间烟火的神仙。这种分类方法，在今天看来也是有一定道理的。在叙述完分类之后，《墜形训》总结道，"凡人民禽兽万物贞虫，各有以生"[2]。即，凡是人民禽兽等一切生物，各自都有所适宜的生存环境。这种生物必须与环境相适应的思想，与当今生态学的内容是一致的。

2. 顺天时进行农业生产

在《淮南子·时则训》篇，淮南子按照一年四季十二个月的先后次

---

① 刘文典撰，冯逸、乔华点校：《淮南鸿烈集解》上，中华书局1989年版，第142—143页。
② 同上。

序适时安排恰当的农事活动和实施恰当的政令措施，体现出尊重自然规律、顺应天时的浓郁传统生态思想特色。对每个月份的到来，《时则训》记载了天象、物候、气象等多种指时系统，不仅使人们更容易掌握每个时令的到来，便于安排农事，也使《时则训》对时令把握的准确性提高。《时则训》根据时令安排农事的顺天时记载详见表 2—14 所示。

表 2—14　　　　　　　　　《淮南子》的顺天时农事安排

月份	节气	天象	物候、气象与阴阳	农事及相关政令
孟春	立春	招摇指寅，昏参中，旦尾中	东风解冻，蛰虫始振苏，鱼上负冰，獭祭鱼，候雁北	
仲春	日夜分	招摇指卯，昏弧中，旦建星中	始雨水，桃李始华，苍庚鸣，鹰化为鸠。是月也，日夜分，雷始发声，蛰虫咸动苏	
季春		招摇指辰，昏七星中，旦牵牛中	桐始华，田鼠化为鴽，虹始见，萍始生。是月也，生气方盛，阳气发泄，句者毕出，萌者尽达，不可以内	发囷仓，助贫穷，振乏绝。修利堤防，导通沟渎。具扑曲筥筐，后妃斋戒，东乡亲桑，省妇使，劝蚕事。合锞牛、腾马、游牝于牧
孟夏	立夏	招摇指巳，昏翼中，旦婺女中	蝼蝈鸣，丘蚓出，王瓜生，苦菜秀。靡草死，麦秋至	劝农事，驱兽畜，勿令害谷。聚畜百药
仲夏	小暑，日长至	招摇指午，昏亢中，旦危中	螳螂生，鵙始鸣，反舌无声。鹿角解，蝉始鸣，半夏生，木堇荣。阴阳争，死生分	游牝别其群，执腾驹，班马政
季夏		招摇指未，昏心中，旦奎中	凉风始至，蟋蟀居奥，鹰乃学习，腐草化为蚈。土润溽暑，大雨时行	伐蛟取鼍，登龟取鼋。入材苇。令百县之秩刍以养牺牲。土润溽暑，大雨时行，利以杀草粪田畴，以肥土疆

续表

月份	节气	天象	物候、气象与阴阳	农事及相关政令
孟秋	立秋	招摇指申，昏斗中，旦毕中	凉风至，白露降，寒蝉鸣，鹰乃祭鸟，用始行戮	农始升谷，完堤防，谨障塞，以备水潦
仲秋	日夜分	招摇指酉，昏牵牛中，旦觜嶲中	凉风至，候雁来，玄鸟归，群鸟翔。雷乃始收，蛰虫培户，杀气浸盛，阳气日衰，水始涸，日夜分	穿窦窖，修囷仓。趣民收敛畜采，多积聚，劝种宿麦
季秋	霜始降	招摇指戌，昏虚中，旦柳中	候雁来，宾雀入大水为蛤，菊有黄华，豺乃祭兽戮禽。霜始降。草木黄落，蛰虫咸俛	伐薪为炭，农事备收，举五谷之要，田猎
孟冬	立冬	招摇指亥，昏危中，旦七星中	水始冰，地始冻，雉入大水为蜃，虹藏不见	劳农休息。收水泉池泽之赋，毋或侵牟
仲冬	日短至	招摇指子，昏壁中，旦轸中	冰益壮，地始坼，鹖鴠不鸣，虎始交。日短至，阴阳争。荔挺出，芸始生，丘蚓结，麋角解	酿酒，打猎，伐树木，取竹箭
季冬		招摇指丑，昏娄中，旦氐中	雁北乡，鹊加巢，雉雊，鸡呼卵	渔师始渔，民出五种，农计耦耕事，修耒耜，具田器。收秩薪

　　跟《吕氏春秋》十二纪纪首（以及《礼记·月令》）一样，《时则训》每叙述完一个月份的事情与政令的安排，就强调一番执行正确时令政策的重要性。如，"孟春行夏令，则风雨不时，草木旱落，国乃有恐。行秋令，则其民大疫，飘风暴雨总至，黎莠蓬蒿竝兴。行冬令，则水潦为败，雨霜大雹，首稼不入"[①]；"仲春行秋令，则其国大水，寒气总至，寇

---

　　① 刘文典撰，冯逸、乔华点校：《淮南鸿烈集解》上，中华书局 1989 年版，第 161 页。

戎来征。行冬令，则阳气不胜，麦乃不熟，民多相残。行夏令，则其国大旱，煖气早来，虫螟为害"①，等等。把《淮南子·时则训》与先前的《吕氏春秋》十二纪纪首内容（见第一章表1—7）相比较就可以发现，两者在内容上有很多相同的地方，结构安排和思想体系基本一致。从内容上看，《时则训》比《吕氏春秋》十二纪纪首要简单，省略了一些内容；另外，相对应的部分，《时则训》也有些变化和更新，例如天象指时体系的第一句就与《吕氏春秋》不一样。在对一些具体事物的称呼和用语上也有些细微的变化。不过，总的来说，两者大体上是相同的。这些相同的部分，表明了汉代社会在处理人与自然关系方面对先秦生态思想的继承和发扬；而那些不同的部分就恰好说明了，随着时间的推移，人们生态思想的变化和发展。《淮南子》用专门的篇幅来叙述顺天时安排农业生产，这也说明了它对天时的高度重视和珍惜。另外，《淮南子》顺天时思想还表现为"以时禁发"，即在合适的时候才能对资源进行开采索取，其余时间予以封禁。有关《淮南子》"以时禁发"的探讨见后文生态环境保护部分。

3. 地宜、物宜思想

前面谈到过《淮南子》颇为重视生物与环境的关系，对环境中生态因子对生物（包括人）的影响有很多独到的论述。而地宜、物宜论，就正是生物与环境关系理论在生产实践中的实际应用。因地制宜，就是要根据土壤特性来栽种相应的适宜农作物；因物制宜，就是要根据作物的特性把它们种植到适宜的环境中去。两种理论考虑问题的角度不一样，但结果都是实现在恰当的土地上种上恰当的农作物，在农业生产中一般是同时结合使用的。《淮南子》的因地制宜内容详见表2—15。

表2—15　　　　　　　　《淮南子·墬形训》的地宜论述

水、土等生态环境	适宜的农作物及其他生物
清水	宜龟
汾水濛浊	宜麻
河水中浊	宜菽

---

① 刘文典撰，冯逸、乔华点校：《淮南鸿烈集解》上，中华书局1989年版，第163页。

续表

水、土等生态环境	适宜的农作物及其他生物
雒水轻利	宜禾
渭水多力	宜黍
汉水重安	宜竹
江水肥仁	宜稻
平土	宜五谷
东方川谷之所注，日月之所出	其地宜麦，多虎豹
南方阳气之所积，暑湿居之	其地宜稻，多兕象
西方高土，川谷出焉，日月入焉	其地宜黍，多旄犀
北方幽晦不明，天之所闭，寒水之所积	其地宜菽，多犬马
中央四达，风气之所通，雨露之所会也	其地宜禾，多牛羊及六畜

4. "三才论"生态系统思想

"三才论"思想在我国先秦时期已经出现，例如《管子》就有论述，而《吕氏春秋》更是完整地提出了传统农学上的"三才论"。《淮南子》继承和发扬了"三才论"，《主术训》说："是故人君者，上因天时，下尽地财，中用人力，是以群生遂长，五谷蕃殖。"[①]《淮南子》这句话是对统治者说的，是说君王就应该上顺天时，下尽地财，中用人力，这样万物就能顺利生长，五谷就能茂盛繁殖。"三才论"把天时、地利、人力三者看作一个整体，一个有机系统，只有三者密切配合，发挥各自的作用，才能够"群生遂长，五谷蕃殖"，这是一种生态系统思想。怎么样才能做到"上因天时，下尽地财，中用人力"呢？《主术训》篇接着叙述道："教民养育六畜，务修田畴滋植桑麻，肥硗高下，各因其宜。丘陵阪险不生五谷者，以树竹木，春伐枯槁，夏取果蓏，秋畜疏食，冬伐薪蒸，以为民资。"[②] 很明显，"务修田畴滋植桑麻，肥硗高下，各因其宜。丘陵阪险不生五谷者，以树竹木"，这是因地制宜；而"以时种树……春伐枯槁，夏取果蓏，秋畜疏食，冬伐薪蒸，以为民资"，这是顺应天时，按照季节规

---

① 刘文典撰，冯逸、乔华点校：《淮南鸿烈集解》上，中华书局 1989 年版，第 308 页。

② 同上。

律进行农业生产。而所谓"中用人力",则是要求人去完成所有这些工作,包括因地制宜地耕种,顺天时进行农业生产,等等。又,"故先王之政,四海之云至而修封疆,虾蟆鸣、燕降而达路除道,阴降百泉则桥梁,昏张中则务种谷,大火中则种黍菽,虚中则种宿麦,昴中则收敛畜积,伐薪木"①(《淮南子·主术训》),这也是典型的顺天时做事例子。再又,"故尧之治天下也,舜为司徒,契为司马,禹为司空,后稷为大田师,奚仲为工。其导万民也,水处者渔,山处者木,谷处者牧,陆处者农。地宜其事,事宜其械,械宜其用,用宜其人"②(《淮南子·齐俗训》),这里体现了典型的地宜、物宜、事宜三者相结合的思想。"人"是"天—地—人"这个系统中具有主动能力的核心力量,要通过人力把这个生态系统维护好。有关《淮南子》的顺天时、因地宜进行农业生产的思想,详见前面有关部分的论述;有关"以时禁发"的顺天时内容详见下面的生态环境保护部分。

四　生态保护思想

1. 提倡节俭,适度消费

《淮南子》主张生活节俭,适度消费生活资料。《淮南子》要求作为帝王的人君首先作出表率,过俭约的生活,"君人之道,处静以修身,俭约以率下。……俭则民不怨矣"③(《淮南子·主术训》)。接着,《淮南子》描绘了作为万世师表的尧帝的简朴生活情景,以供后来者学习。《淮南子·主术训》云:"尧之有天下也,非贪万民之富而安人主之位也,以为百姓力征,强凌弱,众暴寡,于是尧乃身服节俭之行,而明相爱之仁,以和辑之。是故茅茨不翦,采椽不斫,大路不画,越席不缘,大羹不和,粢食不毇,巡狩行教,勤劳天下,周流五岳。"④尧作为天下的帝王,不贪图万民的财富,亲自带头实行节俭,他住的房子是茅草盖顶、不加修剪,用不加砍斫的栎木为椽;乘坐的大车不画花纹,编结的垫席不修边缘;吃的肉汁不调五味,祭祀的饭食不用细粮。中国古代社会,人们的传统思想意识里总是认为古

① 刘文典撰,冯逸、乔华点校:《淮南鸿烈集解》上,中华书局1989年版,第309页。
② 同上书,第351页。
③ 同上书,第298页。
④ 同上书,第290页。

代的是好的，是供今天效法学习的对象。《淮南子·本经训》叙述了作为楷模的古代节俭的名堂之制，以供天下民众下效仿，"是故古者明堂之制，下之润湿弗能及，上之雾露弗能入，四方之风弗能袭，土事不文，木工不斲，金器不镂，衣无隅差之削，冠无觚嬴之理，堂大足以周旋理文，静洁足以享上帝，礼鬼神，以示民知俭节"①。明堂，原注是，"王者布政之堂。上圆下方，堂四出，各有左右房，谓之个，凡十二所。王者月居其房，告朔朝历，颁宣其令，谓之明堂。其中可以序昭穆，谓之太庙。其上可以望氛祥，书云物，谓之灵台"。可见，明堂是帝王发布政令，是帝王与朝中大臣讨论国家大事的地方，是国家权力中心，是国家的象征和代表。而就是这个具有至高无上地位的"明堂"，却是朴实无华，节俭实用，向天下民众表率着俭约美德。《淮南子·主术训》也描述了明堂的简约："明堂之制，有盖而无四方，风雨不能袭，寒暑不能伤。"② 关于提倡节俭的论述还有，"廉俭守节，则地生之财"③（《淮南子·主术训》），"恭俭尊让者，礼之为也"④（《淮南子·泰族训》），等等。

　　不过话又说回来，《淮南子》提倡的是节俭、适度消费，"通乎侈俭之适"，并不是吝啬。《淮南子·齐俗训》对此有明确的论述："古者，非不能陈钟鼓，盛管箫，扬干戚，奋羽旄，以为费财乱政，制乐足以合欢宣意而已，喜不羡于音。非不能竭国麋民，虚府殚财，含珠鳞施，纶组节束，追送死也，以为穷民绝业而无益于槁骨腐肉也，故葬薶足以收敛盖藏而已。昔舜葬苍梧，市不变其肆；禹葬会稽之山，农不易其亩；明乎生死之分，通乎侈俭之适者也。"⑤ 从这里的论述，我们可以看出，"制乐"的"适度"标准是"足以合欢宣意"，"葬薶"的花费标准是"足以收敛盖藏"，反对"费财乱政"、"竭国麋民，虚府殚财"，要"通乎侈俭之适"，即明白奢侈俭朴应当适度。其实，在上文的"明堂之制"的叙述中也是暗含着适度标准的，即要达到"下之润湿弗能及，上之雾露弗能入，四方之风弗能袭"，以及"风雨不能袭，寒暑不能伤"等要求，无华但是实

---

① 刘文典撰，冯逸、乔华点校：《淮南鸿烈集解》上，中华书局 1989 年版，第 264—265 页。
② 同上书，第 271 页。
③ 同上书，第 282 页。
④ 刘文典撰，冯逸、乔华点校：《淮南鸿烈集解》下，中华书局 1989 年版，第 674 页。
⑤ 刘文典撰，冯逸、乔华点校：《淮南鸿烈集解》上，中华书局 1989 年版，第 356—357 页。

用，简约但不寒碜。在《汜论训》篇，《淮南子》提出了要以“道术度量”和约束自己的消费欲望，“自当以道术度量，食充虚，衣御寒，则足以养七尺之形矣。若无道术度量而以自俭约，则万乘之势不足以为尊，天下之富不足以为乐矣”①。建立一种适度消费观十分重要，在物质资料上，吃饱穿暖就可以了，应当在精神上有更高的追求；如果放任人的物质欲望随意发展，恐怕拥有全天下的财富也不会感到满足。从人与自然的关系看，提倡节俭、适度消费是建立人与自然和谐发展关系的必备条件之一，对生态环境、对自然界中的物质资源都是具有保护作用的。节俭的反面就是奢侈浪费，人类所消费的物质资源归根结底都是来源于自然界，如果过分奢侈浪费，必然会向自然界过度索取，导致各种资源枯竭、生态环境被破坏。

2. 反对过度奢侈，反对滥用和毁坏自然资源

《淮南子》是非常反对过度奢侈浪费的，这在《本经训》篇有明确的体现。《本经训》原题解说：“本，始也。经，常也。本经造化处于道，治乱之由，得失有常，故曰《本经》，因以题篇。”② 可见本篇是讨论有关治国安邦的根本性原则的，将反对过度奢侈浪费作为平治天下的根本大计，足见《淮南子》对奢侈浪费反对之强烈。《淮南子·本经训》说：“凡乱之所由生者，皆在流遁。”③流遁的原注是，流，放也；遁，逸也。用今天的话讲就是放纵欲望过分追求物质享受。即，凡是祸乱产生的根源，都是由于过分贪图物质享受而丧失了本性。接着，《本经训》讲了贪图物质享受而导致祸乱产生的五个方面：

> 流遁之所生者五：大构驾，兴宫室，延楼栈道，鸡栖井干，标林欂栌，以相支持，木巧之饰，盘纡刻俨，赢镂雕琢，诡文回波，淌游瀷淢，菱杼紾抱，芒繁乱泽，巧伪纷挐，以相摧错，此遁于木也。凿污池之深，肆畛崖之远，来溪谷之流，饰曲岸之际，积牒旋石，以纯修碕，抑淢怒濑，以扬激波，曲拂邅回，以像湡、浯，益树莲菱，以

① 刘文典撰，冯逸、乔华点校：《淮南鸿烈集解》上，中华书局1989年版，第457页。

② 同上书，第244页。

③ 同上书，第261页。

> 食鳖鱼，鸿鹄鹔鷞，稻粱饶余，龙舟鹢首，浮吹以娱，此遁于水也。高筑城郭，设树险阻，崇台榭之隆，侈苑囿之大，以穷要妙之望，魏阙之高，上际青云，大厦曾加，拟于昆仑，修为墙垣，甬道相连，残高增下，积土为山，接径历远，直道夷险，终日驰骛，而无迹蹈之患，此遁于土也。大钟鼎，美重器，华虫疏镂，以相缪纱，寝兕伏虎，蟠龙连组，焜昱错眩，照耀辉煌，偃蹇寥纠，曲成文章，雕琢之饰，锻锡文铙，乍晦乍明，抑微灭瑕，霜文沈居，若簟籧篨，缠锦经穴，似数而疏，此遁于金也。煎熬焚炙，调齐和之适，以穷荆、吴甘酸之变，焚林而猎，烧燎大木，鼓橐吹埵，以销铜铁，靡流坚锻，无猒足目，山无峻干，林无柘梓，燎木以为炭，燔草而为灰，野莽白素，不得其时，上掩天光，下殄地财，此遁于火也。此五者一，足以亡天下矣。①

《淮南子》归纳的导致祸乱的各个方面分别是：遁于水、遁于土、遁于金和遁于火。毫无疑问，统治阶级如此穷奢极欲地追求物质享受，是要耗费大量的人力物力的，是会给人民大众加上沉重负担的，是会扰乱社会生产、导致社会混乱的。因此，《淮南子》把这种穷奢极欲当作天下大乱的根源，认为只要具备了这五个方面中的一个就会导致天下灭亡，“此五者一，足以亡天下矣”。

我们再来看，这样无节制地贪图享受会对自然资源和生态环境造成什么样的影响。“焚林而猎，烧燎大木，鼓橐吹埵，以销铜铁，靡流坚锻”，即焚烧山林去打猎，烧掉巨大的树木，鼓起风箱吹火来熔化铜铁，铁水奔流。这样做对自然界造成的后果就是，山上没有了高大的树木，林中不见了新发的幼苗，“山无峻干，林无柘梓”。由于到处烧木为炭，燃草成灰，导致了野地里被烧得光秃秃一片，草木不能按时令生长，这样做是烧尽了大地的财物，“燎木以为炭，燔草而为灰，野莽白素，不得其时……下殄地财”。很明显，这样穷奢极欲地消费会造成资源枯竭，也会严重破坏人们赖以生存的生态环境。

---

① 刘文典撰，冯逸、乔华点校：《淮南鸿烈集解》上，中华书局 1989 年版，第 261—264 页。

　　《淮南子》是非常反对过度奢侈和非常反对滥用、毁坏自然资源的，将那种穷奢极欲的社会称为"衰世"，即衰败之世。《淮南子·本经训》说："逮至衰世，镌山石，鍥金玉，擿蚌蜃，消铜铁，而万物不滋。剖胎杀夭，麒麟不游，覆巢毁卵，凤凰不翔……焚林而田，竭泽而渔……而万物不繁兆，萌牙卵胎而不成者，处之太半矣。"① 即到了衰败之世，统治者开山凿石采金取玉，雕刻金玉做饰品，挑开蚌蛤采取珍珠，熔化铜铁制造器具，使自然资源过度消耗而不得繁衍。他们剖开兽胎，杀死幼兽，麒麟不再遨游；倾覆鸟巢、毁坏鸟卵，凤凰不再来飞翔。焚烧山林来田猎，排干水泽来捕鱼，使得万物都不能繁衍，草木萌芽、禽鸟孵卵、兽类怀胎等新生命不能成活的情况有一大半。很显然，这种对自然资源的过度索取和对生态环境的破坏是会导致生态灾难的，是不可持续发展的，《淮南子》就预言了这样做的灾难性后果。《淮南子·本经训》接着说："阴阳缪戾，四时失叙，雷霆毁折，雹霰降虐，氛雾霜雪不霁，而万物燋夭。……是以松柏箘露夏槁，江、河、三川绝而不流，夷羊在牧，飞蛩满野，天旱地坼，凤皇不下，句爪、居牙、戴角、出距之兽于是鸷矣。民之专室蓬庐，无所归宿，冻饿饥寒死者，相枕席也。"② 人们对生态环境的破坏会导致各种自然灾害，如四时失序，雷霆折毁万物，雹霰降落成灾，大雾弥漫霜雪不止，进而使万物枯萎死亡。还会使松柏竹子在盛夏枯死，使长江、黄河等江河干涸断流，蝗虫遮天盖地，天旱地裂；凤凰不翔临，长着勾爪、尖牙、长角、距趾的凶禽猛兽却到处逞凶作恶。人类是依靠自然环境而生存的，当然，当生态环境被破坏得如此严重的时候，人类也就无法存活了，也就像《淮南子》所描绘的一样：人们就挤在简陋狭窄的茅屋里，无家可归，冻死饿死的互相枕藉，"民之专室蓬庐，无所归宿，冻饿饥寒死者，相枕席也"。从生态学的视角看，人与生态环境是一个不可分割的整体，破坏、毁灭生态环境就是在毁灭我们自己，从上面的分析可以看出，《淮南子》已经深刻地体会和认识到了这一点。因此，《淮南子》主张可持续

---

　　① 刘文典撰，冯逸、乔华点校：《淮南鸿烈集解》上，中华书局1989年版，第245—246页。

　　② 同上书，第246—249页。

地利用自然资源，主张制定各种法令制度来维护人与自然之间的和谐关系，使人类社会可持续发展。《淮南子》中有关可持续发展思想和生态环境保护法令的内容见下面的分析。

3. 可持续发展思想，保护生态环境的法令制度

可持续发展是既满足当代人的需求，又不对后代人满足其需求的能力构成危害的发展，它既要求人类社会向前发展，又要求保护好人类赖以生存的大气、淡水、海洋、土地和森林等自然资源和环境，使人类能够永续发展和安居乐业。《淮南子》有浓厚的可持续发展思想，体现为保护和加强生态环境的生产和更新能力，对自然资源的索取不超过生态环境系统的更新能力。《淮南子·人间训》说："焚林而猎，愈多得兽，后必无兽。……吾岂可以先一时之权，而后万世之利也哉！"[1] 烧毁山林来打猎，虽然暂时能得到很多野兽，但最终会导致无兽可猎；怎么能只重视一时的权宜之计，而轻视长远利益呢？可见，《淮南子》主张的是一种当代与未来并重的可持续发展思想。

为了实现自然的可持续利用，《淮南子》主张建立保护生态环境的法令制度，"故先王之法，畋不掩群，不取麛夭，不涸泽而渔，不焚林而猎。豺未祭兽，罝罦不得布于野；獭未祭鱼，网罟不得入于水；鹰隼未挚，罗网不得张于溪谷；草木未落，斤斧不得入山林；昆虫未蛰，不得以火烧田。孕育不得杀，鷇卵不得探，鱼不长尺不得取，彘不期年不得食。是故草木之发若蒸气，禽兽之归若流泉，飞鸟之归若烟云，有所以致之也"[2]（《淮南子·主术训》）。在我国古代传统社会里，人们一般认为越是古远的就越是完善和美好的，因此时间上更为古远的先王之法就成了当时的统治者学习和效法的典范。这里，一方面，体现了《淮南子》借人们的崇古心理来推行自己的政治主张；另一方面也体现了《淮南子》对先前生态环保思想的继承和发扬。《淮南子》这里主张的生态环保法令，归纳起来主要是通过这几个方面来实现可持续发展的：一是适度索取。适度索取自然资源，使其可被人类持续永久利用是"先王之法"环保思想的一个主要方面。"畋不掩群……不涸泽而渔，不焚林而猎"说的就是这

---

① 刘文典撰，冯逸、乔华点校：《淮南鸿烈集解》下，中华书局1989年版，第603页。
② 刘文典撰，冯逸、乔华点校：《淮南鸿烈集解》上，中华书局1989年版，第308—309页。

一方面，打猎不准捕尽兽群，不准排干水泽来捕鱼，不准烧毁山林来打猎。这样做的目的就是为了"对自然资源的索取不超过生态环境系统的更新能力"，以便可以永续利用；二是"以时禁发"思想。要在可再生的动植物资源生长成熟，达到它们的最大值后才予以采取，其他时间都封禁，这样可以增加生态系统供给人类的物质数量。"豺未祭兽，罝罦不得布于野；獭未祭鱼，网罟不得入于水；鹰隼未挚，罗网不得张于溪谷；草木未落，斤斧不得入山林"说的就是这一方面，"昆虫未蛰，不得以火烧田"也是为了保护自然界的各种冬眠生物；三是不准捕杀怀孕期及幼小生物。这无疑对于增加生态系统的产能和维护生态平衡都是十分重要的。"不取麛夭……孕育不得杀，鷇卵不得探，鱼不长尺不得取，彘不期年不得食"，说的就是这一方面。由此可见，《淮南子》所主张的生态环保法令是考虑得比较全面，对自然生态环境是能够起到很好的保护作用的，而且也是有利于人们可持续性地获得更多的自然资源的。难怪，《淮南子》的作者在叙述完这些后就立刻总结道，"是故草木之发若蒸气，禽兽之归若流泉，飞鸟之归若烟云，有所以致之也"。这个总结是很恰当的，以这种可持续性发展的方式来利用自然资源，是可以实现人与自然间的和谐发展的。

此外，《淮南子·泰族训》还说："原蚕一岁再收，非不利也，然而王法禁之者，为其残桑也。"[1] 虽然一年两收的蚕会提高蚕丝的产量，但是会损害桑树，因此是不可取的，这是在保护桑树以便实现桑蚕的可持续性生产。《淮南子·兵略训》也讲："兵至其郊，乃令军师曰：'毋伐树木！'"[2] 即使在战争中也不忘保护树木，由此可见，《淮南子》是非常重视保护生态环境的。

在《时则训》篇，《淮南子》的作者把生态保护思想与每个月的时令结合起来，使其具有可操作性，从而成为了当时社会生活的法令制度。《时则训》叙述的生态保护制度，具体展现了"以时禁发"、勿伤怀孕期及幼小生物的生态保护思想。有关《时则训》的生态保护制度详如表2—16所示。

---

[1]　刘文典撰，冯逸、乔华点校：《淮南鸿烈集解》下，中华书局1989年版，第696—697页。
[2]　同上书，第491页。

表 2—16　　　　　　《淮南子·时则训》叙述的生态保护措施

月份	禁止的事情	允许或必做的事情
孟春	禁伐木，毋覆巢、杀胎夭，毋麛，毋卵	牺牲用牡
仲春	毋竭川泽，毋漉陂池，毋焚山林，祭不用牺牲，用圭璧，更皮币	
季春	田猎毕弋，罝罦罗网，餧毒之药，毋出九门。乃禁野虞，毋伐桑柘	
孟夏	毋兴土功，毋伐大树	
仲夏	禁民无刈蓝以染，毋烧灰	
季夏	是月也，树木方盛，勿敢斩伐	乃命渔人，伐蛟取鼍，登龟取鼋。令潎人，入材苇。命四监大夫，令百县之秩刍以养牺牲
孟秋		
仲秋		趣民收敛畜采，多积聚，劝种宿麦，若或失时，行罪无疑
季秋		田猎；草木黄落，乃伐薪为炭
孟冬		
仲冬		山林薮泽，有能取疏食、田猎禽兽者，野虞教导之。水泉动则伐树木，取竹箭
季冬		命渔师始渔；命四监，收秩薪

　　由表 2—16 可以清楚地看出，在万物孕育和生长的春季和夏季，对于自然界的动植物等可再生资源都是予以封禁的，是"保护和加强生态环境的生产和更新能力"的具体体现。到了秋冬季，等这些动植物资源都发育生长成熟后才取用，这样的"以时禁发"制度相比随时任意采取的制度而言能有效地提高自然资源的获取量，丰富人们的物质财富。

　　从时间的纵向维度看，《淮南子》的自然资源利用观和生态保护思想在先秦时期已经有充分的展现，如《吕氏春秋》、《礼记》、《孟子》、《荀子》、《管子》等先秦典籍都记载有类似的内容（有关内容可参看本书先秦生态思想的分析部分）。这说明了汉代社会对先秦生态思想的继承和发扬，表明了在我国传统社会人们对人与自然关系的认识是一脉相承的。这些生态思想是我国先民在处理人与自然关系中得到的宝贵经验，是勤劳的中华民族的智慧结晶。这些闪光的生态智慧曾经保护和指导着我国的传统社会向人与自然和谐相处、人与自然共同进化的美好道路上前进，是中华文明曾经傲立世界的法宝之一，是祖先留给我们今人的宝贵财富。在今天，这些生态保护措施仍然具有重要的借鉴和启示意义。

第四节　董仲舒的生态思想

董仲舒（公元前179—前104年）[①]，汉代哲学家、思想家和政治家，广川人（今河北景县）。在中国思想史乃至文化史上，董仲舒可以称得上是一位时代界标式人物。[②] 我们知道，春秋战国时期的思想界是诸子并起，百家争鸣；历经秦代短暂统一的法家治国，到汉朝初年，虽然文、景帝崇尚道家的无为之治，但社会上的各个学派争鸣之势早已复兴。元光元年（前134年），汉武帝下诏征求治国方略，董仲舒在其著名的《举贤良对策》（又称《天人三策》）中系统地提出了"天人感应"、"大一统"学说和"罢黜百家，独尊儒术"的主张。此主张得到汉武帝的推崇和采纳，孔孟儒学从此便从诸子百家中凸显出来，跃居独尊的地位，成为了此后几千年里中华民族传统精神的主干。另外，董仲舒吸收先秦诸子的正确思想，融入儒学体系，形成适应中国中央集权制度的新儒学——经学。董仲舒成为经学大师，"为群儒首"。他的思想成为汉代的统治思想，影响中国政治达两千年。[③]

关于董仲舒的著作，《汉书·董仲舒传》记载，"仲舒所著，皆明经术之意，及上疏条教，凡百二十三篇。而说《春秋》事得失，《闻举》、《玉杯》、《蕃露》、《清明》、《竹林》之属，复数十篇，十余万言，皆传

---

① 董仲舒的确切生卒年目前还没有定论，学界有多种说法，清代著名学者苏舆在他的《春秋繁露义证·董子年表》对董仲舒的生卒年进行了推算，姑且从之。

② 邓红：《董仲舒的春秋公羊学》，中国工人出版社2001年版，"序"第2页。

③ 周桂钿：《董仲舒评传——独尊儒术 奠定汉魂》，广西教育出版社1995年版，"前言"第1页。

于后世"①。《汉书·艺文志》则记载了董仲舒的两种著作："《公羊董仲舒治狱》十六篇"② 和 "《董仲舒》百二十三篇"③。可见，董仲舒的著作甚丰，可惜时至今日大多佚亡。今天所能见到的董仲舒的著作主要是《春秋繁露》和保存在《汉书·董仲舒传》中的《举贤良对策》，以及《汉书·食货志》中的两项上书，《汉书·五行志》中的论灾异，《汉书·匈奴传》中的论匈奴。此外，还有唐代人编的《古文苑》收录董仲舒的《雨雹对》、《诣丞相公孙弘记室书》、《士不遇赋》等（唐欧阳询等编纂《艺文类聚》中也收录有《士不遇赋》）。而有关董仲舒的传记资料则主要是《史记·儒林列传》和《汉书·董仲舒传》。

　　虽然董仲舒的思想理论主要是为社会政治服务的，但是，董仲舒是一位划时代的大哲学家，他的思想内容包罗万象，其中有一部分就论及人与自然关系。这些有关人与自然关系的生态思想，有不少闪烁着耀眼的智慧光芒，能为解决今天的生态危机提供借鉴和参考。

一　天生养万物，天为至尊

　　董仲舒认为，天是最高的神，世间万物（包括人）都是由上天创造和养育的。天产生和养育万物，无私且平等地对待他们。《汉书·董仲舒传》记载董仲舒的话："天者群物之祖也，故遍覆包函而无所殊，建日月风雨以和之，经阴阳寒暑以寒之。"④ 又，《春秋繁露·王道通三》曰："天覆育万物，既化而生之，有养而成之，事功无已，终而复始。"⑤ 再又，《春秋繁露·顺命》曰："父者，子之天也；天者，父之天也。无天而生，未之有也。天者，万物之祖，万物非天不生。"⑥ 再又，《春秋繁露·观德》曰："天地者，万物之本，先祖之所出。"⑦ 万物是由天所产生，人也一样，也是由天所产生的。《春秋繁露·为人者天》说："为生

---

①　（汉）班固：《汉书》中，上海古籍出版社 2003 年版，第 1780 页。

②　同上书，第 1183 页。

③　同上书，第 1192 页。

④　（汉）班固：《汉书 中》，上海古籍出版社 2003 年版，第 1771—1772 页。

⑤　（汉）董仲舒著，阎丽译注：《董子春秋繁露译注》，黑龙江人民出版社 2003 年版，第 199 页。

⑥　同上书，第 268 页。

⑦　同上书，第 162 页。

不能为人，为人者天也。人之为人本于天，天亦人之曾祖父也，此人之所以乃上类天也。"①

正因为包括人在内的万事万物都是由上天创造和养育的，所以天是最尊贵的神。《春秋繁露·离合根》说："天高其位而下其施，藏其形而见其光。高其位，所以为尊也。下其施，所以为仁也。藏其形，所以为神。见其光，所以为明。故位尊而施仁，藏神而见光者，天之行也。"②《春秋繁露·郊义》说："天者，百神之君也，王者之所最尊也。"③ 又，《春秋繁露·郊语》说："天者，百神之大君也。事天不备，虽百神犹无益也。何以言其然也？祭而地神者，《春秋》讥之，孔子曰：'获罪于天，无所祷也。'"④ 天，是诸神的最高君王；如果服侍上天不周备，即使是祭祀各种神灵也没有益处。为什么这样说呢，（不祭祀天）而只祭祀地神，《春秋》就指责过；孔子说过，得罪了上天，就没有什么可以祈祷的对象了。地，则是辅佐天来养育万物的，是"天之合"，其地位仅次于天。《春秋繁露·阳尊阴卑》说道："地事天也，犹下之事上也；地，天之合也。"⑤ 尊天、敬天、畏天是儒家的一贯传统，儒家祖师孔子就曾说过，"唯天为大，唯尧则之"，以及"畏天命，畏大人，畏圣人之言"等，这些也都被董仲舒继承和发扬。天是最高的神，是最尊贵的，因此人们要用最尊敬的礼节来祭祀他。《春秋繁露·郊义》记载："以最尊天之故，故易始岁更纪，即以其初郊。郊必以正月上辛者，言以所最尊，首一岁之事。每更纪者以郊，郊祭首之，先贵之义，尊天之道也。"⑥ 即使国家有大的丧事，宗庙的祭祀停止了也不能停止郊祭（祭天），以此来表现人们对上天的敬畏。《春秋繁露·郊祭》说："国有大丧者，止宗庙之祭，而不止郊祭，不敢以父母之丧，废事天地之礼也。父母之丧，至哀痛悲苦也，尚不敢废郊也，孰足以废郊者？故其在礼，亦曰：'丧者不祭，唯祭天为越丧而行

① （汉）董仲舒著，阎丽译注：《董子春秋繁露译注》，黑龙江人民出版社 2003 年版，第 188页。

② 同上书，第 93 页。

③ 同上书，第 260 页。

④ 同上书，第 255—256 页。

⑤ 同上书，第 195 页。

⑥ 同上书，第 260 页。

事.'夫古之畏敬天而重天郊,如此甚也。"① 而且,对天的祭祀是由人间最尊贵的天子进行,王公诸侯只能祭祀江山社稷。《春秋繁露·王道》说:"《春秋》立义,天子祭天地,诸侯祭社稷,诸山川不在封内不祭。"② 又,《春秋繁露·五行顺逆》:"天子祭天,诸侯祭土。"③ 由此可见,天在古代中国人的心中拥有至高无上的地位,而人们对天的敬畏也是最高程度的。

二 人为天下贵,天人相类

董仲舒一如既往地发扬着儒家的人本主义思想,在人与自然界万物的伦理地位比较中,认为人是世间最尊贵的,超然于万物之上,其地位仅次于天和地。《春秋繁露·天地阴阳》曰:"圣人何其贵者?起于天,至于人而毕。毕之外谓之物,物者投其所贵之端,而不在其中。以此见人之超然万物之上,而最为天下贵也。人下长万物,上参天地。"④ 学者阎丽认为此句开头"圣"字为衍文,应为"人何其贵者"。笔者认为这种说法在理,因为后面的句子都是说"人",而无圣字,去"圣"字后上下文意思更通顺。人类为什么可贵呢?因为他起于天,到人而结束。在这之外叫作物,物在人们所贵重的行列,但不在人类本身当中。由此可见,人类超然在万物之上,是天下最为尊贵的。人类往下可以辅助万物生长,往上可与天地并列。《汉书董·仲舒传》记载的董仲舒的《举贤良对策》也说:"人受命于天,固超然异于群生,人有父子兄弟之亲,出有君臣上下之谊,会聚相遇,则有耆老长幼之施;粲然有文以相接,欢然有恩以相爱,此人之所以贵也。生五谷以食之,桑麻以衣之,六畜以养之,服牛乘马,圈豹槛虎,是其得天之灵,贵于物也。故孔子曰:'天地之性人为贵。'"⑤ 人贵于万物,是因为人受命于天,人有亲情、礼仪、恩爱,以及人得天之灵,懂得蓄养利用万物。再又,《春秋繁露·人副天数》说:"莫精于气,

---

① （汉）董仲舒著,阎丽译注:《董子春秋繁露译注》,黑龙江人民出版社2003年版,第261页。

② 同上书,第57页。

③ 同上书,第243页。

④ 同上书,第314页。

⑤ （汉）班固:《汉书》中,上海古籍出版社2003年版,第1772—1773页。

莫富于地，莫神于天。天地之精所以生物者，莫贵于人。"① "仁"与"智"是人们学习修炼以渴望达到的最高道德品行与能力目标，这两个目标一个是爱护人类；另一个是为人类除去灾害。《春秋繁露·必仁且智》说："莫近于仁，莫急于智。……故仁者所爱人类也，智者所以除其害也。"②

而且，董仲舒认为，天地产生的其他万事万物都是为了供养人类的，有些是用来满足人类需要，养人类身体的；有些是用来增加人们威严，作人类服饰的，且礼仪就是这样兴起的。《春秋繁露·服制像》说："天地之生万物也以养人，故其可食者以养身体，其可威者以为容服，礼之所为兴也。"③ 而且，上天对人类的考虑是很周全的，当群物枯死的时候，还会特别产生一些可食可用之物以供给人类，"当物之大枯之时，群物皆死，如此物独生。其可食者，益食之，天为之利人，独代生之；其不可食，益畜之，天愍州华之间，故生宿麦，中岁而熟之"④（《春秋繁露·循天之道》）。可见，尊重和爱护人类自身是董仲舒有关人与自然关系思想的主要内容之一，董仲舒无疑是汉代的人本主义大师。

董仲舒认为人的形体构造是与天相类似的，或者说是上天依照自身的特点创造了人类，而这也是人类超然于万物之上，为天下最贵的原因之一。《春秋繁露·人副天数》说："人有三百六十节，偶天之数也；形体骨肉，偶地之厚也；上有耳目聪明，日月之象也；体有空窍理脉，川谷之象也；心有哀乐喜怒，神气之类也。观人之体一，何高物之甚，而类于天也。……人之绝于物而参天地。是故人之身，首妾而员，象天容也；发，象星辰也；耳目戻戻，象日月也；鼻口呼吸，象风气也；胸中达知，象神明也；腹胞实虚，象百物也。百物者最近地，故要以下，地也。天地之象，以要为带。颈以上者，精神尊严，明天类之状也；颈而下者，丰厚卑

---

① （汉）董仲舒著，阎丽译注：《董子春秋繁露译注》，黑龙江人民出版社2003年版，第228页。

② 同上书，第152—1153页。

③ 同上书，第85页。

④ 同上书，第295页。

辱，土壤之比也。足布而方，地形之象也。"① 人为什么高于万物呢？因为人的形体构造"类于天也"。上天依照自己的特性创造了人类，不仅体现在人的身体结构上类似上天，而且人的血气、德行、好恶、喜怒哀乐等都与天的相应特征类似；总之，人的身体就好像一个具体而微的小天地。《春秋繁露·为人者天》云："人之人本于天，天亦人之曾祖父也。此人之所以乃上类天也。人之形体，化天数而成；人之血气，化天志而仁；人之德行，化天理而义。人之好恶，化天之暖清；人之喜怒，化天之寒暑；人之受命，化天之四时。人生有喜怒哀乐之答，春秋冬夏之类也。喜，春之答也；怒，秋之答也；乐，夏之答也；哀，冬之答也。天之副在乎人，人之情性有由天者矣。"② 人的生长发育、生理活动、行为等也是类天，《春秋繁露·阳尊阴卑》说："天之大数，毕于十旬。旬天地之间，十而毕举；旬生长之功，十而毕成。十者，天数之所止也。……阳气以正月始出于地，生育长养于上。至其功必成也，而积十月。人亦十月而生，合于天数也。是故天道十月而成，人亦十月而成，合于天道也。"③ 又，《春秋繁露·人副天数》说："乍视乍瞑，副昼夜也；乍刚乍柔，副冬夏也；乍哀乍乐，副阴阳也；心有计虑，副度数也；行有伦理，副天地也。"④ 阴阳是天地的运行规律，"天地之常，一阴一阳。阳者，天之德也，阴者，天之刑也"⑤（《春秋繁露·阴阳义》）。而人类也正是以阴阳规律为指导生活发展的。首先是人类的身体本身就有阴阳之性，腰带以上部分属阳，腰带以下部分属阴，"带以上者，尽为阳，带而下者，尽为阴，各其分"⑥（《春秋繁露·人副天数》）；其次，人类的男女二性，也正是类于天地间的阴阳二气，男性类于阳气，女性类于阴气。《春秋繁露·阳尊阴卑》说："丈夫虽贱皆为阳，妇人虽贵皆为阴。"⑦ 再次，人类的各种伦理等级也是偶合阴阳而来的，"阴者阳之合，妻者夫之合，子者父之合，臣者君

---

① （汉）董仲舒著，阎丽译注：《董子春秋繁露译注》，黑龙江人民出版社 2003 年版，第 228 页。

② 同上书，第 188 页。

③ 同上书，第 194 页。

④ 同上书，第 228 页。

⑤ 同上书，第 213 页。

⑥ 同上书，第 228 页。

⑦ 同上书，第 194 页。

之合，物莫无合，而合各相阴阳。……君臣、父子、夫妇之义，皆取诸阴阳之道。君为阳，臣为阴；父为阳，子为阴；夫为阳，妻为阴"①（《春秋繁露·基义》）。最后，人类社会的官制也是相类于天，"王者制官，三公、九卿、二十七大夫、八十一元士，凡百二十人，而列臣备矣。……三人而为一选，仪于三月而为一时也。四选而止，仪于四时而终也。……天有四时，每一时有三月，三四十二，十二月相受而岁数终矣。官有四选，每一选有三人，三四十二，十二臣相参而事治行矣。以此见天之数，人之形，官之制，相参相得也。人之与天，多此类者"②（《春秋繁露·官制象天》）。

　　因为人与天是相类的，人是具体而微的天，所以人类的尊卑地位是仅次于天地之后，远高于万物的，人类是与天地并列的。《春秋繁露·立元神》说："何谓本？曰：天、地、人，万物之本也。天生之，地养之，人成之。天生之以孝悌，地养之以衣食，人成之以礼乐。三者相为手足，合以成体，不可一无也。"③一方面，这里说明了人类的地位是超然于万物之上，是可与天地相提并论的；另一方面，这里也充分体现了董仲舒的人本主义思想，除了最高的神——"天"和其辅助者"地"以外，人类就是这天下的根本，是万物的管理和统治者。同时，这句话也表明了，人与天地、万物是一个有机的整体，是一个巨型生态系统，只有天、地、人三者和睦相处，"相为手足，合以成体"，才能使包括人类在内的自然万物和谐地向前进化发展。《春秋繁露》还有几处将人类与天、地相提并论的说法，例如，《春秋繁露·人副天数》说："天德施，地德化，人德义。天气上，地气下，人气在其间。"④又，《春秋繁露·天道施》说："天道施，地道化，人道义。"⑤

　　董仲舒的天人相类理论既为他的人本主义思想作了有力的理论支持，论证了人类是天下最尊贵的，也为他的天人相通、天人感应和天人合一理

---

　　①　（汉）董仲舒著，阎丽译注：《董子春秋繁露译注》，黑龙江人民出版社2003年版，第222页。

　　②　同上书，第124—125页。

　　③　同上书，第95页。

　　④　同上书，第228页。

　　⑤　同上书，第318页。

论铺垫了理论基础。

三 天人相通,天人感应,天人合一

董仲舒认为天与人是相类似的,而同类事物之间是相通相应的,所以天与人是相通的,是可以互相感应的。《春秋繁露·同类相动》说:"百物去其所与异,而从其所与同。故气同则会,声比则应。……美事召美类,恶事召恶类,类之相应而起也,如马鸣则马应之,牛鸣则牛应之。……物故以类相召也。"① 同类事物是会汇聚到一块的,而且同类之间是相通的,能够互相感应,就犹如"马鸣则马应之,牛鸣则牛应之"一样。而人类是上天模仿自己所创造的,人类类于天,因此人与天也是相通的,是可以互相感应的。《春秋繁露·同类相动》接着说:"天将阴雨,人之病故为之先动,是阴相应而起也。天将欲阴雨,又使人欲睡卧者,阴气也。……阳益阳而阴益阴,阴阳之气因可以类相益损也。天有阴阳,人亦有阴阳。天地之阴气起,而人之阴气应之而起,人之阴气起,而天地之阴气亦宜应之而起,其道一也。"② 天将阴雨,而人为之生病,为之欲昏睡,这是人对天的感应;反过来,人类的阴阳属性也能对上天有影响,能够让上天感应到,因此天与人是相通的,是互相感应的。《春秋繁露·人副天数》也说:"阳,天气也;阴,地气也。故阴阳之动,使人足病,喉痹起,则地气上为云雨,而象亦应之也。天地之符,阴阳之副,常设于身,身犹天也,数与之相参,故命与之相连也。"③ 这就明确指出了人的身体是类似于天的,"身犹天也",人类是与上天相通的,相互感应的,"命与之相连也"。天人相通与天人感应理论是董仲舒应对求雨、止雨等抗击自然灾害的理论依据。《春秋繁露·求雨》:"凡求雨之大体,丈夫欲藏匿,女子欲和而乐。"④ 丈夫属阳,女子属阴,"丈夫欲藏匿,女子欲和而乐"是为了增加阴气而感应天地之阴气,从而使天降大雨。而止雨则刚好相反,《春秋繁露·止雨》:"凡止雨之大体,女子欲其藏而匿也,丈

---

① (汉)董仲舒著,阎丽译注:《董子春秋繁露译注》,黑龙江人民出版社 2003 年版,第 231 页。

② 同上书,第 231 页。

③ 同上书,第 228 页。

④ 同上书,第 282 页。

夫欲其和而乐也，开阳而闭阴……止雨之礼，废阴起阳。"①

　　董仲舒还认为天与人是合而为一的，而且这个天人合一理论包括好几个层面上的合一。首先是从类型构造上看，董仲舒认为人类是上天依照自己的形体创造的，人类的身体构造与天相同，在类型上是天人合一。《春秋繁露·阴阳义》："天之道以三时成生，以一时丧死。死之者，谓百物枯落也；丧之者，谓阴气悲哀也。天亦有喜怒之气、哀乐之心，与人相副，以类合之，天人一也。"② 其次是人们的生活应当依循天道来养生，做到天人合一。《春秋繁露·循天之道》说："循天之道以养其身，谓之道也。……男女之法，法阴与阳……天地之气，不致盛满，不交阴阳；是故君子甚爱气而游于房，以体天也。气不伤于以盛通，而伤于不时、天并。不与阴阳俱往来，谓之不时；恣其欲而不顾天数，谓之天并。君子治身，不敢违天，是故新牡十日而一游于房，中年者倍新牡，始衰者倍中年，中衰者倍始衰，大衰者以月当新牡之日，而上与天地同节矣，此其大略也。……男女体其盛，臭味取其胜，居处就其和，劳佚居其中，寒暖无失适，饥饱无过平，欲恶度理，动静顺性，喜怒止于中，忧惧反之正，此中和常在乎其身，谓之得天地泰。得天地泰者，其寿引而长，不得天地泰者，其寿伤而短。"③ 最后人们的道德修养，对人对物的行为都要符合天道；还要完成上天交给的使命，管理好自然万物，使人与自然和睦相处，共同发展。这层意思就是《春秋繁露·立元神》所说的："天、地、人，万物之本也。天生之，地养之，人成之。天生之以孝悌，地养之以衣食，人成之以礼乐。三者相为手足，不可一无也。"④ 即，天、地、人三者共同构成一个有机的整体，三者有各自的分工，任何一个都不能缺少。天、地、人的合而为一是万物之本，必须要三者的有机联合才能使天地间的自然万物欣欣向荣，繁茂兴旺。总之，天与人是合而为一的，是一体的，即所谓的"天人之际，合而为一"⑤（《春秋繁露·深察名号》）。

---

　　① （汉）董仲舒著，阎丽译注：《董子春秋繁露译注》，黑龙江人民出版社2003年版，第286页。

　　② 同上书，第213页。

　　③ 同上书，第292—295页。

　　④ 同上书，第95页。

　　⑤ 同上书，第172页。

四　人应当遵行天道、泛爱群生,天行赏善罚恶之职

上天按照自己的模样创造了人类,人类是上天管理自然万物的代理人,"人受命于天"(《春秋繁露》中多处这样叙述)。人类作为一个整体是"人受命于天"的,不过董仲舒认为"天"并不是受命到每一个具体人的,天在人类中间挑选了一个代理人——天子(即皇帝、王者),惟有天子才是直接受命于天的,其他人受命于天子。《春秋繁露·为人者天》说:"唯天子受命于天,天下受命于天子。"① 又,《春秋繁露·王道通三》说:"古之造文者,三画而连其中,谓之王。三画者,天、地与人也,而连其中者,通其道也。取天地与人之中以为贯而参通之,非王者孰能当是?"② 再又,《春秋繁露·立元神》说:"君人者,国之元,发言动作,万物之枢机。枢机之发,荣辱之端也。失之豪厘,驷不及追。"由此可见,上天真正委托管理天下苍生的代言人是天子;天子是直接受命于天的,其他人是通过天子而间接受命于天的,通过天子之手来管理人类,再通过人类来管理自然万物。这种层层递进关系,《春秋繁露·顺命》作了详细的论述:"天子受命于天,诸侯受命于天子,子受命于父,臣妾受命于君,妻受命于夫。诸所受命者,其尊皆天也,虽谓受命于天亦可。"③

既然人是受命于天的,所以人的道德、行为等就必须要符合上天所规定的准则,即人类行事必须要"法天道","顺天命"。《春秋繁露·王道通三》说:"王者唯天之施,施其时而成之,法其命而循之诸人,法其数而以起事,治其道而以出法,治其志而归之于仁。"④ 那么天道、天命是怎么样的呢?《汉书·董仲舒传》说:"天道之大者在阴阳。阳为德,阴为刑;刑主杀而德主生。是故阳常居大夏,而以生育养长为事;阴常居大冬,而积于空虚不用之处。以此见天之也。"⑤ 天道是"任德不任刑",主生不主杀,仁爱天下众生,所以作为天的代言人——王者,就必须法天

---

① (汉)董仲舒著,阎丽译注:《董子春秋繁露译注》,黑龙江人民出版社2003年版,第188页。

② 同上书,第199页。

③ 同上书,第268页。

④ 同上书,第199页。

⑤ (汉)班固:《汉书》中,上海古籍出版社2003年版,第1761—1762页。

道，也应该"任德教而不任刑"，制定的政策法规以仁爱天下众生为主。"王者承天意以从事，故任德教而不任刑。刑者不可任以治世，犹阴之不可任以成岁也。为政而任刑，不顺于天，故先王莫之肯为也。今废先王德教之官，而独任执法之吏治民，毋乃任刑之意与！孔子曰：'不教而诛谓之虐。'虐政用于下，而欲德教之被四海，故难成也。"①（《汉书·董仲舒传》）又，《汉书·董仲舒传》说："天者群物之祖也，故遍覆包函而无所殊，建日月风雨以和之，经阴阳寒暑以成之。圣人法天而立道，亦溥爱而亡私，布德施仁以厚之。"② 上天"遍覆包函而无所殊"，即无私地养育万物；而作为人君的"圣人"也要效法天道，做到"溥爱而亡私，布德施仁以厚之"，广施仁德，无私心地爱护天下众生。《春秋繁露·离合根》说："天高其位而下其施……下其施，所以为仁也……故位尊而施仁，藏神而见光者，天之行也。"③ 又，《春秋繁露·王道通三》说："仁之美者在于天，天仁也。"④ 可见，"仁"是天道的主要组成部分，作为人主的天子，必须要法天而行仁道。《春秋繁露·离合根》说："故为人主者，法天之行……泛爱群生，不以喜怒赏罚，所以为仁也。"⑤ 又，《春秋繁露·王道通三》说："人之受命于天也，取仁于天而仁也。"⑥

通过上面的分析可以知道，因为"仁"本身就是天道的重要组成部分，因此君王要法天道，就必须要讲仁义，推行仁政。而"仁"正是儒家的思想的核心内容之一。儒家的开山祖师孔圣人首先就将"仁"作为核心内容纳入了自己的思想体系，孔子的"仁"主要是爱人类。《论语·颜渊》记载："樊迟问仁。子曰：'爱人。'"⑦ 儒家的亚圣孟子将"仁"的内涵由单独对人类的爱扩展到自然万物，他的著名论述是："君子之于物也，爱之而弗仁；于民也，仁之而弗亲。亲亲而仁民，仁民而爱物。"⑧

---

① （汉）班固：《汉书》中，上海古籍出版社 2003 年版，第 1761—1762 页。

② 同上书，第 1771—1772 页。

③ （汉）董仲舒著，阎丽译注：《董子春秋繁露译注》，黑龙江人民出版社 2003 年版，第 93 页。

④ 同上书，第 199 页。

⑤ 同上书，第 93 页。

⑥ 同上书，第 199 页。

⑦ 臧知非注说：《论语》，河南大学出版社 2008 年版，第 197 页。

⑧ （战国）孟轲著，杨伯峻、杨逢彬注译：《孟子》，岳麓书社 2000 年版，第 244 页。

（《孟子·尽心上》）董仲舒先生的"仁"是对先秦儒家"仁"的内涵的继承和发扬，他的"仁"也是不仅要爱人类，还要爱天地间的万事万物，即"泛爱群生，不以喜怒赏罚"。董仲舒在《春秋繁露·仁义法》篇对仁的内涵作了清晰而著名的说明，他说："质于爱民，以下至于鸟兽昆虫莫不爱。不爱，奚足谓仁？"① 可见，董仲舒的"仁"的内涵是明确包括爱人类，以及爱天下万物的"鸟兽昆虫"的。

　　董仲舒描述的理想社会蓝图除了人与人之间和睦相处、人们安居乐业之外，还包括人与自然之间的和谐相处。《春秋繁露·王道》说："道，王道也。王者，人之始也。王正则元气和顺、风雨时，……五帝三王之治天下，不敢有君民之心。什一而税，教以爱，使以忠，敬长老，亲亲而尊尊，不夺民时，使民不过岁三日，民家给人足，无怨望忿怒之患，强弱之难，无谗贼妒疾之人。民修德而美好，被发衔哺而游，不慕富贵，耻恶不犯。父不哭子，兄不哭弟。毒虫不螫，猛兽不搏，抵虫不触。故天为之下甘露，朱草生，醴泉出，风雨时，嘉禾兴，凤凰麒麟游于郊。"② 理想的太平社会包括人与自然的和谐发展，即"毒虫不螫，猛兽不搏，抵虫不触。故天为之下甘露，朱草生，醴泉出，风雨时，嘉禾兴，凤凰麒麟游于郊"。《汉书·董仲舒传》也说："为人君者，正心以正朝廷，正朝廷以正百官，正百官以正万民，正万民以正四方。四方正，远近莫敢不壹于正，而亡有邪气奸其间者。是以阴阳调而风雨时，群生和而万民殖，五谷孰而草木茂，天地之间被润泽而大丰美，四海之内闻盛德而皆徕臣，诸福之物，可致之祥，莫不毕至，而王道终矣。"③ 又，《汉书·董仲舒传》说："古以大治，上下和睦，习俗美盛，不令而行，不禁而止，吏亡奸邪，民亡盗贼，囹圄空虚，德润草木，泽被四海，凤皇来集，麒麟来游。"④ 由此可见，自然界各种生物的繁荣昌盛与生态环境的和谐美好是理想社会不可或缺的一部分，使"风雨时，群生和而万民殖，五谷孰而草木茂，天

---

① （汉）董仲舒著，阎丽译注：《董子春秋繁露译注》，黑龙江人民出版社 2003 年版，第 147 页。

② 同上书，第 53 页。

③ （汉）班固：《汉书》中，上海古籍出版社 2003 年版，第 1762 页。

④ 许嘉璐主编："二十四史全译"《汉书》第二册，上海世纪出版集团、汉语大词典出版社 2004 年版，第 1206 页。

地之间被润泽而大丰美"、"德润草木，泽被四海，凤皇来集，麒麟来游"是君王的责任之一。总之，上天受命于天子，就是让天子把天下管理好，天子应当行仁政，泛爱群生，要让百姓安居乐业，要让天下的群生繁荣昌盛，要让生态环境和谐美好，使人类与自然万物都繁荣昌盛。

　　天还扮演着一个重要的最终评判者角色，行使赏善罚恶之职。上天的赏善罚恶是面对天下苍生的，但是，最主要的约束对象还是作为上天代言人的人类最高统治者——天子。广大人民群众都在君王的统治之下，对他的约束，也就是对人类的约束。董仲舒认为，对于有道的君王，上天是予以奖赏和鼓励的，表现为没有灾害，风调雨顺，天降祥瑞到人间。《春秋繁露·同类相动》说："帝王之将兴也，其美祥亦先见；……尚书传言：'周将兴之时，有大赤鸟衔谷之种，而集王屋之上者，武王喜，诸大夫皆喜。周公曰：茂哉！茂哉！天之见此以劝之也。'"① 又，《春秋繁露·郊语》说："天下和平，则灾害不生。"② 而对于无道的君王，上天是先降灾害予以警告，如果不知反省悔改，则出灾异予以威慑，如果还是不知反省悔改，则灭之，并重新选择代言人。《汉书·董仲舒传》说："国家将有失道之败，而天乃先出灾害以谴告之，不知自省，又出怪异以警惧之，尚不知变，而伤败乃至。以此见天心之仁爱人君而欲止其乱也。自非大亡道之世者，天尽欲扶持而全安之，事在强勉而已矣。"③ 又，《春秋繁露·必仁且知》说："灾者，天之谴也；异者，天之威也。谴之而不知，乃畏之以威。……凡灾异之本，尽生于国家之失。国家之失乃始萌芽，而天出灾害以谴告之；谴告之而不知变，乃见怪异以惊骇之，惊骇之尚不知畏恐，其殃咎乃至。以此见天意之仁，而不欲陷人也。"④ 上天会对君王进行惩罚，归纳起来可以说是主要由于两个方面的过失，一方面是不能维护人与人之间的安定团结，不能使人民安居乐业，表现在君臣失和、骄奢淫逸、搜刮老百姓、暴虐好杀等，使天下百姓民不聊生；另一方面是破坏了自然

---

①　（汉）董仲舒著，阎丽译注：《董子春秋繁露译注》，黑龙江人民出版社 2003 年版，第231—232 页。

②　同上书，第 256 页。

③　（汉）班固：《汉书》中，上海古籍出版社 2003 年版，第 1758—1759 页。

④　（汉）董仲舒著，阎丽译注：《董子春秋繁露译注》，黑龙江人民出版社 2003 年版，第 153 页。

环境，使天下群生遭殃、生态环境失衡等。《春秋繁露·五行五事》说：
"王者与臣无礼，貌不肃敬，则木不曲直，而夏多暴风。……王者言不
从，则金不从革，而秋多霹雳。……王者视不明，则火不炎上，而秋多
电。……王者听不聪，则水不润下，而春夏多暴雨。……王者心不能容，
则稼穑不成，而秋多雷。"① 我们再来看看桀纣灭亡时的极度奢侈淫逸、
人神共愤的暴政，对人民的摧残和对自然万物的破坏，"桀纣皆圣王之
后，骄溢妄行。侈宫室，广苑囿，穷五采之变，极饬材之工，困野兽之
足，竭山泽之利，食类恶之兽。夺民财食，高雕文刻镂之观，尽金玉骨象
之工，盛羽旄之饰，穷白黑之变。深刑妄杀以陵下，听郑卫之音，充倾宫
之志，灵虎兕文采之兽。以希见之意，赏佞赐谗。以糟为邱，以酒为池。
孤贫不养，杀圣贤而剖其心，生燔人闻其臭，剔孕妇见其化，斮朝涉之足
察其拇，杀梅伯以为醢，刑鬼侯之女取其环。诛求无已，天下空虚，群臣
畏恐，莫敢尽忠，纣愈自贤。周发兵，不期会于孟津者八百诸侯，共诛
纣，大亡天下"②（《春秋繁露·王道》）。"侈宫室，广苑囿，穷五采之
变，极饬材之工……夺民财食，高雕文刻镂之观，尽金玉骨象之工，盛羽
旄之饰，穷白黑之变。……听郑卫之音，充倾宫之志，灵虎兕文采之兽。
以希见之意，赏佞赐谗。以糟为邱，以酒为池"，这是过分的奢侈淫逸。
"深刑妄杀以陵下……孤贫不养，杀圣贤而剖其心，生燔人闻其臭，剔孕
妇见其化，斮朝涉之足察其拇，杀梅伯以为醢，刑鬼侯之女取其环"，这
是让人神共愤的暴政，对天下民众的摧残。"困野兽之足，竭山泽之利，
食类恶之兽"，这是对自然界生灵的摧残和对自然环境的破坏。正因为桀
纣使天下百姓遭殃，使自然万物涂炭，所以，上天便叫他灭亡，"大亡天
下"。

　　总而言之，如果君王效法天道行仁政，泛爱群生，保护生态环境，不
仅能使百姓安居乐业，还能使禽兽草木等自然万物欣欣向荣、繁荣昌盛，
达到人与自然和谐发展的美好境界，则上天就会降祥瑞到人间，出现
"元气和顺、风雨时，景星见，黄龙下……天为之下甘露"③（《春秋繁

---

① （汉）董仲舒著，阎丽译注：《董子春秋繁露译注》，黑龙江人民出版社2003年版，第251
页。
② 同上书，第53—54页。
③ 同上书，第53—54页。

露·王道》）的美好景象。否则，如果君王无道，致使民不聊生，天下生灵涂炭，虫鱼鸟兽、花草树木等自然生态环境遭到严重破坏，上天就会"上变天，贼气并见"（《春秋繁露·王道》）予以警告，如果君王还不知悔改，上天就会让其"大亡天下"，改朝换代。

五　简评与启示

董仲舒在他的学说里把天建构为最高的神，天创造了包括人类在内的宇宙间的所有事物，天是宇宙间最尊贵的，为百神之君。天在创造万物的过程中，对人类是特别钟爱的，因为人类是上天根据自己的模样创造的，因此人类具有高于万物的品性，是上天安排的用来管理世间万物的代言人，其地位仅次于天和地，为天地万物间最尊贵的，是可与天地参的。天、地、人共同组成万物之本。人类是上天安排的用来管理世间万物的代言人，是受命于天的，因此人类必须遵循天道。这个受命主要是通过人类的最高领导——天子来实现的，天子直接受命于天，天下受命于天子，间接受命于天。天道是仁慈的，生养万物，"任德不任刑"，因此人君必须行仁政，泛爱群生，必须维护和保持包括人类在内的世间万物的和睦与繁荣。世间的其他万物是上天用来供养人类的，破坏毁灭他们就是在毁灭人类。上天是最高的神，还担当着赏善罚恶的最终审判者角色，如果某位君王不遵守天道，不行仁政，让天下民不聊生，使自然万物和生态环境惨遭毁灭破坏，那么上天就会出灾害警告他；如果不知悔改，就降灾异惊骇他；如果还是不知反省悔改，上天就会灭亡他，然后重新选择天子。

董仲舒的这套理论，用今天的眼光来看，虽然其主要理论是属于神话色彩的，没有多少科学依据；但是，它在维护人类社会稳定和谐，在保护生态环境可持续发展方面却是有积极作用的。爱人、爱护天地间的所有生灵以及爱护生态环境，成为了人们追求的理想道德目标，即"仁者"。而且，在人类的头顶上还有天这个最高的神在注视着人类的行为举动，如果有人敢做出伤天害理，危害众生的事，即使是贵为人君的王者，上天也会叫他灭亡。这就在人们的心里给了一个无形的法规标准，时时刻刻约束、威慑着人们，使人们不敢破坏自然环境，自觉维护人与人、人与自然的和睦相处，使人与自然和谐发展，共同进化。

关于董仲舒的生态思想，当今有些学者进行了研究。著名学者刘湘溶先生认为，董仲舒的理论，字里行间闪烁出光彩夺目的生态伦理思想；这些思想虽然产生在两千一百多年前的古代中国社会，但对当今世界和中国的生态保护，仍有重要的参考价值和借鉴意义。① 学者黄孔融认为，董仲舒的哲学思想蕴含着跨越时代的合理因素和历史价值，其中表现出来对自然界和自然规律的尊重，对人类社会和生态环境的思考有其积极的一面，我们能从中看到与当代生态哲学思想相契合的一面；重新认识和研究它们，有助于我们反思当今生态环境问题的实质，有助于弥补现代生态伦理构建中思维方式的不足，可以为改变人们的生活方式和思维方式提供理论基础。② 学者丁东风认为，董仲舒思想所阐发的理论和观点以及其思考问题的方法对理解和解决现实社会生态问题依然有着深刻的启示。③ 学者陈豪珣认为，董仲舒从宗教神学的宇宙观高度，对人与自然的关系给予终极关怀。④

笔者认为，董仲舒的生态思想在今天是有积极意义的，能够为解决当今的生态危机，实现人与自然的和谐发展从哲学上提供借鉴和参考。我们应当取其精华弃其糟粕，使祖先留给我们的宝贵思想财富为现今的社会发展服务。

第五节　余　论

秦汉三国两晋南北朝是我国传统社会的重要形成和发展时期，这一时期不论是生态科技思想还是生态哲学和生态社会文化都有很大的发展。传统生态科技思想主要体现在人与自然密切交往的农业生产领域。在汉代，有两部著名的农书《氾胜之书》《四民月令》；在南北朝时期有中国现存的最完整的最早农学名著，也是世界农学史上最早的专著之一——《齐

---

① 刘湘溶、任俊华：《论董仲舒的生态伦理思想》，《湖湘论坛》2004 年第 1 期。

② 黄孔融、王国聘：《论董仲舒的生态哲学思想》，《西北农林科技大学学报》（社会科学版）2009 年第 1 期。

③ 丁东风：《董仲舒"天人相应"说对现代社会生态学的启示》，《江西社会科学》1994 年第 12 期。

④ 陈豪珣：《论董仲舒生态神学思想》，《云南社会科学》2008 年第 4 期。

民要术》。汉代的百科全书式的《淮南子》，既蕴含有丰富的生态科技思想也蕴含有丰富的生态哲学和生态社会文化。汉代的董仲舒，我国哲学家、思想家和政治家，是我国思想史乃至文化史上的时代界标式人物，在他的主张下中国社会的统治者"罢黜百家，独尊儒术"，从此儒家思想成为我国社会意识领域的主流。

　　本章继续沿着生态科技思想和生态哲学、生态社会文化这两条线索。对生态科技思想的分析主要采自《氾胜之书》、《四民月令》的辑佚本，《齐民要术》，以及《淮南子》中涉及生态科技思想的部分。对生态哲学和生态社会文化的分析，则主要来自《淮南子》的相关部分，以及董仲舒的相关主张和观点。当然，中华文化博大精深，历史留给我们的文化财富浩如烟海，除了笔者所选择这些历史典籍外，还有很多的宝贵史料有待各位同人分析研究。

第三章　隋唐宋元时期生态思想的特点

第一节　《四时纂要》的生态思想

《四时纂要》是唐代韩鄂编撰的一部月令体农书,《新唐书·艺文志》和《宋人书目》题作韩鄂撰,南宋书目始题作唐韩鄂撰。《四时纂要》的内容为条录式的。关于韩鄂,史书无明确记载,学界一般认为是唐末五代人。《四时纂要》原书在我国早已散失,1960 年,在日本发现了明万历十八年(1590 年)朝鲜重刻本,1961 年由日本山本书店影印出版。我国著名的农史专家缪启愉先生根据这个版本作了《四时纂要校释》,1981 年由农业出版社出版。

《四时纂要》在农学理论和农业技术方面不能和早于它的《齐民要术》与晚于它的《陈旉农书》的创著相比。但是,它填补了自 6 世纪初期《齐民要术》至 12 世纪初陈旉《农书》之间 6 个世纪的空档,起了纽带作用。[①]

《四时纂要》既是唐五代农业科技的真实记录,也是唐五代农人社会生活的真实记录,是普通农人的"农家历",是农家的"实用全书"[②]。从生态学视角看,该书中有关人与自然关系以及生物与自然关系的各种科学技术思想都是唐代、五代的真实记录,是当时人们实际做法的写照。但是,《四时纂要》是一本纂集先前各书内容的书,在农业生产部分韩鄂自己的创作成分很少,就如韩鄂的自序所说,"余是以编阅农书,搜罗杂诀,《广雅》、《尔雅》,则定其土产,《月令》、《家令》,则叙彼时宜,采

---

① (唐)韩鄂撰,缪启愉校释:《四时纂要校释》,农业出版社 1981 年版,前言第 10 页。

② 王福昌:《〈四时纂要〉所见唐五代农村社会》,《农业考古》2007 年第 4 期。

范胜种树之书，掇崔寔试谷之法，而又韦氏《月録》，伤于简阅，《齐民要术》，弊在迂疏，今则删两氏之繁芜，撮诸家之术数"①。韩鄂自己的部分主要体现在酿造上和家传验方，即他自己所说的，"手试必成之醯醢，家传立教之方书"。从《四时纂要》论述农业生产部分的实际内容来看，其资料主要取自《齐民要术》、《氾胜之书》、《四民月令》等。换句话讲，《四时纂要》有关农业部分的内容就是《齐民要术》、《氾胜之书》、《四民月令》等农书的综合，因此它的生态思想在本书前面的一些章节里基本上已经分析过了。所以，笔者不打算再详细展开分析探讨《四时纂要》的生态思想的具体内容。从农业所处地域看，《四时纂要》说的主要是北方旱作农业区。此外，《四时纂要》还有很多迷信内容，据缪启愉先生统计，全书共 698 条，其中占侯、择吉、禳镇等 348 条，几占一半。②

总的来讲，《四时纂要》把《吕氏春秋》、《氾胜之书》、《四民月令》、《齐民要术》等的传统农业生态思想的精华基本上都继承和发扬了下来，表现为：顺应天时、因循地宜、物宜，注重合理密植；充分利用农作物物种间的关系进行间作套种；物质循环利用，农业废弃物如人畜粪便等还田作肥料；合理轮种豆类作物养田、肥田；重视各种生态因子如阳光、温度、湿度等对农作物的影响；以时禁发，冬天十二月伐竹木；重视人力，精耕细作，通过各种耕作技巧进行抗旱保墒，勤于锄地、锄草等；重视人对整个农田生态系统进行控制管理以提高产量；等等。其中，《四时纂要》在农业生产也有一些创新的部分，例如在作物的间作套种上就有新的发展。《四时纂要·八月》叙述了苜蓿与麦的混作："苜蓿：若不作畦种，即和麦种之不妨。一时熟。"③《四时纂要·二月》还叙述了茶与桑、雄麻、黍、穄等的套种："种茶：二月于树下或北阴之地开坎……此物畏日，桑下、竹阴地种之皆可。二年外，方可耘治。以小便、稀粪蚕沙攤之；又不可太多，恐根嫩故也。……茶未成，开四面不妨种雄麻、黍、穄等。"④ 这些论述都是先前农书未有记载的，表明了在唐代我国先民对

---

①　（唐）韩鄂撰，缪启愉校释：《四时纂要校释》，农业出版社 1981 年版，"四时纂要序"第 1 页。

②　同上书，"前言"第 5 页。

③　同上书，第 194 页。

④　同上书，第 69—70 页。

农作物之间的关系的认识和利用又有了新的发展和进步。

第二节　《陈旉农书》的生态思想

《陈旉农书》写成于南宋初绍兴十九年（1149年）。《陈旉农书》的作者陈旉，北宋末南宋初人，自号"西山隐居全真子"和"如是庵全真子"，写成此书已经是74岁的高龄。陈旉的这本书，是他做过许多调查，耳闻目睹，并且亲自实践，"确乎能其事"然后才把它写下来，他不是那种"不知而作"的人。陈旉在自序里如是说："是书也，非苟知之，盖尝允蹈之，确乎能其事，乃敢着其说以示人。孔子曰，盖有不知而作者，我无是也。……仆之所述，深以孔子不知而作为可戒，文中子慕名而作为可耻。"① 陈旉对于那些"慕名掠美"、"盗誉"而作的虚假书籍是批评和反对的，他说："盖有慕名掠美，攘善矜能，盗誉而作者，其取讥后世，宁有已乎。若葛抱朴之论神仙，陶隐居之疏本草，其谬悠之说，荒唐之论，取消后世，不可胜纪矣。"② 陈旉的这本农书具有相当完整而又系统的理论体系，具有很高的学术价值。科学的特征之一是具有系统性的理论，要求从许多事实中抽象出其中所包含的原理，或者从复杂的现象中概括出变化的规律来，再把这些原理或规律安排在合理的体系里③。康德在《自然科学的形而上学基础》中说过："任何一种学说，如果它可以成为一个系统，即成为一个按照原则而整理好的知识整体的话，就叫作科学。"④ 而《陈旉农书》就出现了这种完整而系统的理论体系，这是它超越《齐民要术》的地方，也展示着我国古代科学技术发展史上的一个新的高峰期的到来。

我国著名农学史家万国鼎先生对《陈旉农书》的总体评价是，"《陈旉农书》篇幅虽小，实具有不少突出的特点，可以和《氾胜之书》、《齐民要术》、《王祯农书》、《农政全书》等并列为我国第一流古农书之

---

① （宋）陈旉撰，万国鼎校注：《陈旉农书校注》，农业出版社1965年版，第22页。

② 同上。

③ （宋）陈旉撰，万国鼎校注：《陈旉农书校注》，农业出版社1965年版，第19页。

④ ［德］康德著，邓晓芒译：《自然科学的形而上学基础》，生活·读书·新知三联书店1988年版，第2页。

一"①。日本学者寺地遵对它的评价是，"陈旉《农书》是继《齐民要术》之后第一部真正的、划时代的著作"②。

《陈旉农书》也蕴含着浓厚的生态学思想。从理论来源看，它继承和发扬了我国传统农学的"三才论"生态系统思想，而且在此基础上又有新的发展。在农业生产中处理生物与自然的关系时，《陈旉农书》更加强调系统性、有机性，要求地宜、物宜、时宜的高度有机配合，突出肯定和强调人对农田生态系统的调控作用，提出了用粪肥可以使地力"常新壮"的著名理论，在利用各种农业废弃物、生活垃圾还田作肥料方面也有新的突破和发展。笔者试着从以下方面进行分析，以期提炼出对当今生态文明建设有积极意义的历史精华。

一　生态施肥思想

1. 土壤肥力平衡理论的新发展

早在先秦时期的《吕氏春秋·任地》就叙述了因地制宜耕作的总原则："力者欲柔，柔者欲力；息者欲劳，劳者欲息；棘者欲肥，肥者欲棘；急者欲缓，缓者欲急；湿者欲燥，燥者欲湿。"③ 这个原则里关于土壤肥力就提到了"棘者欲肥，肥者欲棘"，即贫瘠的田地要通过施肥让它变得肥沃，过于肥沃的土地要加入生土让它变得平和。《陈旉农书》对于应当维持土壤肥力平衡性，使农田肥沃程度刚好适宜作物生长的理论方面有了突破性的进展。关于土壤肥力平衡性的理论，可以归纳为两个基本原则，这个万国鼎先生也论述过。

第一个原则是，土壤类型各种各样，要因地制宜地治理，只要人们治理得当，所有的田都能成为好田。当然，这个治理是要人们因地制宜地进行的。《陈旉农书·粪田之宜》开篇就说道："土壤气脉，其类不一，肥沃硗埆，美恶不同，治之各有宜也。"④ 接着他便叙述了过于肥沃以及贫瘠的田地的不同治理方法，"黑壤之地信美矣，然肥沃之过，或苗茂而实

① （宋）陈旉撰，万国鼎校注：《陈旉农书校注》，农业出版社1965年版，第20页。
② ［日］寺地遵：《陈旉〈农书〉与南宋初期的诸状况》，《农业考古》1984年第1期。
③ （战国）吕不韦编撰，张双棣、张万彬等译注：《吕氏春秋译注》，北京大学出版社2000年版，第899页。
④ （宋）陈旉撰，万国鼎校注：《陈旉农书校注》，农业出版社1965年版，第33页。

不坚，当取生新之土以解利之，即疏爽得宜也。墝埆之土信瘠恶矣，然粪壤滋培，即其苗茂盛而实坚栗也。虽土壤异宜，顾治之如何耳，治之得宜，皆可成就"①。过肥的土壤也不适合种植农作物，会使苗过于茂盛而子实少；当然贫瘠的土壤不适合种植农作物就不用说了。对于过肥的土壤要加入适量新土以使其肥力适中，而对于贫瘠的田地就要施粪肥，使土壤肥沃。不管土壤是过于肥沃还是原本就贫瘠，只要人们治理得当，都能使其成为好田地。而且，对于土壤的治理改良，要求人们针对不同的土壤性质采用不同的改良方法。《陈旉农书·粪田之宜》接着写道："《周礼》草人'掌土化之法以物地，相其宜而为之种'，别土之等差而用粪治。且土之骍刚者粪宜用牛，赤缇者粪宜用羊，以至渴泽用鹿，咸潟用貆，坟壤用麋，勃壤用狐，埴垆用豕，彊㯺用蕡，轻㷿用犬，皆相视其土之性类，以所宜粪而粪之，斯得其理矣。俚谚谓之粪药，以言用粪犹药也。"② 这里的"骍刚者粪宜用牛，赤缇者粪宜用羊，以至渴泽用鹿……"等，论述用这些不同的动物粪便来分别改良不同质地的土壤也许是存在问题的，还有就是，到底是用这些动物的粪便还是用这些动物的骨灰，以及到底是散在地里改良土质还是拌着种子种下，这些都存在争议。不过，《陈旉农书》这里要表达的治理改良土壤性质的原则思想却是十分正确的，即要因地制宜地根据土壤性质采取针对性的治理方法，"皆相视其土之性类，以所宜粪而粪之，斯得其理矣"，"用粪犹药也"。

第二个原则是，田地里的土壤肥力可以通过人的施肥来维持，通过人的合理治理，能够使土壤肥力保持"常新壮"。《陈旉农书·粪田之宜》说："或谓土敝则草木不长，气衰则生物不遂，凡田土种三五年，其力已乏。斯语殆不然也，是未深思也。若能时加新沃之土壤，以粪治之，则益精熟肥美，其力常新壮矣，抑何敝何衰之有。"③ 有人说，土壤衰败了就会草木不长，肥力衰弱了庄稼就长不好，凡田地土壤种了三五年，地力就衰乏了。这话是不对的，是没有经过深思的。如果能够时常加入新的肥沃土壤，用粪肥治理，则会使土壤更加精熟肥美，地力就会经常保持新壮，

---

① （宋）陈旉撰，万国鼎校注：《陈旉农书校注》，农业出版社 1965 年版，第 33 页。

② 同上书，第 33—34 页。

③ 同上书，第 34 页。

哪里有什么衰败衰弱呢？这就是中国传统农学史上著名的"地力常新壮"理论。"土敝则草木不长，气衰则生物不遂"语出《礼记·乐记》。土地耕种三五年就会衰退，庄稼就会长不好，这其实说的是刀耕火种的原始农业，直接在新开辟的田地上种植而不进行施肥治理。西方也有类似的"地力衰减论"、"地力渐减论"，并且认为历史上一些有名的古文明（如苏美尔、古巴比伦、复活节岛等）的衰亡就是由于当地的土壤衰败了，不再适合种植农作物了。陈旉的"地力常新壮"理论在这里显示出了它的卓越性，具有划时代的意义，因为它明确地指出了土壤的肥力是可以通过人们的合理治理来保持的，意蕴着生态物质循环和农田营养物质动态平衡的维护。当然，陈旉"地力常新壮"理论也是对我国传统农业耕作生产情况的一个归纳与总结，这就表明了这时候我国的传统农业与以掠夺自然为主的"刀耕火种"是有本质区别的，我国的传统农业是注重人与自然和谐发展的生态农业，传统农学理论是注重维持人与自然和谐发展的生态学理论。

2. 物质循环利用，废弃物还田作肥料的新发展

《陈旉农书》在农田肥料来源上较以前的农书有较大的发展。考察《陈旉农书》的肥料种类，大体可分为废弃物还田作肥料和直接沤罨田里的杂草作肥料两类。其中，利用各种废弃物还田作肥料是《陈旉农书》的主要肥料来源，而且这方面较以前有了长足的发展进步。

有关《陈旉农书》还田作肥料的废弃物，可以说是涉及了生活垃圾和农业废物的方方面面，这些可以用作农田肥料的垃圾有：扫除之土、烧燃之灰、簸扬之糠秕、断稿落叶、簸谷壳、涤器肥水、腐藁败叶、划薙枯朽、麻枯、火粪、焆猪毛、窖烂麤谷壳、人畜粪便、鳗鲡鱼头骨煮汁等。《陈旉农书》的粪肥思想主要进步之一表现在，如何收集和使用这些废弃物作肥料的方法上。这些方法有以下这几种：

一是置粪屋，收集肥料。《陈旉农书·粪田之宜》说："凡农居之侧，必置粪屋，低为檐楹，以避风雨飘浸。且粪露星月，亦不肥矣。粪屋之中，凿为深池，甃以砖甓，勿使渗漏。凡扫除之土，烧燃之灰，簸扬之糠秕，断稿落叶，积而焚之，沃以粪汁，积之既久，不觉其多。凡欲播种，筛去瓦石，取其细者，和匀种子，疏把撮之。待其苗长，又撒以壅之。何

患收成不倍厚也哉。"① 这里谈论的主要是收集日常生活垃圾如扫除之土、
簸扬之糠秕、断稿落叶等，处理办法是把它们"积而焚之、沃以粪汁"，
然后把它们积累在粪屋里。当然，粪屋也是很讲究的，要求是"低为檐
楹，以避风雨飘浸"，因为"粪露星月，亦不肥矣"；此外，在粪屋之中
还要"凿为深池，甃以砖甓，勿使渗漏"。使用方法是，在播种的时候，
将粪屋中的肥料"筛去瓦石，取其细者，和匀种子，疏把撮之"，苗长出
后又再次施肥。

　　二是沤池积肥。在《陈旉农书·种桑之法》篇陈旉叙述了非常适宜
于给桑和苎麻套种作肥料的烂谷壳糠稾的聚集方法："聚糠稾法，于厨栈
下深阔凿一池，结甃使不渗漏，每春米即聚砻簸谷壳，及腐稾败叶，沤渍
其中，以收涤器肥水，与渗漉汇淀，沤久自然腐烂浮泛。"② 收集糠稾的
方法是，在厨房地下挖一个深阔的池，砌上砖使不渗漏，每逢春米，就收
聚砻簸谷壳，以及腐稾败叶，放在池里沤渍，并收聚洗碗水和淘米水等，
沤久了，自然就腐烂精熟。《陈旉农书·种桑之法》接着说："一岁三四
次出以粪苎，因以肥桑，愈久而愈茂，宁有荒废枯摧者?"③ 用这样沤池
积聚的烂谷壳糠稾一年给苎麻施肥三四次，也会因此而肥桑，使桑树越久
越茂盛，怎么会有荒废枯败呢?

　　三是对麻枯和人粪的发酵处理。陈旉在《陈旉农书·善其根苗》论
述了发酵处理麻枯的方法："秧田……以粪壅之，若用麻枯尤善。但麻枯
难使，须细杵碎，和火粪窖罨，如作曲样；候其发热，生鼠毛，即摊开中
间热者置四傍，收敛四傍冷者置中间，又堆窖罨；如此三四次，直待不发
热，乃可用，不然即烧杀物矣。"④ 给秧田壅肥，如果能用上麻枯饼尤其
好，但是，麻枯难使用，必须要捣碎春细，拌和火粪堆积窖罨，就像酿酒
作曲样；等到它发热生毛了，就摊开中间热的放在四旁，收聚四边冷的放
到中间，再堆积窖罨；如此反复三四次，一直到不发热了，才可以使用，
否则就会烧杀秧苗。会烧杀作物的不仅是麻枯，人的生粪便也是如此，此
外，生大粪往往因为含有各种病菌，会使接触的人得病，因此不能用生大

----

① （宋）陈旉撰，万国鼎校注：《陈旉农书校注》，农业出版社 1965 年版，第 34 页。
② 同上书，第 56 页。
③ 同上书，第 56 页。
④ 同上书，第 45 页。

粪给作物施肥。《陈旉农书·善其根苗》说："切勿用大粪，以其瓮腐芽蘖，又损人脚手，成疮痍难疗。……多见人用小便生浇灌，立见损坏。"①如果要用大粪作肥料该怎么办呢，同样的处理方法，也是把大粪进行堆沤发酵，使大粪烂熟，病原体被消灭。《陈旉农书·善其根苗》说："若不得已而用大粪，必先以火粪久窖罨乃可用。"②从《陈旉农书》这样的记载，我们可以推测，那时候大粪已然成为了主要的肥料之一，人们已经很普遍地使用大粪给作物作肥料了。只有这种情况已经很常见了，才会有"多见人用小便生浇灌，立见损坏"的现象。《陈旉农书·种桑之法》还有用小便给桑苗作肥料的记载，桑苗"五七日一次，以水解小便浇沃，即易长"；以及大一些的幼桑，"觉久须浇灌，即揭起瓦片子，以瓶酌小便，从竹筒中下，直至根底矣；浇毕，依前以瓦片子盖筒口"③。

四是烧制火粪、土粪。《陈旉农书·善其根苗》三次提到火粪，但通观全书，却并没有详细介绍火粪是怎样来的。在《陈旉农书·粪田之宜》写有，"凡扫除之土，烧燃之灰，簸扬之糠粃，断稿落叶，积而焚之"，很有可能这就是火粪。陈旉认为，火粪是很好的肥料，给秧田作肥料很好，"唯火粪与焐猪毛及窖烂鹿谷壳最佳"④（《陈旉农书·善其根苗》）；另外，麻枯和大粪的发酵处理也都需加入火粪。对于什么是土粪，《陈旉农书》也没有明确说明，只是《六种之宜》篇提到，"烧土粪以粪之，霜雪不能雕"⑤；《种桑之法》篇提到，"以肥窖烧过土粪以粪之，则虽久雨，亦疎爽不作泥淤沮洳"⑥。万国鼎先生认为，土粪大概就是火粪。也可能火粪含土较少，更近于焦泥灰，而土粪含土较多，更近于熏土；但二者并不能截然区分⑦。

此外，还有用鳗鲡鱼骨头煮汁渍种的记载。"更能以鳗鲡鱼头骨煮汁渍种，尤善"⑧（《陈旉农书·六种之宜》）。

---

① （宋）陈旉撰，万国鼎校注：《陈旉农书校注》，农业出版社1965年版，第45—46页。
② 同上书，第46页。
③ 同上书，第54页。
④ 同上书，第45页。
⑤ 同上书，第31页。
⑥ 同上书，第54页。
⑦ 同上书，第13页。
⑧ 同上书，第31页。

《陈旉农书》论述的第二类肥源就是田地里的杂草、枯槁败叶等。《陈旉农书·薅耘之宜》篇论述了利用田间杂草的总体思想："《诗》云：'以薅荼蓼，荼蓼朽止，黍稷茂止。'记礼者曰：季夏之月，利以杀草，可以粪田畴，可以美土疆。今农夫不知有此，乃以其耘除之草，抛弃他处，而不知和泥渥浊，深埋之稻苗根下，沤罨即久，即草腐烂而泥土肥美，嘉谷蕃茂矣。"① 可见，总的思想原则就是把薅除的杂草以及枯槁败叶等深埋在田里，让其自然腐烂，使土壤肥美。在冬天耕田的时候把杂草和禾苗根茬翻掩在田里，经过雪霜冰冻和长时间的埋沤，这些根荄都会腐朽，成为好肥料，增加田地的肥力，"于冬日至而耙之，谓所种者已收成矣，即并根荄犁鉏转之，俾雪霜冻洹，根荄腐朽，来岁不复生，又因得以粪土田也"② （《陈旉农书·薅耘之宜》）。不仅种植庄稼可以掩埋杂草、枯槁败叶作肥料，种植桑树也可以这样。《陈旉农书·种桑之法》说："至十月，又并其下腐草败叶，鉏转蕴积根下，谓之罨荐，最浮泛肥美也。"③ 这些杂草和枯槁败叶不仅可以掩埋于田下作肥料，把它们收集起来在田里遍铺焚烧，还可以使土壤变暖，避免寒泉洌水对作物的伤害。《陈旉农书·善其根苗》说："积腐稾败叶，划薙枯朽根荄，徧铺烧治，即土暖且爽。"④ 又，《陈旉农书·耕耨之宜》说："山川原隰多寒……当始春，又徧布朽薙腐草败叶以烧治之，则土暖而苗易发作，寒泉虽洌，不能害也。"⑤

二　地宜、时宜、物宜的有机结合

《陈旉农书》全书的核心思想可以说是一个"宜"，这从它每篇都以"宜"为标题和书中的内容可以看出。什么是"宜"呢，用今天的话说就是了解、掌握事物的客观规律，然后在遵从客观规律的情况下对其进行积极的、适宜的改造和调控，使其为人类提供生活资料或其他方面的资源、条件。《陈旉农书》展现的是一种生态系统理论，建设的是有机农业，要

---

① （宋）陈旉撰，万国鼎校注：《陈旉农书校注》，农业出版社 1965 年版，第 35 页。
② 同上书，第 35 页。
③ 同上书，第 55 页。
④ 同上书，第 45 页。
⑤ 同上书，第 27 页。

求把各种因素和条件系统化地调控好，才能实现可持续地高产。这种有机系统的整体观，在《陈旉农书·陈旉自序》中就写了："尧命羲和，以钦授民时，东作、西成，使民知耕之勿失其时。舜命后稷，黎民阻饥，播时百谷，使民知种之各得其宜。及禹平洪水，制土田，定贡赋，使民知田有高下之不同，土有肥硗之不一，而又有宜桑宜麻之地，使民知蚕绩亦各因其利。"①"使民知耕之勿失其时"谈的是时宜观，顺天时，在适宜的时间抓紧时间耕作；"使民知种之各得其宜"谈的是物宜论，因物制宜，把农作物种在适宜生长的地方；"使民知田有高下之不同，土有肥硗之不一，而又有宜桑宜麻之地，使民知蚕绩亦各因其利"，谈的是地宜理论，要因地制宜，各种高下不同、肥沃不同的土地要根据土壤特性种上适宜的作物，适宜种桑的种桑、种麻的种麻，要各因其利。因此，《陈旉农书》不是单单强调顺天时，不是单单强调量地利，也不是单单强调因循物宜，而是各个方面有机地结合在一起，全面地综合考虑。用陈旉自己的话讲就是："故农事必知天地时宜，则生之、蓄之、长之、育之、成之、熟之，无不遂矣。"②（《陈旉农书·天时之宜》）《陈旉农书》的理论是有机系统一体的，但为了叙述方便，笔者从以下三个方面对其主要部分进行分析论述。

1. 因地制宜的田地利用规划

跟《齐民要术》不一样，《陈旉农书》所讨论的农业范围是我国的江南地区，多山，多水，多丘陵，平原少，地势高低起伏大。《陈旉农书》以地势的高低为主要线索，论述了不同情况田地的不同治理办法。随着地势的由高到低，相应的生态环境发生巨大的变化，高地一般温度低，多风寒，且容易遭受干旱，而低地则肥沃，多水，容易挨水淹，因此要采取不同的方法因地制宜。《陈旉农书·地势之宜》对此就有十分到位的论述："夫山川原隰，江湖薮泽，其高下之势既异，则寒燠肥瘠各不同。大率高地多寒，泉冽而土冷，传所谓高山多冬，以言常风寒也；且易以旱干。下地多肥饶，易以渰浸。故治之各有宜也。"③从《陈旉农书》的论述来看，

---

① （宋）陈旉撰，万国鼎校注：《陈旉农书校注》，农业出版社1965年版，第21页。
② 同上书，第28页。
③ 同上书，第24页。

它依据地势的高低不同大体将田地分为高田、下地、欹斜坡陁之处、深水薮泽四类，对每一类都说明了十分恰当的田地规划方法。这些精彩的规划内容详如表3—1所示。

表 3—1 《陈旉农书》因地制宜的田地利用规划

田地类型	治理办法
高田	若高田视其地势，高水所会归之处，量其所用而凿为陂塘，约十亩田即损二三亩以潴畜水；春夏之交，雨水时至，高大其堤，深阔其中，俾宽广足以有容；堤之上，疏植桑柘，可以系牛
下地	下地易以潦浸，必视其水势冲突趋向之处，高大圩岸环绕之
欹斜坡陁之处	欹斜坡陁之处，可种蔬茹麻麦粟豆，而傍亦可种桑牧牛
深水薮泽	深水薮泽，则有葑田，以木缚为田丘，浮系水面，以葑泥附木架上而种艺之。其木架田丘，随水高下浮泛，自不潦溺

从表3—1我们可以看出，《陈旉农书》对各类地形的规划是十分科学合理的。对于易受干旱的高田，则划出占总数20%—30%的面积用于人工开凿陂塘，潴畜高地之水，干旱时便用蓄积的水灌溉田地。对于易挨水淹的低田，就要勘察水势冲击的地段，按着它的流向筑起高大圩岸环绕起来，以避免下雨时农田被水淹没。对于高低不平的坡地，则可以种蔬菜、大麻、芝麻、麦、粟和豆子，地边上也可以种桑和牧牛。对于湖泊水深的地方，则可以建造"葑田"：用木头绑成排，做成田丘状，系着浮在水面，用有烂草根盘绕着的泥巴堆在木排上，就在这泥土上种庄稼；这些木排田丘，浮在水面，随水上下，自然不会被水淹没。《陈旉农书》这种巧妙、科学合理的农业用地规划，把每一类土地都用上了，并且用得恰到好处，做到了因地制宜，地尽其用，反映出我国先民无比的聪明和智慧。

2. 地宜、时宜相结合的耕耨

对于农田的耕耨，《陈旉农书》也很讲究，要求与天时、地利结合起来，抓住有利时间，因地制宜地耕耨。《陈旉农书·耕耨之宜》说："夫耕耨之先后迟速，各有宜也。"①

---

① （宋）陈旉撰，万国鼎校注：《陈旉农书校注》，农业出版社1965年版，第26页。

我们先以地宜为线索来分析。在《耕耨之宜》篇，陈旉根据地理情况，将农田大致分为“山川原隰”之田和“平陂易野”之田这两类。“山川原隰”之田是被山川环绕的高田谷地，通常是比较寒冷的；这类田地要在秋天深耕，放水干涸，并且在春天开始时还要“徧布朽薙腐草败叶以烧治之”，以使土壤变暖。而对于开阔平坦的“平陂易野”之田，则要在冬季耕平，泡着水，使杂草不能生长，而且残茬杂草在水中沤烂，田也变肥了。《陈旉农书·耕耨之宜》原文记载如下：

> 山川原隰多寒，经冬深耕，放水干涸，雪霜冻冱，土壤苏碎；当始春，又徧布朽薙腐草败叶以烧治之，则土暖而苗易发作，寒泉虽冽，不能害也。若不然，则寒泉常侵，土脉冷而苗稼薄矣。
>
> 平陂易野，平耕而深浸，即草不生，而水亦积肥矣。俚语有之曰：“春浊不如冬清”，殆谓是也。①

对于梯田的耘田除草、烤田，陈旉因地制宜地制定了一套方法，要求最高处蓄水，从最下处开始放干水耘田、烤田，然后放水灌溉，如此依次向上。《陈旉农书·薅耘之宜》说：“且耘田之法，必先审度形势，自下及上，旋干旋耘。先于最上处收滀水，勿致水走失。然后自下旋放令干而旋耘。不问草之有无，必徧以手排摝，务令稻根之傍，液液然而后已。所耘之田，随于中间及四傍为深大之沟，俾水竭涸，泥坼裂而极干。然后作起沟缺，次第灌溉。夫已干燥之泥，骤得雨即苏碎，不三五日间，稻苗蔚然，殊胜于用粪也。又次第从下放上耘之，即无卤莽灭裂之病。田干水暖，草死土肥，浸灌有渐，即水不走失。”若不如此，一下子把上下丘的水全放干的话，则会“今见农者不先自上滀水，自下耘上，乃顿然放令干，务令速了。及工夫不逮，恐泥干坚，难耘摝，则必率略，未免灭裂。土未及干，草未及死，而水已走失矣。不幸无雨，因循干甚，欲水灌溉，已不可得，遂致旱涸焦枯，无所措手。如是失者十常八九，终不省悟，可胜叹哉”②。

---

① （宋）陈旉撰，万国鼎校注：《陈旉农书校注》，农业出版社1965年版，第27页。

② 同上书，第35—36页。

　　我们再以时间为线索来分析《陈旉农书》论述的耕耨情况。从农家对田地的耕种时间先后上看，可将农田分为"早田"和"晚田"两类，这两类农田适宜的耕耘时间是不一样的。"早田"要收获后就抓紧时间马上耕治施肥，种上二麦、蚕豆、豌豆或蔬菜，这样能使土壤精熟肥沃，可以节省来年的耕作的劳力，还可以多得一熟的收成。"晚田"因为来不及种植冬作物，而庄稼收割后稻茬还很韧牢，所以必须要等到来年春天残茬腐朽后再耕，以便节省牛力。《陈旉农书·耕耨之宜》说："早田获刈才毕，随即耕治晒暴，加粪壅培，而种豆麦蔬茹，因以熟土壤而肥沃之，以省来岁功役，且其收又足以助岁计也。晚田宜待春乃耕，为其藁秸柔韧，必待其朽腐，易为牛力。"① 对农田的除草，在春夏秋冬不同的时节方法是不尽相同的。春天草开始生长要带土铲刮；夏季要连根带草把地锄平，使杂草不再旺长；秋天要割去草子，不要让草种掺杂在地里；冬天，庄稼收割后，要连残茬草根一起耕翻锄转，让霜雪凝冻，根荄腐朽，来年不生，又可借以给田土增肥。《陈旉农书·薅耘之宜》说："然除草之法，亦自有理。……于春始生而萌之。于夏日至而夷之，谓夷刈平治之，俾不茂盛也；日至谓夏时草易以长，须日日用力。于秋绳而芟之，谓芟刈去其实，无俾易种于地也。于冬日至而耜之，谓所种者已收成矣，即併根荄犁鉏转之，俾雪霜冻沍，根荄腐朽，来岁不复生，又因得以粪土田也。"②

　　3. 时宜、物宜相结合的种植

　　秉承中国古代农学的一贯传统，《陈旉农书》对天时也是极为重视。相比以前的顺天时要求，《陈旉农书》的提法显得更为积极些，它的要求是"盗天地之时利"，更强调了人要主动抓住有利时机进行农事活动。《陈旉农书·天时之宜》说："在耕稼盗天地之时利，可不知耶？"③ 人们进行农事活动要准确抓住天时、地宜的合适时机进行，这样从播种、生长、成熟到收获的整个农业活动一般都会顺利。《陈旉农书·天时之宜》接着说："传曰：'不先时而起，不后时而缩。'故农事必知天地时宜，则生之、蓄之、长之、育之、成之、熟之，无不遂矣。"④

---

① （宋）陈旉撰，万国鼎校注：《陈旉农书校注》，农业出版社1965年版，第26页。

② 同上书，第35页。

③ 同上书，第28页。

④ 同上。

　　在《六种之宜》篇，陈旉将时宜、物宜结合起来考虑，对作物的种植进行合理排序，使一年之中"种无虚日"，"收无虚月"。能够使农田生态系统实现高使用率、满载运转，源源不断地输出生活物资，人们也就不会匮乏贫穷了。《陈旉农书·六种之宜》说："种莳之事，各有攸叙。能知时宜，不违先后之序，则相继以生成，相资以利用，种无虚日，收无虚月。一岁所资，绵绵相继，尚何匮乏之足患，冻馁之足忧哉。"① 很显然，农田能够这样高效率地被使用，是与陈旉所论及的如何粪田保持土壤肥力、如何因地制宜地治理田地以及因地制宜地种植等前提分不开的。如不然，田地土壤早就退化不适合种植了。在先秦时期，人们进行的是撂荒、轮荒，后来逐渐发展到年年连作，而现在到陈旉这是一年之内不停地种植、收获，可见田地使用率提高之大。《陈旉农书》把时宜、物宜结合后，对一年之内作物种植、收获的紧凑、周密、高效率安排如表3—2所示。

表3—2　　　　《陈旉农书》结合时宜、物宜的高效率种植安排

时间	种植	收获时间	情况说明
正月	麻枲	五六月可刈	间旬一粪
二月	种粟	七月可济乏绝矣	必疏播种子，碾以辘轴，则地紧实，科本丛茂，穄穟长而子颗坚实
三月	种早麻	七八月可收也	才甲拆，即耘锄，令苗稀疏。一月凡三耘锄，则茂盛
四月	种豆	七月成熟矣	耘锄如麻
五月	五月中旬后种晚油麻	九月成熟矣	治如前法（早麻）。不可太晚。晚则不实，畏雾露蒙幂之也。五月治地，唯要深熟，于五更承露锄之五七徧，即土壤滋润。累加粪壅，又复锄转
七月	七夕已后，种萝卜、菘菜		筛细粪和种子，打垄撮放，唯疏为妙。烧土粪以粪之，霜雪不能雕。杂以石灰，虫不能蚀。更能以鳗鲡鱼头骨煮汁渍种，尤善。七月治地，屡加粪锄转

────────────

① （宋）陈旉撰，万国鼎校注：《陈旉农书校注》，农业出版社1965年版，第7—8页。

时间	种植	收获时间	情况说明
八月	八月社前即可种麦		宜屡耘而屡粪。麦经两社，即倍收而子颗坚实

三　掌握客观规律，要求人管理好农业生态系统

《陈旉农书》对自然规律的根本特点有了进一步的认识。自然规律的一个特点是能够重复的，因而具有普遍性和必然性，陈旉称之为"常"和"必"，而把与之相对的偶然性称之为"幸"。他认为，农业上遵循的法则应该建立在这种具有普遍性和必然性的自然规律的基础上，求取其"必效"，而不应该把希望寄托在侥幸成功之上①。《陈旉农书·蚕桑叙》明确写道："古人种桑育蚕，莫不有法。不知其法，未有能得者，纵或得之，亦幸而已矣。盖法可以为常，而幸不可以为常也。"②"法"，就是合乎自然规律或者善于运用自然规律的方法或技术措施。总之，《陈旉农书》要求人们掌握客观规律，依照并利用客观规律，管理好农田生态系统，使作物丰收高产。《陈旉农书·天时之宜》说："然则顺天地时利之宜，识阴阳消长之理，则百谷之成，斯可必矣。"③在《天时之宜》篇，陈旉精彩地论述了农作物的种植时间应以当地当年的实际气候情况为准则，不要生搬硬套古代日历中规定的时令，因为就是同一地方每年的气候也有变化，更不用说不同的地方了。《陈旉农书·天时之宜》说："四时八节之行，气候有盈缩踦赢之度。五运六气所主，阴阳消长有太过不及之差。其道甚微，其效甚着。……今人雷同以建寅之月朔为始春，建巳之月朔为首夏，殊不知阴阳有消长，气候有盈缩，冒昧以作事，其克有成耶？设或有成，亦幸而已，其可以为常耶？"④《陈旉农书》全书的主要内容就是陈旉对各种自然规律的总结，比如前面所论述的施肥、土地利用规划、

　①　李根蟠：《〈陈旉农书〉与"三才"理论——与〈齐民要术〉比较》，《华南农业大学学报》（社会科学版）2003 年第 2 期。

　②　（宋）陈旉撰，万国鼎校注：《陈旉农书校注》，农业出版社 1965 年版，第 53 页。

　③　同上书，第 29 页。

　④　同上书，第 27—28 页。

地宜、物宜、时宜相结合种植，等等。当然，还有更多的客观规律有待人们去探索总结。这里，陈旉要求人们掌握客观规律，依照并利用客观规律，管理好农田生态系统，这种指导思想是十分正确和先进的。

《陈旉农书》在论及人如何管理农田生态系统上，是花了很大篇幅的。这个对于管理者"人"的学问，从传统农学思想"三才论"看，就是对三才"天、地、人"之一的"人"的论述。在《陈旉农书》卷上的十二宜中，有关人如何经营管理农业的内容就占了六篇，可见所占篇幅之大和陈旉对"人"重视程度之深。我们知道，农业生态系统是在人的管理下建立的，是有别于自然界的生态系统的；人既是这个生态系统中的一员，也是这个生态系统的管理和调控者，是这个生态系统的核心。《陈旉农书》对农业生态系统的管理，可以分为两个方面，一个是对农业生产技术的掌握和应用，例如对地宜、物宜、时宜、粪肥、治田、治苗等各种科技的掌握和使用；另一个是对农业生产过程中有关财力、器具的管理以及劳动者本身应该如何合理地经营与规划。前一个方面，可以称为纯自然科学的内容；后一个方面是与经济有关的如何经营的学问。在《财力之宜》篇，陈旉要求农田的经营者"量力而为之"，要想农业丰收，关键是善始善终地管理好农田，"既善其始，又善其中，终必有成遂之常矣"；如果只是一味地贪图田多，而不注重管理，或者是财力、人力不足管理不过来，最后反而会没有收成。即所谓，"倘或财不赡，力不给，而贪多务得，未免苟简灭裂之患，十不得一二，幸其成功，已不可必矣。虽多其田亩，是多其患害，未见其利益也"。总之，陈旉主张的是"多虚不如少实，广种不如狭收"，"农之治田，不在连阡跨陌之多，唯其财力相称，则丰穰可期也审矣"①。在《居处之宜》篇，陈旉认为农田经营者的居所应该靠近田地，这样可以方便农事，"民居去田近，则色色利便，易以集事"，"近家无瘦田，遥田不富人"②。在《器用之宜》篇，陈旉强调要修缮、管理、保养好各种农业器具，以备农耕时用，"工欲善其事，必先利其器。器苟不利，未有能善其事者也"，"苟一器不精，即一事不举，不

---

① （宋）陈旉撰，万国鼎校注：《陈旉农书校注》，农业出版社1965年版，第23—24页。
② 同上书，第33页。

可不察也"①。在《念虑之宜》篇，陈旉主张在农事未开始之时，就要有
一个好的规划，然后要有意志力把这个规划从头到尾地执行好，即"凡
事豫则立，不豫则废……农事尤宜念虑者也"，"惟志好之，行安之，乐
言之，念念在是，不以须臾忘废，料理缉治，即日成一日，岁成一岁，何
为而不充足备具也"②。

四　农作物种间关系利用的新发展和水田一举多得的灵巧设计

《陈旉农书》在对作物种间关系的利用上有了新的发展，体现在桑麻
套种上。《陈旉农书·种桑之法》说："若桑圃近家，即可作墙篱，仍更
疏植桑，令畦垄差阔，其下偏栽苎。因粪苎，即桑亦获肥益矣，是两得之
也。桑根植深，苎根植浅，并不相妨，而利倍差。"③ 如果桑园离家近，
可以作墙篱，桑树栽种得稀疏些，畦垄整得宽阔些，在桑树下遍栽苎麻。
给苎麻上粪时，桑树也会同时得到肥料，这是一举两得。桑树根扎得深，
苎麻根表浅，相互之间并不妨碍，而受益加倍。从这里可以看出，陈旉对
桑树和苎麻这两种植物的生理特性有很深入的研究，利用他们根系深浅不
同，吸肥范围不一样，将他们套种在一起，一次施肥两者都可得到滋养，
一举两得。这种省时省力又增加收成的套种，是先人留给我们的宝贵遗
产，也是生态农业所大力提倡的。

对于高田的利用，陈旉有非常巧妙的设计，一举多得。《陈旉农书·
地势之宜》说："若高田视其地势，高水所会归之处，量其所用而凿为陂
塘，约十亩田即损二三亩以潴畜水；春夏之交，雨水时至，高大其堤，深
阔其中，俾宽广足以有容；堤之上，疏植桑柘，可以系牛。牛得凉荫而遂
性，堤得牛践而坚实，桑得肥水而沃美，旱得决水以灌溉，潦即不致于弥
漫而害稼。高田早稻，自种至收，不过五六月，其间旱干不过灌溉四五
次，此可力致其常稔也。又田方耕时，大为塍垄，俾牛可牧其上，践踏坚
实而无渗漏。"④ 这里的灵巧之处就在损 20%—30% 田所作陂塘上。首先，
陂塘的开凿既可以确保下面的水田无干旱之忧，也可以使水多时不"弥

① （宋）陈旉撰，万国鼎校注：《陈旉农书校注》，农业出版社 1965 年版，第 41 页。

② 同上。

③ 同上书，第 55 页。

④ 同上书，第 24—25 页。

漫而害稼"，这是第一个好处，也是最重要的好处。其次，陂塘的堤坝种植桑树，可以收得桑叶养蚕，而且由于陂塘的潴畜水桑树会长得很好，这是第二个好处。最后，堤坝上可以系牛，"牛得凉荫而遂性"；同时"堤得牛践而坚实"，这是第三个好处。这样巧夺天工的灵巧设计，突出反映了古代中华民族无比的勤劳和智慧。

五 节俭、适度消费的生态消费观

陈旉在书中也比较完整地论述了中国传统社会主流意识历来所主张的节俭适度消费观念。《陈旉农书·节用之宜》说："然以礼制事，而用之适中，俾奢不至过泰，俭不至过陋，不为苦节之凶，而得甘节之吉，是谓称事之情而中理者也。"[1] 这是陈旉在《节用之宜》篇所谈消费观的中心思想，即按礼制办事，用度适中，使奢侈不至于放纵，节俭不至于小气，不要过度节省、生活困苦甚至引起凶害，而是要享受理性节俭、适度消费所带来的吉利，这样才是合情合理的。国与家在对物质生活资料的消费上有着相通之处，国就是一个"大家"，家就是一个"小国"。那么什么是好的节俭？怎样消费才是适度消费呢？对于一个国度来说，是"冢宰眡年之丰凶以制国用，量入以为出，丰年不奢，凶年不俭"[2]（《陈旉农书·节用之宜》）。可见，最基本的原则就是"量入以为出"，根据收获的多少来决定消费的量度，在"丰年"和"凶年"所收的物质财物间取一平衡点，做到"丰年不奢，凶年不俭"。在这基础上，还得考虑未来，国家的积蓄要能够应对突然事件。陈旉认为一个国家没有九年的积蓄是不足的，没有三年的积蓄将会国将不国，"国无九年之蓄曰不足，无六年之蓄曰急，无三年之蓄曰国非其国也"[3]（《陈旉农书·节用之宜》）。作为一个家庭该怎样消费呢？陈旉说："治家亦然。"[4]（《陈旉农书·节用之宜》）治家也是一样的，也是要"量入以为出"，综合考虑"丰年"和"凶年"的，也是要在家里多积蓄，以便应对突发事件的。

对于为什么要节俭，陈旉的论述也是十分科学合理。《陈旉农书·节

---

[1] （宋）陈旉撰，万国鼎校注：《陈旉农书校注》，农业出版社 1965 年版，第 37 页。

[2] 同上书，第 36 页。

[3] 同上书，第 37 页。

[4] 同上。

用之宜》说："《国语》云：俭以足用，言唯俭为能常足用，而不至于匮乏。"节俭是为了时常能够足用，不至于匮乏。可见，不是为了节俭而节俭，而是为了时常足用而适度消费。为了实现自己所主张的节俭、适度消费观，陈旉寄希望于政府，希望统治者作榜样，如果下面老百姓过于奢侈浪费，上面就予以禁止，这样，这种消费观就能够实行了。《陈旉农书·节用之宜》说："以谓理财之道，在上以率之，民有侈费妄用则严禁之，夫是之谓制得其宜矣。"①

总之，陈旉的这种适度消费观念是既考虑现在又虑及未来，消费的额度以收入多少为基准，注重物质财富时常足用，讲究消费的可持续发展，是一种值得提倡和发扬的生态消费观念。这种生态消费观，对我们今天树立正确的消费价值观有十分重要的参考价值和作用。

第三节　朱熹的生态思想

朱熹（1130—1200 年）祖籍徽州婺源（今江西省婺源），生于尤溪（原属南剑州今属福建三明），字元晦、仲晦，号晦庵、晦翁、遁翁、逆翁，别号考亭先生、紫阳先生、云谷老人、沧洲病叟。南宋著名的理学家、思想家、哲学家、教育家、诗人、闽学派的代表人物，世称朱子，是继孔子、孟子以来最杰出的弘扬儒学的大师。朱熹是理学的集大成者，中国封建时代儒家的主要代表人物之一。他的学术思想，在南宋中后期、元朝、明朝、清朝四代将近千年的传统社会里，一直是封建统治阶级的官方哲学，他的《四书章句集注》被统治者列为官学教科书和科举考试的标准答案。朱熹的思想还对朝鲜、越南、日本、琉球王国等地方起过重大影响，这些地区也曾将朱熹的学术思想列为官方哲学。

朱熹总结了以往的思想，尤其是宋代理学思想，建立了庞大的理学体系，他的学问博大精深，从人文社会到自然科学，无所不包。仅是自然科学（或自然哲学）方面，就是一个十分庞大的体系。鉴于朱熹学说广泛而重大的影响，国内外许多著名学者都对其思想从不同角度进行了分析和研究，相关著作和文章多得不胜枚举。例如，英国著名科技史家李约瑟先

---

① （宋）陈旉撰，万国鼎校注：《陈旉农书校注》，农业出版社 1965 年版，第 38 页。

生在他的《中国科学技术史·第二卷·科学思想史》中对朱熹在自然科学方面成就的评价是："从科学史的观点来看，或许可以说他（指朱熹）的成就要比托马斯·阿奎那大得多。"① 美国著名学者 R. A. 尤利达教授说："现今的自然科学大厦不是西方的独有成果和财产，也不仅仅是亚里士多德、欧几里得、哥白尼和牛顿的财产——其中也有老子、邹衍、沈括和朱熹的功劳。"并且，认为"朱熹思想的广度和特质可与亚里士多德、托马斯阿奎那和莱布尼茨相媲美"②。

　　朱子的著作很多，据《四库全书》的著录统计，朱子现存著作共 25 种，600 余卷，总字数在 2000 万字左右。可分为好几种形态，一是朱子自己的论著，如《晦庵先生朱文公文集》、《八朝名臣言行录》等；二是别人整理或编辑的朱子著作，如《朱子语类》；三是朱子对儒家经典或重要文学、文化遗产所作的整理和研究之作，如《四书章句集注》、《楚辞集注》、《韩文考异》（又名《昌黎先生集考异》）等；四是朱子与他人合作的著作，如《近思录》。朱子还整理和编辑过他人的著作，如《二程遗书》、《上蔡语录》、《韦斋集》等，当然这些严格来讲不是朱熹自己的著作。清朝康熙年间，大学士李光地奉敕编修的《朱子全书》（或称《渊鉴斋御纂朱子全书》），但实际上是朱子的《文集》和《语类》的选集本。现代，朱杰人先生主编的《朱子全书》（2003 年由上海古籍出版社和安徽教育出版社共同出版），由海内外学者共同完成，耗时 8 年，有 27 巨册，约 1436 万字，基本上囊括朱熹的所有著述。

　　笔者拟对朱子的生态思想进行一番分析，当然有关生物（包括人）与环境关系的探讨是朱熹博大学问的小部分中的一小部分。从总体上看，朱子的生态思想是对先前儒家思想的继承和发扬，在朱子有关生物与环境关系的论述中我们可以很容易见到孔子、孟子、荀子、董仲舒等先前大儒的思想的影子；朱子将这些思想融会贯通，在此基础上进行创造发展，达到了一个新的历史高度。

---

　　① ［英］李约瑟：《中国科学技术史　第二卷　科学思想史》，科学出版社、上海古籍出版社 1990 年版，第 506 页。

　　② ［美］R. A. 尤利达：《中国古代的物理学和自然观》，《科学史译丛》1983 年第 4 期。

一　人与自然万物同源，人最灵、最贵

人与自然万物一样，都是由"天地"所生的，人与自然万物同源于天地之"气"。对于人和自然万物的生成，朱子有这些论述：

> 先有天，方有地，有天地交感，方始生出人物来。① （《朱子语类·卷四十五》）
>
> 天地别无勾当，只是以生物为心。一元之气，运转流通，略无停间，只是生出许多万物而已。② （《朱子语类·卷一》）
>
> 天地之间，二气只管运转，不知不觉生出一个人，不知不觉又生出一个物。即他这个斡转，便是生物时节。③ （《朱子语类·卷九十八》）
>
> "天地以生物为心。"譬如甄蒸饭，气从下面滚到上面，又滚下，只管在里面滚，便蒸得熟。天地只是包许多气在这里无出处，滚一番，便生一番物。④ （《朱子语类·卷五十三》）

人与自然万物是同根同源的，而且关于这个同源性，朱子还有更明确的论述，他说："人、物之生，同得天地之理以为性，同得天地之气以为形。"⑤ （《四书章句集注·孟子集注·离娄下》）

虽然人与自然万物同源，但人与它们是有区别的，朱子接着就讲道："其不同者，独人于其间得形气之正，而能有以全其性，为少异耳。虽曰少异，然人、物之所以分，实在于此。"⑥ （《孟子集注·离娄下》）关于

---

① （宋）黎靖德编，《朱子语类》，（宋）朱熹撰，朱杰人、严佐之等主编：《朱子全书》第15册，上海古籍出版社、安徽教育出版社2002年版，第1592页。

② （宋）朱熹撰，朱杰人、严佐之等主编：《朱子全书》第14册，上海古籍出版社、安徽教育出版社2002年版，第117页。

③ （宋）朱熹撰，朱杰人、严佐之等主编：《朱子全书》第17册，上海古籍出版社、安徽教育出版社2002年版，第3298页。

④ （宋）朱熹撰，朱杰人、严佐之等主编：《朱子全书》第15册，上海古籍出版社、安徽教育出版社2002年版，第1757页。

⑤ （宋）朱熹撰：《孟子集注》，齐鲁书社1992年版，第116页。

⑥ 同上书，第116页。

人与自然万物的区别，朱子在《晦庵先生朱文公文集·卷五十九·答余方叔》中更是明确地说道："天之生物，有有血气知觉者，人兽是也；有无血气知觉而但有生气者，草木是也；有生气已绝而但有形质臭味者，枯槁是也。是虽其分之殊，而其理则未尝不同。但以其分之殊，则其理之在是者不能不异。故人为最灵而备有五常之性，禽兽则昏而不能备，草木枯槁则又并与其知觉而亡焉，但其所以为是物之理，则未尝不具耳。"① 又"问：'人具五行，物只得一行？'曰：'物亦具有五行，只是得五行之偏者耳。'"②（《朱子语类·卷四》）再又"以其理而言之，则万物一原，固无人物贵贱之殊；以其气而言之，则得其正且通者为人，得其偏且塞者为物；是以或贵或贱而有所不能齐也。彼贱而为物者，既梏于形气之偏塞，而无以充其本体之全矣。惟人之生乃得其气之正且通者，而其性为最贵，故其方寸之间，虚灵洞彻，万理咸备，盖其所以异于禽兽者正在于此"③（《四书章句集注·大学或问》）。可见，朱子认为从本质上看，人与万物是同出一源的，是没有贵贱之分的；但是人与自然万物间的区别还是有的，那就是人类是得气"之正通者"，而其他动植物都是得气"偏且塞者"，因此就造成了人是天下最灵，人性是天下最贵的。

二　传统人本和谐生态思想的进一步发展

从上面的比较中我们可以看出，人类在与自然万物比较中伦理地位的高等级性，也反映了朱子对儒家人本和谐生态主义的一贯继承和发扬。自从儒家的创始人孔子开始，人和人的价值就一直是第一位的，《论语·乡党》记载："厩焚。子退朝，曰：'伤人乎？'不问马。"④ 儒家亚圣孟子，把如何对待人与物的态度作了总述，孟子说："君子之于物也，爱之而弗仁；于民也，仁之而弗亲。亲亲而仁民，仁民而爱物。"⑤（《孟子·尽心

---

① （宋）朱熹撰，朱杰人、严佐之等主编：《朱子全书》第 23 册，上海古籍出版社、安徽教育出版社 2002 年版，第 2854 页。

② （宋）朱熹撰，朱杰人、严佐之等主编：《朱子全书》第 14 册，上海古籍出版社、安徽教育出版社 2002 年版，第 182—183 页。

③ （宋）朱熹撰，朱杰人、严佐之等主编：《朱子全书》第 6 册，上海古籍出版社、安徽教育出版社 2002 年版，第 507 页。

④ 臧知非注说：《论语》，河南大学出版社 2008 年版，第 177 页。

⑤ （战国）孟轲著，杨伯峻、杨逢彬注译：《孟子》，岳麓书社 2000 年版，第 244 页。

上》）荀子也认为人是天下最贵："水火有气而无生，草木有生而无知，禽兽有知而无义；人有气、有生、有知亦且有义，故最为天下贵也。"①（《荀子·王制》）大儒董仲舒同样也是认为人类为天下最贵，他说："莫精于气，莫富于地，莫神于天。天地之精所以生物者，莫贵于人。"②（《春秋繁露·人副天数》）朱子的生态伦理思想与先前的儒家传统是一脉相承的，而且朱子对儒家的生态伦理还进行了进一步的深入和细化的规划发展。朱子对孟子的"亲亲仁民爱物"有如下注解：

> 物，谓禽兽草木。爱，谓取之有时，用之有节。程子曰："仁，推己及人，如'老吾老，以及人之老'。于民则可，于物则不可。统而言之则皆仁，分而言之则有序。"杨氏曰："其分不同，故所施不能无差等，所谓理一而分殊者也。"尹氏曰："何以有是差等？一本故也，无伪也。"③（《四书章句集注·孟子集注·尽心上》）

通过上面的注解，人和物不同的生态伦理地位，对人和物不同的态度和感情，人的主体地位和以人为本的思想昭然若揭，清清楚楚。

同时，我们也必须清楚地看到，儒家以人为本的生态伦理并不是割裂人与自然的关系的，也不是号召人与自然对立的，恰恰相反，儒家的生态伦理是一贯要求人与自然和谐发展的，这也是从儒家的鼻祖孔子开始就一直这样的。孔子说："子钓而不纲，弋不射宿。"④（《论语·述而》）孟子说："数罟不入洿池，鱼鳖不可胜食也；斧斤以时入山林，材木不可胜用也。谷与鱼鳖不可胜食，材木不可胜用，是使民养生丧死无憾也。养生丧死无憾，王道之始也。"⑤（《孟子·梁惠王上》）荀子说："圣王之制也。草木荣华滋硕之时，则斧斤不入山林，不夭其生，不绝其长也。鼋鼍鱼鳖鳅鳣孕别之时，罔罟毒药不入泽，不夭其生，不绝其长也。春耕夏耘，秋

---

① （战国）荀况著，高长山译注：《荀子译注》，黑龙江人民出版社2003年版，第154页。
② （汉）董仲舒著，阎丽译注：《董子春秋繁露译注》，黑龙江人民出版社2003年版，第228页。
③ （宋）朱熹撰：《孟子集注》，齐鲁书社1992年版，第205页。
④ 臧知非注说：《论语》，河南大学出版社2008年版，第155页。
⑤ （战国）孟轲著，杨伯峻、杨逢彬注译：《孟子》，岳麓书社2000年版，第5页。

收冬藏，四者不失时，故五谷不绝而百姓有余食也。污池渊沼川泽，谨其时禁，故鱼鳖优多而百姓有余用也。斩伐养长不失其时，故山林不童，而百姓有余材也。"①（《荀子·王制》）董仲舒说："质于爱民，以下至于鸟兽昆虫莫不爱。不爱，奚足谓仁？"②（《春秋繁露·仁义法》）程颢说："若夫至仁，则天地为一身，而天地之间，品物万形为四肢百体。夫人岂有视四肢百体而不爱者哉？"③（《二程遗书·卷四》）可见儒家在树立以人为本观念的同时，对普通的自然万物是主张爱护的，不要去征服和破坏，就如程颢所描述的一样，人作为本体，其他万物作为人的四肢百体，整个自然界就是以人为头的一个整体。而对于人类必须要向自然界索取的各类资源，儒家则主张的是一种"取之有时，用之有节"的可持续发展思想，竭力维护"人—自然界"这个整体生态系统的平衡稳定，使人与自然和谐发展。

　　贯穿于儒家始终的传统人本和谐生态思想，到朱子这里得到了进一步发展。这种人本和谐生态思想，对指导人类正确处理人与自然的关系是十分有价值的，在人与自然关系日益恶化、生态环境日益被严重破坏的今天，发扬儒家人本和谐生态思想对于保护生态环境、阻止浪费破坏资源有重要的作用；同时，儒家尊重人、肯定人，把人放在第一位的做法，又有利于人类社会的健康良性发展。儒家人本和谐生态思想与西方的"人类中心主义"是不一样的，"人类中心主义"主张征服和掠夺自然界，主张人与自然的分离；人本和谐生态思想强调人与自然的整体性，维护人与自然的和谐，认为整个世界是"人—自然界"这样一个整体系统，人只不过是这个生态系统的头，而其他自然万物则是人的四肢百体。同时，儒家人本和谐生态思想与当今西方一些极端激进的生态伦理思想也是不同的，这些极端生态思想主张消减人的价值主体地位，湮灭以人为本的观念，把人的价值地位下降到与自然界的动植物相同的位置，很显然这也是行不通的，是不利于人类社会进步的。笔者认为，无论是在今天抑或是在未来，综合考虑过人和自然两方面的儒家和谐生态思想都是行之有效的、先进

---

① （战国）荀况著，高长山译注：《荀子译注》，黑龙江人民出版社2003年版，第155页。

② （汉）董仲舒著，阎丽译注：《董子春秋繁露译注》，黑龙江人民出版社2003年版，第147页。

③ （宋）程颢、程颐撰：《二程遗书》，上海古籍出版社2000年版，第126页。

的、科学的，是能够良好协调人与自然关系的发展观之一。因此，对于祖先留给我们的这笔宝贵思想财富，我们应当好好地继承和发扬。

三　天人相类，天人感应，人与天职能分工不同

在前面分析汉代董仲舒的生态思想时，我们曾讨论过董仲舒的天人相类观，即认为人与天（地）的构造是相类似的，人是一个小天（地），天是一个大的人。朱子对人与天（地）在构造上的关系有着相似的看法，这反映出朱子对前辈儒学大师思想的继承和发扬。《朱子语类·卷六十》云："天便脱模是一个大底人，人便是一个小底天。吾之仁义礼智，即天之元亨利贞。凡吾之所有者，皆自彼而来也。"① 又 "人便是小胞，天地是大胞。人首圆象天，足方象地，中间虚，包许多生气"② （《朱子语类·卷五十三》）。人与天的类似，表现在方方面面，首先是构造上的相类似，体现在人体的各个部分与天地相对应部分的相似，如 "人首象天，足方象地，中间虚，包许多生气"；其次是，人的道德、礼仪、品性等也都与天地的相应特征相似，如 "吾之仁义礼智，即天之元亨利贞"，总之就是人的所有都可以在天地中找到根源，即 "凡吾之所有者，皆自彼而来也"。

为什么人与天地相类似呢？前面的探讨中，曾分析过，人与自然万物都是天地所生的，自然就会具有这种相似性。朱子还认为，人与天地其实一直都是一体的，如人与天地 "不须问他从初时，只今便是一体"③ （《朱子语类·卷三十三》）。甚至，他还更直接地说："天即人，人即天。人之始生，得于天也；既生此人，则天又在人矣。凡语言、动作、视听，皆天也。只今说话，天便在这里。"④ （《朱子语类·卷十七》）朱子还有更进一层的思想，即认为不仅人与天地是一体的，天底下所有的自然万物（包括人）与天地都是一体的。朱子曾说道："天地便是大底万物，万物

---

①　（宋）朱熹撰，朱杰人、严佐之等主编：《朱子全书》第 16 册，上海古籍出版社、安徽教育出版社 2002 年版，第 1937 页。

②　（宋）朱熹撰，朱杰人、严佐之等主编：《朱子全书》第 15 册，上海古籍出版社、安徽教育出版社 2002 年版，第 1757 页。

③　同上书，第 1197 页。

④　（宋）朱熹撰，朱杰人、严佐之等主编：《朱子全书》第 14 册，上海古籍出版社、安徽教育出版社 2002 年版，第 590 页。

便是小底天地。"①（《朱子语类·卷六十八》）又，"盖天地万物本吾一体"②（《四书章句集注·中庸章句》）。

跟汉代流行的天人感应思想一样，朱子也认为人与自然界是可以相互感应的。朱子的感应思想，首先体现在人类之间。《朱子语类·二十七卷》说："'同声相应，同气相求'。吉人为善，便自有吉人相伴，凶德者亦有凶人同之……有如此之德，必有如此之类应。如小人为不善，必有不善之人应之。"③ 在这种感应过程中，朱子认为是在同一类事物不同个体之间发生的，就如频率相同的乐器间发生共鸣、共振一样。前面分析过，朱子认为天人相类，甚至天地万物都是一体的，为现在的这种相互感应奠定了理论基础。《晦庵先生朱文公文集·卷四十三》说："祭祀之礼，以类而感，以类而应。"④ 在评论炼丹时也是多次论及"同类相感应"这一思想。《周易参同契考异》说："同类相变为警也。……异类不能相成……药非同类，不能成实。"⑤ 接着，我们可以清楚地看到，在朱子的论著中，人与自然界的相互感应是朱子有关感应的主要内容之一。首先是人能够感应到自然万物，"生物之心，我与那物同，便会相感。这生物之心，只是我底，触物便自然感"⑥（《朱子语类·卷一百二十》）。其次是，自然界的事物也对人感应。对于东汉末年著名的孝子王祥（"剖冰求鱼"）"卧冰求鲤"⑦ 感动得鲤鱼自己跳出江面的故事，朱熹评论道："王祥孝

---

① （宋）朱熹撰，朱杰人、严佐之等主编：《朱子全书》第16册，上海古籍出版社、安徽教育出版社2002年版，第2278页。

② （宋）朱熹撰：《四书章句集注》，齐鲁书社1992年版，第2页。

③ （宋）朱熹撰，朱杰人、严佐之等主编：《朱子全书》第15册，上海古籍出版社、安徽教育出版社2002年版，第1011页。

④ （宋）朱熹撰，朱杰人、严佐之等主编：《朱子全书》第22册，上海古籍出版社、安徽教育出版社2002年版，第2082页。

⑤ （宋）朱熹撰，朱杰人、严佐之等主编：《朱子全书》第13册，上海古籍出版社、安徽教育出版社2002年版，第544页。

⑥ （宋）朱熹撰，朱杰人、严佐之等主编：《朱子全书》第18册，上海古籍出版社、安徽教育出版社2002年版，第3798页。

⑦ 据《搜神记·卷十一》、《晋书·卷三十三》等记载："母常欲生鱼，时天寒冰冻，祥解衣，将剖冰求之。冰忽自解，双鲤跃出，持之而归。"这便是"剖冰求鱼"。后人流传中就变成了这样：王祥后母想要吃鲜鱼，可是当时天寒地冻，王祥就脱下衣服，躺卧在冰层上来求鱼。冰忽然自己化开，有双鲤跃出。王祥捉到两条鲤鱼，归家供养后母，即"卧冰求鲤"。

感，只是诚发于此，物感于彼。"①（《朱子语类·卷一百三十六》）对于求雨，朱熹解释说："祈雨之类，亦是以诚感其气。"②（《朱子语类·卷九十一》）显然，朱子相信雨是可以求来的，用人的诚心感动"气"即可求得雨。如果作为统治者的人主坏事做多了，就会感召不详，以致引起各种自然灾害，朱子非常赞同这种观点。《朱子语类·卷六十二》记载："文蔚曰：'且如人生积累愆咎，感召不祥，致有日月薄蚀，山崩川竭，水旱凶荒之变，便只是此类否？'曰：'固是如此。'"③ 朱熹认为，如果君王修德行政、用贤去奸，就能使日食、月食都减少；反之，就会"当食必食"，日食、月食出现的机会就会增多。《诗集传·卷十一》记载："然王者修德行政，用贤去奸，能使阳盛足以胜阴，阴衰不能侵阳，则日月之行，虽或当食，而月常避日，故其迟速高下，必有参差而不正相合，不正相对者，所以当食而不食也。若国无政，不用善，使臣子背君父，妾妇乘其夫，小人陵君子，夷狄侵中国，则阴盛阳微，当食必食，虽曰行有常度，而实为非常之变矣。"④ 朱熹跟当时的人都认为，日食、月食的减少是国家兴旺、太平盛世的征兆，而日食、月食的出现（尤其是日食）是乱亡之兆。例如，紧接着，朱熹就引用苏氏的话进行说明："日食，天变之大者也。然正阳之月，古尤忌之。……彼月则宜有时而亏矣，此日不宜亏而今亦亏，是乱亡之兆也。"⑤ 其实，朱熹的意思就是，君王无道，自然界就会出现各种异常的乱亡征兆；反之，君王有道，自然界也会出现各种太平强盛的征兆。总之，上天是行使着对人们的最终赏善罚恶职责的。《朱子语类·卷七十九》记载："问：'天道福善祸淫'，此理定否？曰：'如何不定？自是道理当如此。赏善罚恶，亦是理当如此。不如此，

---

① （宋）朱熹撰，朱杰人、严佐之等主编：《朱子全书》第 18 册，上海古籍出版社、安徽教育出版社 2002 年版，第 4222 页。

② （宋）朱熹撰，朱杰人、严佐之等主编：《朱子全书》第 17 册，上海古籍出版社、安徽教育出版社 2002 年版，第 3024 页。

③ （宋）朱熹撰，朱杰人、严佐之等主编：《朱子全书》第 16 册，上海古籍出版社、安徽教育出版社 2002 年版，第 2030 页。

④ （宋）朱熹撰，朱杰人、严佐之等主编：《朱子全书》第 1 册，上海古籍出版社、安徽教育出版社 2002 年版，第 591—592 页。

⑤ 同上。

便是失其常理。'"① 对比前面一章所分析的董仲舒的天人感应思想，可以发现，朱子的有关人与自然互相感应的论述与董仲舒的论调是十分相似的。对于自然灾难，朱熹也认为，并不是所有的自然灾难都是由人的感应所引起的，也有自然发生的。《朱子语类·卷七十九》记载："又问：'失其常者，皆人事有以致之耶？抑偶然耶？'曰：'也是人事有以致之，也有是偶然如此时。'又曰：'大底物事也不会变，如日月之类。只是小小底物事会变。'"②

朱熹还认为，人是与天地相并列的，并且人与天地有着不同的职能分工。在《四书章句集注·中庸章句》里有这样的记载，原《中庸》写有，（人）"可以赞天地之化育，则可以与天地参矣"，朱熹对此注解道："'与天地参'，谓与天地并立为三也。"③ 在《晦庵先生朱文公文集·七十三卷》对人为什么可以与天地并立为三作了解释："景风时雨与戾气旱蝗均出于天，五谷桑麻与莨莠钩吻均出于地，此固然矣。人生其间，混然中处，尽其燮理之功，则有景风时雨而无戾气旱蝗，有五谷桑麻而无莨莠钩吻，此人所以参天地赞化育，而天地所以待人而为三才也。"④可见人之所以能成为与天地并立的"三才"之一，是因为天地赋予了人类职责和工作，而且人必须要担负和完成天地赋予的这些工作，以使天地间的自然万物和谐兴旺；具体来说人的职能和职能的目标就是"尽其燮理之功"，使天地间"有景风时雨而无戾气旱蝗，有五谷桑麻而无莨莠钩吻"。之所以会出现这种情况，是因为并不是所有的事情都是天地完成的，天地也有做不了的事情，而这些事情需要靠人来帮助完成。《朱子语类·卷六十四》记载："'赞天地之化育。'人在天地中间，虽只是一理，然天人所为，各自有分，人做得底，却有天做不得底。如天能生物，而耕种必用人；水能润物，而灌溉必用人；火能爇物，而薪爨必用人。裁成辅相，须

---

① （宋）朱熹撰，朱杰人、严佐之等主编：《朱子全书》第17册，上海古籍出版社、安徽教育出版社2002年版，第2691页。

② 同上书，第2692页。

③ （宋）朱熹撰：《四书章句集注》，齐鲁书社1992年版，第20页。

④ （宋）朱熹撰，朱杰人、严佐之等主编：《朱子全书》第24册，上海古籍出版社、安徽教育出版社2002年版，第3554页。

是人做，非赞助而何？"① 由此可见，人与天地在职能上是有着不同的分工的，只有天、地、人三者各司其职，分工合作、密切配合，才能实现世界的和谐兴旺。朱熹这里的人与天地并列为三的思想是对我国传统"三才论"的继承和发扬，而他的人与天地职能分工的思想，则不由让人想起先秦时期荀子的天人分工论述，可以说这也是对荀子的天人分工思想的继承和发扬。

四　农业生态思想

朱熹的农业生态思想主要体现在对传统农业生态思想——"三才论"的继承和发扬。《朱子语类·卷十八》对此有一概括性叙述："问：'所谓一草一木亦皆有理，不知当如何格？'曰：'此推而言之，虽一草木亦有理存焉。一草一木，岂不可以格。如麻麦稻粱，甚时种，甚时收，地之肥，地之硗，厚薄不同，此宜植某物，亦皆有理。'"② "甚时种，甚时收"谈论的是天时（农时），"地之肥，地之硗，厚薄不同，此宜植某物"谈论的是地利，而如何实现这些则是靠人，总归起来就是"天时、地利、人力"三才论思想。朱子的农业生态思想主要散见于他任官期间颁发的《劝农文》和一些官方文告当中。

1. 高度重视时（农时），趁时耕种

朱熹十分重视对天时的把握，他把传统农学所提倡的时节观应用于农业生产实践当中，这在他的《劝农文》中有明显的体现。《晦庵先生朱文公文集·卷九十九·劝农文》记载："近以春初出按外郊，道傍之田犹有未破土者。是父兄子弟犹未体当职之意而不能勤力以趋时也。念以教训未明，未忍遽行笞责。"③ 从这里可以看出朱熹对把握天时的极度重视，初春时期外出看到还有没破土的田地就怒火中烧了，马上下劝农文，估计还有不耕田者就会挨他责罚了。又，《晦庵先生朱文公文集·卷一百·劝农

---

① （宋）朱熹撰，朱杰人、严佐之等主编：《朱子全书》第 16 册，上海古籍出版社、安徽教育出版社 2002 年版，第 2115 页。

② （宋）朱熹撰，朱杰人、严佐之等主编：《朱子全书》第 14 册，上海古籍出版社、安徽教育出版社 2002 年版，第 633 页。

③ （宋）朱熹撰，朱杰人、严佐之等主编：《朱子全书》第 25 册，上海古籍出版社、安徽教育出版社 2002 年版，第 4589 页。

文》记载："今来春气已中，土膏脉起，正是耕农时节，不可迟缓。"① 在他的《劝农文》中还有多处对农事的安排有硬性的要求，现把相关情况列表如下：

表 3—3　　　　　　　　朱熹《劝农文》的农事时令安排

时间	农事	预期作用
秋间收成之后，冬月以前	将户下所有田段一例犁翻	冻令酥脆
正月以后	更多著遍数，节次犁耙，然后布种	田泥深熟，土肉肥厚，种禾易长，盛水难干
耕田之后，春间	拣选肥好田段，用粪拌和种子，种出秧苗	
秋冬无事之时	造粪壤，预先划取土面草根，晙曝烧灰，旋用大粪拌和	
秧苗既长	须及时趁早栽插，莫令迟缓，过却时节	
禾苗既长，稗草亦生	放干田水，拔出杂草，并踏在泥里作肥料	以培禾根

当然，表 3—3 所列的只是朱熹对种植主要粮食作物——水稻所需工作的一些时间安排。对于其他作物和有关农业的事情，朱熹同样十分重视抓住时令，趁时把事情做好。例如《晦庵先生朱文公文集·卷九十九·劝农文》记载："山原陆地，可种粟麦麻豆去处，亦须趁时竭力耕种。"又，"陂塘之利，农事之本，尤当协力兴修。如有怠惰，不趁时工作之人，仰众列状申县，乞行惩戒。"② 在不适合种植水稻的地方要趁时种植各种杂粮，对于农业生产极为重要的水利工程——陂塘则更要抓紧时机趁

① （宋）朱熹撰，朱杰人、严佐之等主编：《朱子全书》第 25 册，上海古籍出版社、安徽教育出版社 2002 年版，第 4625 页。
② 同上书，第 4587 页。

时修建，如果敢有怠惰不工作者，县衙官府则要惩戒。

2. 重视地利，强调因地制宜、尽地力

对于土地资源的利用，朱熹很重视各种地利条件，强调因地制宜，尽地力。例如，对于适合种植主粮——水稻的"山原陆地"，则可根据土壤的实际情况种植适宜的"粟麦麻豆"等杂粮，以达到"尽地力"的要求。《晦庵先生朱文公文集·卷九十九·劝农文》说："山原陆地，可种粟麦麻豆去处，亦须趁时竭力耕种，务尽地力。"而对于秧苗的种植，朱熹则要求为其选择"肥好田段"，以使秧苗苗壮，《晦庵先生朱文公文集·卷九十九·劝农文》说："春间须是拣选肥好田段，多用粪拌和种子，种出秧苗。"① 对于桑树的引种栽培，朱熹也是要求要"相地之宜"，种植在适合生长桑树的土地上。《晦庵先生朱文公文集·卷一百·劝农文》说："今仰人户常于冬月多往外路买置桑栽，相地之宜，逐根相去一二丈间，深开窠窟，多用粪壤。"②

当然，对于土地资源的利用，朱熹也并不只是主张被动地因地制宜，他同时也强调要通过耕作、施肥等一系列措施来改良土壤。关于通过耕作来改良土壤性状，在前文的朱熹注重天时部分已经论及过。《晦庵先生朱文公文集·卷九十九·劝农文》说："大凡秋间收成之后，须趁冬月以前，便将户下所有田段一例犁翻，冻令酥脆。至正月以后，更多著遍数，节次犁杷，然后布种。自然田泥深熟，土肉肥厚，种禾易长，盛水难干。"③ 这便是朱熹要求通过耕作来改良耕地土壤的典型措施。朱熹也很重视肥料的应用，在他的《劝农文》里有造粪方法的介绍，有把杂草踏入泥里沤烂作肥料的说明，等等。《晦庵先生朱文公文集·卷九十九·劝农文》说："其造粪壤，亦须秋冬无事之时，预先划取土面草根，瞭曝烧灰，旋用大粪拌和，入种子在内，然后撒种。"又，"禾苗既长，稗草亦生。须是放干田水，仔细辨认，逐一拔出，踏在泥里，以培禾根。"④ 此外，《劝农文》中还有多

---

① （宋）朱熹撰，朱杰人、严佐之等主编：《朱子全书》第 25 册，上海古籍出版社、安徽教育出版社 2002 年版，第 4587 页。

② 同上书，第 4625 页。

③ 同上书，第 4586—4587 页。

④ 同上书，第 4587 页。

处强调施肥的记载。

3. 重视人力，要求人们勤耕作，管理好农田

从生态学视角看，人既是农田生态系统的组成部分之一，又是整个农田生态系统的建设、管理和调控者，所以人在农田生态系统中是处于关键性核心地位的。朱子也十分重视种田的人力——农夫。《晦庵先生朱文公文集·卷九十九·劝农文》说："窃惟民生之本在食，足食之本在农，此自然之理也。若夫农之为务，用力勤、趋事速者所得多，不用力、不及时者所得少，此亦自然之理也。"① 可见朱熹是把务农者当作民生之本的，而且粮食生产的多寡就取决于务农者对田地的管理情况，"用力勤、趋事速者"的农民获得的粮食就多，反之，"不用力、不及时者"能够收获的粮食就少。朱子对广大农民群众的要求就是要勤耕作，管理好农田，搞好生产，这从他所颁发的《劝农文》可以明显看出。《晦庵先生朱文公文集·卷九十九·劝农文》说："当职久处田间，习知稼事，兹忝郡寄，职在劝农。窃见本军已是地瘠税重，民间又不勤力耕种，耘耔卤莽灭裂，较之他处大段不同。所以土脉疏浅，草盛苗稀，雨泽稍愆，便见荒歉，皆缘长吏劝课不勤，使之至此。"② 可见，朱熹认为让人们勤耕作、管理好农田，是官员的职责之一；如有人们懒散、疏于管理田地，便是当地的官员劝课不力，是官员的失职，当地的官员是要负责任的。这层意思在另一则劝农文里表现得更为明确："本军田地跷均，土肉厚处不及三五寸，设使人户及时用力，以治农事，犹恐所收不及他处，而土风习俗大率懒惰，耕犁种莳既不及时，耕耨培粪又不尽力，陂塘灌溉之利废而不修，桑柘麻苎之功忽而不务，此所以营生足食之计大抵疏略，是以田畴愈见瘦瘠，收拾转见稀少。加以官物重大，别无资助之术，一有水旱，必至流移，下失祖考傅付之业，上亏国家经常之赋。使民至此，则长民之吏，劝农之官亦安得不任其责哉！"③

至于怎样去管理田地，朱熹的主要方法归纳起来就是顺天时、因循地利，即上文所探讨过的对天时、地利等各方面的重视。总之，朱熹的农业

---

① （宋）朱熹撰，朱杰人、严佐之等主编：《朱子全书》第 25 册，上海古籍出版社、安徽教育出版社 2002 年版，第 4588 页。

② 同上书，第 4586 页。

③ 同上书，第 4588 页。

生态思想就是对传统农学"三才论"思想的继承和发扬，天时、地利、人力三者并重，把天地人看作一个有机的生态系统，处理好人与自然的关系，实现人类社会的健康发展。

第四节　《王祯农书》的生态思想

《王祯农书》也称《东鲁王氏农书》，为我国元代著名农学家王祯（约 1271—1368 年）所著，根据作者的自序，成书于 1313 年（皇庆癸丑）。《王祯农书》正文共计 37 集，370 目，约 13 万余字，插图 310 幅，是到元代为止古代农书中篇幅最大的综合性农书，也是元代三大农书（另两部是《农桑辑要》和《农桑衣食撮要》）中对后世影响最大，水平最高的农书。

《王祯农书》的重要特点之一就是兼论南北农业，在书中时常对南北农业进行比较，因而是一部顾及中国农业整体的综合性农书。从所叙述的农业耕作范围的广度看，《王祯农书》超过了之前的其他著名农书，例如，之前的《齐民要术》论述的是黄河中下游的北方旱作农业，而《陈旉农书》关注的主要是长江中下游的南方农业。《王祯农书》之所以能有这样的讨论广度，跟作者王祯的阅历有关。王祯是元代东平（今山东东平）人，据史料记载，王祯于元成宗元贞元年（1295 年）在宣州旌德县（今安徽旌德）任县尹，在职多年；后又被调至信州永丰县（今江西广丰）任县尹。因此，从这个经历来看，王祯就有机会熟悉南北农业。而且，王祯本人是"东鲁名儒，年高学博，南北游宦，涉历有年"[①]，可见王祯本人的游历是很广的。《王祯农书》的另一重要特点是，第一次对广义农业生产知识作了较全面的论述，提出了我国传统农学的体系。在这一方面《王祯农书》的水平也是超过之前其他农书的。《吕氏春秋·上农》等 4 篇只是保存先秦有关农业政策、用地、整地和掌握农时的 4 篇农学论文。汉代的《氾胜之书》只残存了 3000 余字，不能见其全貌。现存最早最完整的综

---

① 江西等处儒学提举司副提举祝氏对王祯的评价。（元）王祯撰，缪启愉、缪桂龙译注：《东鲁王氏农书译注》，上海古籍出版社 2008 年版，"前言"第 4 页。

合性整体农书，只有成书于公元 6 世纪的《齐民要术》。《齐民要术》还没有明确的总论概念，属于这方面的内容只有《耕田》和《收种》两篇，构成全书的主要是农作物栽培各论，分别孤立地叙述各项生产技术。而《王祯农书》则在《农桑通诀》部分对广义农业进行了全面完整的理论论述。相比《陈旉农书》来说，《王祯农书》的理论广度和深度也是更上一层楼。此外，《王祯农书》还配有较完备的《农器图谱》，图文并茂地介绍各种农具，保留了大量珍贵的古代科技资料，这也是《王祯农书》首创。在此之前，唐代陆龟蒙的《耒耜经》，其中所介绍的农具以江东犁为主，兼及耙、砺、磟等几种水田耕作农具，没有图；南宋曾之谨的《农器谱》（该书已经失传）所收的农具，不仅数量不及王祯的《农器图谱》多，而且也没有图。

总之，《王祯农书》是我国古代的一流农书之一。笔者试着从以下方面分析探讨其生态思想，以期提炼出对现代生态文明建设有参考价值的历史精华。

一 生态施肥思想的进步与发展

《王祯农书》对前人的研究结果进行了广泛的总结与概括，并且在此基础上进行了创新和发展，它的传统农业生态施肥思想达到了一个新的历史高度。同时，这也标识着我国传统农业科技水平的不断进步和发展。

首先，《王祯农书》对土壤的肥力有科学的认识，认为土壤的肥力是有限的，在不施肥的情况下要进行休耕才能让农田继续保持肥力，否则土壤肥力就会下降，而导致种不出农作物，"岁岁种之，土敝气衰，生物不遂"[1]（《王祯农书·粪壤篇第八》）。但是，王祯是完全赞同陈旉的"地力常新壮"理论的，认为如果人们能够及时给田地施肥补充养分的话，那么田地的肥力是可以一直维持在较高水平的，即使是年年耕种也不会使土壤退化。《王祯农书·粪壤篇第八》接着

---

① （元）王祯撰，缪启愉、缪桂龙译注：《东鲁王氏农书译注》，上海古籍出版社 2008年版，第 62 页。

就说道："为农者，必储粪朽以粪之，则地力常新壮而收获不减。"①
王祯的这种认识是完全符合生态平衡规律的，在一个良性生态系统中
物质是处于不断循环的动态平衡中的，如果某一环节的物质被过度地
取走而又得不到相应的补充，这必然会导致生态物质平衡被打破，进
而使这一生态系统崩溃。在农田生态系统上的反映就是，土壤被过度
使用后养分物质缺乏，生态平衡被打破，接着农田生态系统就会崩
溃，即农作物种不出来。而这时，人如果及时地维护生态平衡，及时
地给农田施肥，补充足够的营养物质，则这个系统就又能正常运转，
实现所谓的"地力常新壮"。

　　其次，《王祯农书》对前人所叙述的各种粪肥理论进行了一次大总
结，而且还有不少创新的地方。这些粪肥跟今天的化肥相比，都可以说是
绿色环保的生态肥料。从来源看，《王祯农书》给土壤补充养分的肥料
可分为两类：一类是收集处理各种有营养的废弃物返还到田里作肥料；另
一类是主动栽培绿肥植物作肥料或者直接利用自然生长的杂草作肥料。
《王祯农书》对各种肥料的论述如表3—4所示。

表3—4　　　　　　　《王祯农书》论述的各类生态肥源汇总

类别	名称	来源和使用方法	备注
绿肥	苗粪	种植绿肥。绿豆为上，小豆、胡麻次之。五六月耩种，七八月犁掩杀之	其美与蚕矢、熟粪同
	草粪	草木茂盛时芟倒，就地掩罨腐烂。江南三月草长，岁岁如此，地力常盛	
		积腐稿败叶，划薙根荄，遍铺而烧之，即土暖而爽。麻枲谷壳，皆可与火粪窖罨。谷壳腐朽，最宜秧田	
废弃物还田肥	踏粪法	收集秋收后场上所有穰穖，将其每日布牛脚下三寸厚，经宿，牛践踏、便溺成粪。平旦收聚	

---

① （元）王祯撰，缪启愉、缪桂龙译注：《东鲁王氏农书译注》，上海古籍出版社2008
年版，第62页。

续表

类别	名称	来源和使用方法	备注
废弃物还田肥	火粪	积土同草木堆叠，烧之；土熟冷定，用碌碡碾细用之	江南水多地冷，故用火粪
		凡退下一切禽兽毛羽亲肌之物，最为肥泽，积之为粪，胜于草木	
	大粪	大粪力壮，窖熟而后用之，其田甚美	若骤用生粪，即烧杀物，反为害
	泥粪	于沟港内，乘船以竹夹取青泥，枕泼岸上；凝定，裁成块子，担去同大粪和用，比常粪得力甚多	
	其他①	置粪屋，收集扫除之土、燃烧之灰，簸扬之糠秕，断稿落叶，积而焚之，沃以肥液，积久乃多	用于给苎麻和桑树施肥
		厨栈之下深阔凿一池，收集春米时的舂簸下来的谷壳，以及腐草败叶，沤渍；并且收聚洗碗水和泔脚水，沤渍	
		用一人一牛或驴，驾双轮小车一辆，诸处搬运积粪，积少成多	

　　从表3—4可以看出，《王祯农书》在总结前人成果的基础上，其记载的生态肥料的来源的广度和种类的数目都是空前的，超过了之前的任何一部农书。虽然这里的大部分内容都是摘抄前人的，但是，能够对之前的所有理论与方法进行归纳与总结，这本身就是一种进步，在某种程度上也可以说是一种创新。当然，《王祯农书》也有不少自己的创新部分，例如在"草粪"中论述的对"禽兽毛羽亲肌之物"的利用，以及对"泥粪"的利用都是之前农书所未见过的。总之，《王祯农书》在广开肥源，注重利用各种有营养价值的废弃物还田作肥料方面是有较大贡

———————————

　　① 《王祯农书》叙述了具体的肥料，但没有取具体的名字，所以这里姑且用"其他"表示。

献的。王祯自己这样总结道："夫扫除之猥，腐朽之物，人视之而轻忽，田得之为膏润。唯务本者知之，所谓'惜粪如惜金'也，故能变恶为美，种少收多。"① （《王祯农书·粪壤篇第八》）扫除的污秽，腐朽的东西，人们看不上忽视它，但是农田得到后就能成为膏腴之地。只有务本的人才知道，即所谓的"惜粪如惜金"，因此能够变恶为美，种少收多。

二 "三才论"传统农业生态思想的进一步发展

中国传统农学的核心思想是"三才论"，基本上所有的中国古农书都是在这一思想指导下进行展开论述的，《王祯农书》也不例外。我们知道，"三才论"本质上是一种把天、地、人三者看作一个有机整体的生态系统思想。《王祯农书》在概括与总结前人理论的基础上，对"三才论"进行了进一步的发展，使"三才论"更趋完善。

1. 对试图精确掌握农时方法的贡献

跟先前的农学家一样，王祯认为天时（农时）对农作物的生长发育是至关重要的，因而精确地掌握农时就成了农业生产的必然要求。《王祯农书》把《授时篇》作为全书的第一篇，这本身就表明了王祯对天时的极度重视。《王祯农书·授时篇第一》这样总结天时对农业生产的重要性："四时各有其务，十二月各有其宜，先时而种，则失之太早而不生，后时而艺，则失之太晚而不成。故曰：虽有智者，不能冬种而春收。"② 一年四季各有其相应的农事，十二个月各有其适宜的农活，在时节之前种了，就会因种得太早而导致作物长不出苗；时节过了才种，就会因种得太晚而导致作物长不成。

王祯相信每年的实际时节都是会变化的，因此不能够根据固定的日历来确定农时，《王祯农书》引用《陈旉农书》的话表达了这个意思，"万物因时受气，因气发生，时至气至，生理因之。今人雷同以正月为始春，四月为始夏，不知阴阳有消长，气候有盈缩，冒昧以作事，其克有成者，

---

① （元）王祯撰，缪启愉、缪桂龙译注：《东鲁王氏农书译注》，上海古籍出版社 2008 年版，第 64 页。

② 同上书，第 9 页。

幸而已矣。"①（《王祯农书·授时篇第一》）因此，如何精确地掌握农时，就成了农业生产要解决的首要问题。

　　对于如何精准掌握正确的农时，王祯的突出贡献就在于创作了《周岁农事授时尺图》（《授时指掌活法之图》），企图利用此图来正确掌握农时。此图的突出特点是用北斗七星在天空不同的旋转位置作为指时准则，见图3—1。《王祯农书·授时篇第一》说："北斗旋于中，以为准则。"②

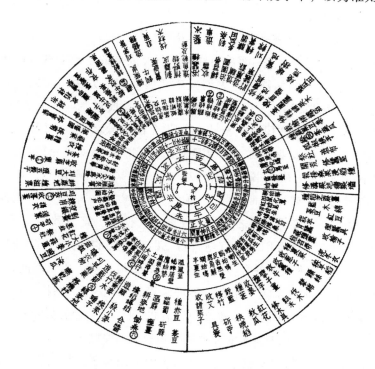

图3—1　周岁农事授时尺图③

　　王祯认为，此图指示出来的农时是一般的参考标准，是天南地北的中气，是中道；全国各地不同地方的实际农时还要与当地的晷测日影情况、物候情况等相结合考虑，以确定正确的农时。《王祯农书·授时篇第一》

---

　　① （元）王祯撰，缪启愉、缪桂龙译注：《东鲁王氏农书译注》，上海古籍出版社2008年版，第9—10页。

　　② 同上书，第10页。

　　③ 同上。

说："然按月授时，特取天地南北之中气作标准，以示中道，非胶柱鼓瑟之谓。若夫远近寒暖之渐殊，正闰常变之或异，又当推测晷度，斟酌先后，庶几人与天合，物乘气至，则生养之节，不至差谬。此又图之体用余致也，不可不知。"① 由此可见，王祯对于如何精确掌握农时是作了较全面的考虑的，他在研究过程中创造的《周岁农事授时尺图》是从科学角度用科学方法对解决如何掌握农时问题的一次卓越尝试，在我国科学发展史上是有重大意义的。

2. 对试图准确掌握地利方法的尝试

对于地利，王祯也是试着在总结前人研究成果的基础上进行创新发明，企图找到一种科学的能够指导人们准确掌握地利的方法，以利天下万民。《王祯农书·地利篇第二》说："今去古已远，疆野散阔，在上者可不稽诸古而验于今，而以教之民哉？"② 王祯认为全国地域辽阔，不同的地方物产是不一样的；对于农业而言，不仅是耕作而已，还必须要相地宜，做到因地制宜地耕种。《王祯农书·地利篇第二》说："夫封畛之别，地势辽绝，其间物产所宜者，亦往往而异焉。"再，"谓之'教民'，意者不止教以耕、耘、播种而已，其亦因九州之别，土性之异，视其土宜而教之欤？"③ 各种农作物的耕种，必须要因地制宜地进行，因为不同的地方适宜不同品性的农作物，"九州之内，田各有等，土各有差。山川阻隔，风气不同，凡物之种，各有所宜，故宜于冀、兖者，不可以青、徐论，宜于荆、扬者，不可以雍、豫拟，此圣人所谓'分地之利'者也。"④（《王祯农书·地利篇第二》）总之就是，因地制宜是农业耕种必须遵循的原则之一。

问题就又回到如何掌握地利，如何去因地制宜了。从宏观方面讲，王祯在引用《周礼·职方氏》对全国各州大体所适宜的农作物作了论述后⑤，根据实际情况提出了自己的看法："今国家区宇之大，人民之众，

---

① （元）王祯撰，缪启愉、缪桂龙译注：《东鲁王氏农书译注》，上海古籍出版社 2008 年版，第 11 页。

② 同上书，第 14 页。

③ 同上书，第 14—15 页。

④ 同上书，第 15 页。

⑤ 有关《周礼·职方氏》对我国各州所适宜农作的论述内容，可参见本文第一章中对《周礼》生态思想的分析。

际所覆载，皆为所有，非九州所能限也。尝以大体考之，天下土地，南北高下相半。且以江淮南北论之，江淮以北，高田平旷，所种宜黍、稷等稼；江淮以南，下土涂泥，所种宜稻秫。又南北渐远，寒暖殊别，故所种早晚不同；惟东西寒暖稍平，所种杂然，然亦有南北高下之殊。其约论如此。"[①] 在具体的一州以内，也有五土的分别，"详而言之，虽一州之域亦有五土之分"[②]（《王祯农书·地利篇第二》）。王祯引用《周礼》所论述的土会、土化[③]，希望人们能够相土之宜，分别土壤的种类，辨别其所适宜的农作物，并且按照这些方法来分辨和改良土壤，以不失种土之宜，提高农作物的产量。"若今之善农者，审方域田壤之异，以分其类，参土化、土会之法，以辨其种，如此可不失种土之宜，而能尽稼穑之利。"[④]（《王祯农书·地利篇第二》）

为了帮助人们正确地掌握地利，用好地利，像对待天时一样，王祯也绘制了一幅地利图，试图通过此图来阐明地利关系，见图3—2。

图3—2很粗糙，上面没有任何文字说明，似乎也看不出什么地利关系。王祯自己期望能够"按图考传，随地所在，悉知风土所别，种艺所宜，虽万里而遥，四海之广，举在目前，如指掌上，庶乎得天下农种之总要，国家教民之先务"[⑤]（《王祯农书·地利篇第二》），此图似乎起不了王祯所说的作用，与王祯所期望的相差甚远。有可能此图是王祯没有画完之作，当然也有可能是由于在流传过程中图画信息的丢失造成。至于王祯究竟想通过此图表达怎样的地利关系，我们现在已经无法准确知道，只能进行一些推测。从图3—2存在的画面信息来看，有山脉、有河流、有河流交叉地，似乎还有平原、冲积平原、岛屿等；在这些不同的地方画有圆圈。笔者认为，或许王祯就是想通过一幅含有山地、平原、河流、谷地等各种地貌的示意图，来标识出不同地貌状态土壤的地利情况，以供人们对

---

① （元）王祯撰，缪启愉、缪桂龙译注：《东鲁王氏农书译注》，上海古籍出版社2008年版，第15页。

② 同上书，第19页。

③ 有关土会、土化的内容，可参见本文第一章中对《周礼》生态思想的分析。

④ （元）王祯撰，缪启愉、缪桂龙译注：《东鲁王氏农书译注》，上海古籍出版社2008年版，第20页。

⑤ 同上。

实地进行参考对照，方便人们因地制宜地耕种。

　　不管怎么样，王祯的这种创新尝试是十分值得肯定的，是非常富有科学创新精神的；其实，科学的进步不就是由像这样的无数的不断创新而推动的吗？

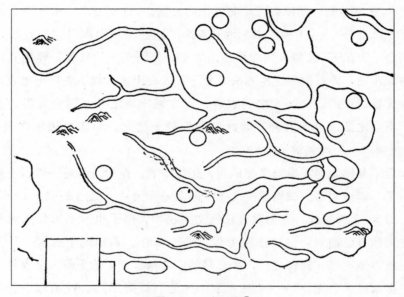

图 3—2　地利图①

　　3. 对人力的高度重视

　　跟先前的农学家一样，王祯也是一如既往地高度重视人力。从用意上看，王祯是希望天下的农夫们勤奋地耕种田地，认真地进行农业生产活动。王祯主要从社会的角度来论述人力的重要性。

　　首先是从思想道德层面，王祯认为努力勤奋耕田与社会上最重要的道德之一——"孝弟"二者是并立的，因而勤奋耕田不仅是一种劳动，还成了一种美德。《王祯农书·孝弟力田篇第三》说："孝弟、力田，古人曷为而并言也？孝弟为立身之本，力田为养生之本，二者可以相资，而不可以相离也。"② 其次，王祯认为从社会地位上来看，农民在天下四民当中是居

---

　　① （元）王祯撰，缪启愉、缪桂龙译注：《东鲁王氏农书译注》，上海古籍出版社 2008 年版，第 20 页。

　　② 同上书，第 23 页。

于第二位的，仅次于作为"天下务本之士大夫阶层"的。《王祯农书·孝弟力田篇第三》说："夫天下之务本莫如士，其次莫如农。"① 而天下四民的地位排列顺序由高到低分别是：士、农、工、商。农业是本业，务农者就叫务本者，而其他的行业，如工业和商业等则属于末业。《王祯农书·孝弟力田篇第三》说："士为上，农次之，工商为下：本末轻重，昭然可见。"②"士"的本业就是学习，而农夫的本业就是耕田种地，"士之本在学，农之本在耕"③（《王祯农书·孝弟力田篇第三》）。而"士"与"农"之间也并不是天壤之别，农民会经常学习，而"士"也少有不耕作的。农民是忙则干农活，闲则学习读书，"聚则行射饮，正齿位，读教法；散则从事于耕，故天下无不学之农"；而"士"大多数自己也躬耕农田的，如："帝舜，圣人也……耕于历山；伊尹……耕于莘野；其他如冀缺、长沮、桀溺、荷蓧丈人之徒，皆以耕为事：故天下亦少不耕之士"④（《王祯农书·孝弟力田篇第三》）。最后，王祯认为统治者应当要树立一种重视农业的制度，真正地使人们务本业，勤于耕种。王祯对历史上汉唐时期重农轻工商的政策是大为推崇的，称其为"崇本抑末"；对于当时元朝推行的一些重农政策王祯也是大为赞赏。例如，《王祯农书·孝弟力田篇第三》记载："今国家累降诏条：如有勤务农桑、增置家业、孝友之人，从本社举之，司县察之，以闻于上司，岁终则稽其事；或有游惰之人，亦从本社训之，不听，则以闻于官而别征其役：此深得古先圣人化民成俗之意。"⑤ 对于执政者应当制定政策管理农业、劝农、助农等，在《劝助篇》王祯作了详细的论述。王祯认为好逸恶劳是人之常情，而稼穑则是辛苦活，为政者应当明示赏罚，以奖励勤劳而率懒惰。《王祯农书·劝助篇》说："盖恶劳好逸者，人之常情，偷惰苟且者，小人之病；上之人苟不明示赏罚以劝助之，则何以奖其勤劳而率其怠勤欤？"⑥ 执政者还应当要关心和帮助有困难的农民，这也是行政

---

① （元）王祯撰，缪启愉、缪桂龙译注：《东鲁王氏农书译注》，上海古籍出版社 2008 年版，第 24 页。

② 同上。

③ 同上。

④ 同上。

⑤ 同上书，第 25 页。

⑥ 同上书，第 76 页。

长官应尽的职责之一。王祯借用古之理想政策和古之理想君王的事迹来表达这个意思。《王祯农书·劝助篇》说:"古者,春而省耕,非但行阡陌而已;资力不足者,诚有以补之也。秋而省敛,非但观刈获而已;食不给者,诚有以助之也。成王适于田,'以其妇子'之'馌彼南亩','攘其左右'而'尝其旨否'。爱民如此,田野安得而不治?黍稷安得而不丰?文帝所下三十六诏,力田之外无他语,减租之外无异说,逐末之民,安得而不务本?太仓之粟,安得而不红腐?此上之人重农如此。"① 行政长官除了劝勉农民勤劳耕种之外,还应当要管理和组织好农业生产,向农民传授各种先进的农业科学技术,以帮助农民发展生产。

只要是与人密切相关的问题,就不会仅仅是自然科学的问题,它一定也会是一个社会的问题。过去是这样,现在是这样,将来还会是如此。王祯在他所知道的知识范围之内,对如何发展农业和如何对待从事农业的人作了解释和论述。我们姑且不讨论其观点正确与否,单就其论述的角度和出发点就给了我们有益的启示——我们今天的生态文明建设也不仅仅是处理人与自然关系的问题,或许更重要的是先要处理好人与人之间的利益关系问题;人与自然的和谐发展首先有赖于人类社会的和睦共处,以及整个人类社会的和谐。

4. "天时、地利、人力"三才论在指导农业生产中的有机结合

三才论生态系统思想中的"天时、地利、人力"是一个整体理论的三个方面,在实际应用中是要有机综合考虑的;而《王祯农书》所叙述的农业生产过程,就正是展现着"三才论"指导思想与实际生产的有机结合。具体来讲,就是在农业生产中的各个环节,如垦耕、耙劳、播种、锄治、施肥、灌溉等方面把顺天时、因循地利等理念有机地融合进去。在属于介绍农业生产通论的《农桑通诀》中的《垦耕篇》、《耙劳篇》、《播种篇》、《锄治篇》、《粪壤篇》、《灌溉篇》、《收获篇》是展现着与"三才论"的有机结合的,在属于具体介绍每种农作物的种植方法的栽培个论的《百谷谱》也是如此。笔者在这里选择《农桑通诀》中的《垦耕篇》和《百谷谱》中的《粟》做一代表性分析,其他篇章分别与此具有相似

---

① (元)王祯撰,缪启愉、缪桂龙译注:《东鲁王氏农书译注》,上海古籍出版社 2008 年版,第 77 页。

性，由于篇幅所限，故从略。

（1）垦耕中对"三才论"的有机应用

垦就是开荒地，耕是犁地。在开荒地的过程中，王祯根据天时、地利的不同采取不同的措施，使用不同的开荒办法，体现着对三才理论的综合应用。例如，同是在平原地区，春、夏、秋三季的开荒具体办法就不一样。《王祯农书·垦耕篇》："凡垦辟荒地，春曰'燎荒'，如平原草莱深者，至春烧荒，趁地气通润，草芽欲发，根荄柔脆，易为开垦。夏曰'罨青'，夏月草茂时开，谓之'罨青'，可当草粪。但根须壮密，须藉强牛乃可。盖莫若春为上。秋曰'芟夷'。其次，秋暮草木丛密时，先用铍刀，遍地芟倒，曝干，放火，至春而开，根朽省工。"① 春天在野草丰盛的地方，开荒的办法是直接烧荒；夏天则是把草掩埋在地里作肥料；晚秋则是把草割倒晒干后放火烧。王祯认为春天开荒最好，其次是晚秋。对于不是平原的其他地方，开荒则需因地制宜，采用相应的适宜方法，《王祯农书》的论述如表3—5所示。

表3—5　　　　　　　非平原地带的因地制宜开荒办法

土地类型	开荒办法
泊下芦苇地	必用劖刀引之，犁镵随耕，起坡特易，牛乃省力
沿山或老荒地内	树木多者，必须用镢斸去；余有不尽根科，当使熟铁锻成镵尖，套于退旧生铁镵上，纵遇根株，不至擘缺，妨误工力。或地段宽广，不可遍斸，则就斫枝茎覆于本根上，候干，焚之，其根即死而易朽；又有经暑雨后，用牛曳磟碡或辊子，于所斫根查上和泥碾之，干则挣死。一二岁后，皆可耕种
	林木大者，则劀杀之，谓剥断树皮，其树立死。叶死不扇，便任种莳。三岁末年初后，根株茎朽，以火烧之，则通为熟田矣

对于田地的耕作也是一样，都是以"三才论"为指导思想。在涉及耕地时，王祯一开始就说道："耕地之法，未耕曰'生'，已耕曰

---

① （元）王祯撰，缪启愉、缪桂龙译注：《东鲁王氏农书译注》，上海古籍出版社2008年版，第30页。

‘熟’，初耕曰‘塌’，再耕曰‘转’。生者欲深而猛，熟者欲浅而廉。此其略也。天气有阴阳寒燠之异，地势有高下燥湿之别，顺天之时，因地之宜，存乎其人。”① 对于在具体的耕地过程中如何顺天时、量地利、尽人力，《王祯农书》大量引用了《齐民要术》、《氾胜之书》、《陈旉农书》等著作的方法，由于在本书前面一些章节已经对这些内容作了较详细的相关分析，所以在此从略。《王祯农书》创新的部分主要是对南北农田不同耕作方法的对比，这也正是因地制宜的具体展现，其相关论述如表 3—6 所示。

表 3—6　　南北不同田地的耕作方法对比

所属地域	耕地方法
北方	春宜早晚耕，夏宜兼夜耕，秋宜日高耕。中原地皆平旷，旱田陆地，一犁必用两牛、三牛或四牛，以一人执之，量牛强弱耕地多少。其耕皆有定法。所耕地内，先并耕两犁，坺皆内向，合为一垄，谓之“浮疄”。自浮疄为始，向外缴耕。终此一段，谓之一“缴”。一缴之外，又间作一缴。耕毕，于三缴之间，歇下一缴，却自外缴耕至中心，剷作一“畼”。盖三缴中成一畼也。其余平原，率皆仿此
南方	南方水田泥耕，其田高下阔狭窄不等。一犁用一牛挽之，作止回旋，惟人所便。高田早熟，八月燥耕而熯之，以种二麦。其法：起坺为疄，两疄之间，自成一畎。一段耕毕，以锄横截其疄，泄利其水，谓之“腰沟”。二麦既收，然后平沟畎，蓄水深耕，俗谓之“再熟田”也。下田熟晚，十月收刈既毕，即乘天晴无水而耕之。节其水之深浅，常令块坺半出水面，日曝雪冻，土乃酥碎。仲春土膏脉起，即再根治。又有一等水田，泥淖极深，能陷牛畜，则以木杠横亘田中，人立其上而锄之。南方人畜耐暑，其耕，四时皆以中昼

由表 3—6 可以看出，由于南北方田地在地形、地貌、土质、水分等诸多方面的不同，王祯设计的耕地方法也表现出极强的针对性，南北方田地的耕作方法存在相当大的差异。

① （元）王祯撰，缪启愉、缪桂龙译注：《东鲁王氏农书译注》，上海古籍出版社 2008 年版，第 36 页。

《农桑通诀》中的其他篇章，如《耙劳篇》、《播种篇》、《锄治篇》、《灌溉篇》、《收获篇》等，在与"三才论"的有机结合方面与本篇相似，具体分析从略。

（2）粟的栽培过程中对"三才论"的有机应用

《王祯农书·粟》对粟的栽培的介绍主要是引用《齐民要术》、《氾胜之书》、《吕氏春秋》等先前著作的论述，后面的《水稻》、《旱稻》、《大小麦》等篇也差不多，都大量引用了前人的著述。笔者在此选择《粟》篇作为代表性分析，王祯既然引用了就表明他是赞同的，表明了王祯也是这样的观点。

对于粟的种植，从指导思想上看，就是对"三才论"的具体发挥和应用，充分讲究时宜、地宜、物宜。《王祯农书·粟》引用《齐民要术》的话表明了这样的观点："夫粟，成熟有早晚，苗秆有高下，收实有多少，质性有强弱，米味有美恶，粒实有息耗。地势有良薄，山泽有异宜。顺天时，量地利，则用力少而成功多。任情反道，劳而无获。"①

王祯介绍的对粟的栽培，从播种、锄草到收获，整个栽培过程无不重视对天时、地宜、物宜的有机把握，因时、因地、因物制宜地采取适宜措施。其对天时、地利、物宜的要求如表3—7所示。

表3—7　　　　　　粟的栽培过程中对"三才论"的有机应用

栽培过程	时宜	地宜、物宜	情况说明
播种	春种欲深，夏种欲浅。其种时，雨后为佳。凡田欲早晚相杂，防岁道有所宜。有闰之岁，节气近后，宜晚田。然大率欲早，早田倍多于晚田。种禾无期，因地为时。三月榆荚时雨，高地强土可种	凡粟田，菉豆、小豆底为上，麻、黍、胡麻次之，芜菁、小豆为下。中原土地平旷，惟宜种粟	小雨不接湿，无以生禾苗；大雨不待白背，湿辗则令苗瘦。其收之多少，从岁所宜，非关早晚。早谷米实而多，晚谷皮厚，米少而虚

① （元）王祯撰，缪启愉、缪桂龙译注：《东鲁王氏农书译注》，上海古籍出版社2008年版，第138页。

栽培过程	时宜	地宜、物宜	情况说明
锄地、锄草	苗生如马耳，则镞锄。五谷，惟小锄为良。苗出垄则深锄。春锄起地，夏而锄草		锄不厌数，周而复始，无以无草而暂停。锄者，非止除草，盖地熟而实多，糠薄而米息
收获	收获如盗贼之至。熟速刈，干速积。收获不可缓也		刈早则镰伤，刈晚则穗折，遇分则收减。湿积则稿烂，积晚则损耗，连雨则生耳

通观《王祯农书·粟》篇，可总结出如表3—7所示的栽培方法。可以看出，在农作物粟的栽培过程中是时时刻刻以"三才论"为指导思想的，文中很强调对时间的掌握，对地宜、物宜的应用，以及人在这其中所起的主导作用。

《王祯农书》的其他农作物栽培个论，如《水稻》、《旱稻》、《大小麦》、《黍》、《大豆》等，与此篇的情况差不多，有关"三才论"的有机应用情况的具体分析从略。

三　节俭、适度消费，蓄积、备荒年

对于物质财富的消费，王祯也是主张节俭和适度消费；同时，对于有余的粮食要蓄积起来，以备水旱等灾荒年，使人们免除灾荒年的饥饿之苦。

节俭、适度消费，对于个人应该如此，对于一个国度也应该如此。对于节俭、适度消费的民众，王祯列举山西汾晋的风俗例子作一示范，以使人们广为仿效。《王祯农书·蓄积篇》说："尝闻山西汾晋之俗，居常积谷，俭以足用，虽间有饥歉之岁，庶免夫流离之患也。传曰：'收敛蓄

藏，节用御欲，则天不能使之贫。'信斯言也。"① 对于那些不注重节俭和适度消费，一有小丰收就大肆挥霍、过度消费的人，王祯则引用了《陈旉农书》的话对其进行了批评："今之为农者，见小近而不虑久远，一年丰稔，沛然自足，侈费妄用，以快一时之适，所收谷粟，耗竭无余。一遇小歉，则举贷出息于兼并之家，秋成倍而偿之。岁以为常，不能振拔。期间有收刈甫毕，无以糊口者，其能给终岁之用乎？"②

广大老百姓应当节俭、适度消费，蓄积、备荒年，国家也一样。《王祯农书·蓄积篇》一开篇就写道："古者三年耕，必有一年之食，九年耕，必有三年之食，虽有旱干水溢，民无菜色，岂非节用预备之效欤？冢宰眡年制丰凶，以制国用，量入以为出，祭用数之仂。而又以九贡、九赋、九式均节之。取之有制，用之用度，此理财之法有常，而国家之蓄积，所以无缺也。"③ 而且，国家的收藏积蓄并不是仅仅为了藏富于国，也是为天下民众考虑，一有灾害便开仓济民。《王祯农书·蓄积篇》说："先王蓄积，皆以民为计，非徒曰藏富于国也。"④ 此外，国家还应当调价粮价，在粮食丰收价格低贱时高价买入，在粮食歉收价格贵时低价卖出，以维持社会稳定，利国利民。《王祯农书·蓄积篇》说："近世利民之法，如汉之常平仓，谷贱则增价籴之，不至于伤农；谷贵则减价粜之，不使之伤民。"⑤

人与自然的和谐发展首先有赖于人类社会自身的和谐，而人类对自然资源的索取与消费是对自然界环境有直接影响的。"节俭、适度消费，蓄积、备荒年"这样的消费策略不仅有利于建立稳定繁荣的人类社会，而且对建立人与自然和谐发展关系，创造美好生态环境，也是十分有利的。

第五节　余　论

这一时期有我国传统社会历史上非常著名的两个朝代，一个是被世界

---

① （元）王祯撰，缪启愉、缪桂龙译注：《东鲁王氏农书译注》，上海古籍出版社 2008 年版，第 88 页。

② 同上。

③ （元）王祯撰，缪启愉、缪桂龙译注：《东鲁王氏农书译注》，上海古籍出版社 2008 年版，第 87 页。

④ 同上书，第 88 页。

⑤ 同上。

公认的中国最强盛的时代之一的唐朝；另一个是被学术界一般认为达到了我国古代科学技术发展的顶峰的宋朝。著名的科技史专家李约瑟博士这样评论过："对于科学史家说来，唐代却不如后来宋代那么有意义。这两个朝代的气氛完全不同。唐代是人文主义的，而宋代则较重于科学技术方面。……宋代虽然军事上常常出师不利，且屡为少数民族邦国所困扰，但帝国的文化和科学却达到了前所未有的高峰。……每当人们研究中国文献中科学史或技术史的任何特定问题时，总会发现宋代是主要关键所在。不管在应用科学方面或在纯粹科学方面都是如此。"①

　　对这一时期我国传统生态思想的分析，仍然沿着生态科技思想和生态哲学、生态社会文化两条线索进行。当然在专门的生态学研究还没有出现的传统社会里，生态科技思想主要体现在人与自然有密切交往关系的农业生产领域。唐代农书，现在还有存书的，应当数陆龟蒙的《耒耜经》和韩鄂的《四时纂要》，《耒耜经》主要是介绍农业器具的。宋代农书很多，据学者研究统计有140多种，但现在传世的仅有53种，养花种草类的占了大部分。② 笔者在这里仅选择学术水平最高，最能代表江南农业生产经验的《陈旉农书》作为典型进行分析。在元代有我国传统四大农书之一的《王祯农书》，它是一部总结我国生产经验的农学著作，也是一部全国范围内对整个农业进行系统研究的巨著。对生态科技思想的分析，主要从这几部典籍进行。当然，古代的农书也论及了生态社会文化，例如《陈旉农书》和《王祯农书》都有不少这方面的内容。在宋代，有自孔子、孟子以来最杰出的儒学大师——朱熹，他的哲学思想是元、明、清三朝的社会意识主流，他的《四书集注》是这些朝代科举的教课书和标准答案；而且他的思想还对朝鲜、越南、日本、琉球王国等产生过广泛而深远的影响。笔者对生态哲学思想和生态社会文化的分析，以朱熹的生态思想为主。

　　当然，这一时期还有很多著名典籍和著名历史人物的生态思想有待进一步研究和分析，由于时间和精力所限，笔者未能一一尽全。

---

　　① ［英］李约瑟：《中国科学技术史　第一卷　导论》，科学出版社、上海古籍出版社1990年版，第131—139页。

　　② 邱志诚：《宋代农书考论》，《中国农史》2010年第3期。

第四章 明清时期生态思想的特点

第一节 《天工开物》的生态思想①

《天工开物》由三百多年前的明朝科学家宋应星（字长庚，1587—约1666）所著，是我国古代一部百科全书式的综合性科技著作，它全面系统地总结和记述了中国古代尤其是明代农业和手工业的生产技术和经验。《天工开物》分上、中、下 3 卷，18 章，共 8 万 5 千多字，插图 123 幅；初刊于 1637 年（明崇祯十年）。该书出版以后，广为流传，在世界上产生过巨大影响，先后被译成日、英、法、德等国文本。

目前，《天工开物》已成为世界科技名著而在各国流传，许多著名学者都给予了极高的评价。法国的儒莲和巴参（M. Bazin，1799—1863）分别将此书称为"技术百科全书"或"实用小百科全书"。日本的三枝博音和薮内清分别把《天工开物》视为"中国有代表性的技术书"和"足以与十八世纪后半期法国狄德罗编纂的《百科全书》相匹敌的书籍"。英国科技史家李约瑟（Joseph Needham）博士不仅称《天工开物》是"十七世纪早期的重要工业技术著作"，还将宋应星称为"中国的阿格里科拉"和"中国的狄德罗"。我们中国学者也同样高度评价此书。丁文江谈到《天工开物》的作者时认为："其识之伟，结构之大，观察之富，有明一代，一人而已。"②

《天工开物》中关于农业的叙述含有丰富的农业生态思想，笔者试着

---

① 罗顺元：《论〈天工开物〉的传统农业生态思想》，《新余高专学报》2010 年第 1 期。

② 转引自（明）宋应星著，潘吉星译注《天工开物译注》，上海古籍出版社 2008 年版，"导言"第 22、27 页。以及，潘吉星著《明代科学家宋应星》，科学出版社 1981 年版，第 148 页。

从以下方面进行分析讨论，以期提炼出具有现实意义的历史精华。

一　生态施肥法

生态农业是根据生态学原理来建设的，在这种农业模式里，物质的利用要遵循物质循环原理。人们要发挥干预调节作用，使各种营养物质尽可能地在农田生态系统中循环利用，以便维持农田生态系统的"青年"状态，以便持续获得较高的农业生产率。但是，由于农产品的转移和水土流失，土壤总会损失养分，所以施肥就成了农业生产的必做工作之一。然而，肥料品质的好坏对农田生态系统的影响是巨大的，现代农业大量使用化肥的弊病，就是会使土壤结板、盐碱化，更甚者会造成田地丧失生长农作物能力的严重后果。以今天生态农业的视角来看，《天工开物》中记载的施肥方法是符合农业生态原理的，是生态农业所提倡的施肥方法。

首先，是变废为宝、物质循环利用。将农业废弃物，如粪便、秸秆、生活垃圾等进行循环利用是现代生态农业的重要内容和理论原则，每一部介绍生态农业的著作都会论述这个问题，甚至还有这方面的专著，如卞有生[①]学者就在他的著作——《生态农业中废弃物的处理与再生利用》里专门讨论了农业废弃物的循环利用问题。《天工开物》记载的粪肥方法就正是这样一种变废为宝、物质循环利用的做法。《天工开物》的主要施肥措施是利用人畜粪便、农作物秸秆、枯枝败叶等各种废弃物作肥料。《天工开物·稻宜》记载："人畜秽遗、榨油枯饼（枯者，以去膏而得名也。胡麻、莱菔为上，芸苔次之，大眼桐又次之，樟、柏、棉花又次之）草皮、木叶以佐生机，普天之所同也。南方磨绿豆粉者，取溲浆灌田肥甚。"[②]意思是，人、畜的粪便，榨了油的枯饼（因其中的油已经榨去，故称枯饼。芝麻、萝卜子榨油后的枯饼最好，油菜籽饼次之，大眼桐枯饼又次之，樟树子、乌桕子和棉籽饼又次之），以及草皮、树叶等都能用作肥料以促进作物生长，普天之下的肥料都是这样的。南方磨绿豆粉时，用溲浆灌田，肥效相当好。又《天工开物·稻工》记载："凡稻田刈获不再种

---

① 卞有生：《生态农业中废弃物的处理与再生利用》，化学工业出版社 2000 年版，第 89—322 页。

② （明）宋应星著，潘吉星译注：《天工开物译注》，上海古籍出版社 2008 年版，第 9 页。

者，土宜本秋耕垦，使宿稿化烂，敌粪力一倍。或秋旱无水及怠农春耕，则收获损薄也。"① 宿稿沤烂后就是肥田的肥料，即收割庄稼后不再种东西的稻田，要在当年秋天犁耕，使稻茬腐烂在土里，这项措施抵得上多施一倍粪肥。如果秋天干旱没有水，或者是懒散的农民等到明年春天才耕，收获就会减少。

其次，《天工开物中》中还有用黄豆肥田和种麦苗作绿肥的记载，当然这种施肥方式是否经济还有待商榷。《天工开物·稻宜》："豆贱之时，撒黄豆于田，一粒烂土方三寸，得谷之息倍焉。"②《天工开物·麦工》："南方稻田有种肥田麦者，不冀麦实。当春小麦、大麦青青之时，耕杀田中蒸罨土性，秋收稻谷必加倍也。"③

二　特别重视生态因子——水的作用

水是植物生存的基础条件，水量对植物而言有最高、最适和最低 3 个基点。低于最低点，植物萎蔫、死亡；高于最高点，根系缺氧、烂根；只有处于最适范围内，才能维持植物的水分平衡，以保证有最优的生长条件④。《天工开物》特别重视水对农作物的作用和影响，论述了水与水稻、麦、绿豆等作物的关系和一些注意事项。《天工开物·稻》记载："凡稻旬日失水，即愁旱干。夏种冬收之谷，必山间源水不绝之亩，其谷种亦耐久，其土脉亦寒，不催苗也。湖滨之田待夏潦已过，六月方栽者。其秧立夏播种，撒藏高亩之上，以待时也。……旱秧一日无水即死……凡稻旬日失水则死期至。"⑤ 意思是，水稻缺水十天，便有干旱之虞。夏种冬收的水稻，必须种在山间水源不断的田里，这种稻生长期长，土温也低，不能催苗速长。靠近湖边的田地，要等到夏季洪水过后，六月才能插秧。育这种秧的稻苗要在立夏时撒播在地势较高的秧田里，以待农时。早稻秧一天没有水就会死掉，水稻失水十天就会死掉。在水稻种植的后期阶段，要注

---

① （明）宋应星著，潘吉星译注：《天工开物译注》，上海古籍出版社 2008 年版，第 10 页。

② 同上书，第 9 页。

③ 同上书，第 23 页。

④ 李博主编：《生态学》，高等教育出版社 2006 年版，第 34 页。

⑤ （明）宋应星著，钟广言注释：《天工开物》，广东人民出版社 1976 年版，第 14—15 页。

意"泄以防潦，溉以防旱"，则"旬月而'奄观铚刈'"①（《天工开物·稻工》），即个把月后就要准备收割了。《天工开物》总结水稻共有八灾，干旱、缺水则为第七灾，是种植水稻需重点防范的灾害之一。《天工开物·稻灾》记载："凡苗自函活以至颖栗，早者食水三斗，晚者食水五斗，失水即枯（将刈之时少水一升，谷数虽存，米粒缩小，入碾、臼中亦多断碎）。此七灾也。"②是说，稻苗从返青到结实，早稻每兜约需水三斗，晚稻每兜约需水五斗，缺水就会干枯（将要收割时如果缺少一升水，谷粒数目虽然还在，但米粒缩小，用碾、臼加工时也多会断碎）。这就是第七种灾。

相比水稻对水的高度依赖性，麦对水的需求量较少，它与水是另一种关系。《天工开物·麦灾》中记载："麦性食水甚少，北土中春再沐雨水一升，则秀华成嘉粒矣。荆、扬以南唯患霉雨，倘成熟之时晴干旬日，则仓廪皆盈，不可胜食。扬州谚云：'寸麦不怕尺水。'谓麦初长时，任水灭顶无伤。'尺麦只怕寸水'，谓成熟时寸水软根，倒茎沾泥，则麦粒尽烂于地面也。"③意思是，麦子的特性是需水很少，北方在仲春时期下一次透雨，就能开花结成饱满的麦粒了。荆州、扬州以南地区，只怕"梅雨"天。如果在成熟期间连晴十日，就会收获满仓，吃也吃不完。扬州谚语："寸麦不怕尺水。"这是说麦子生长初期不怕水淹灭顶。而"尺麦只怕寸水"，是说麦子成熟时，稍有积水就会将麦根泡软，麦秆倒在田里沾泥，则麦粒也会全烂在地里。

对于栽种绿豆，在生苗以后就要注意防水淹，"防雨水浸，疏沟浍以泄之"④（《天工开物·菽》）。

水对农作物的影响是决定性的，而我国的主要粮食作物——水稻对水更是依赖，"凡稻防旱借水，独甚五谷"⑤（《天工开物·水利》）。为了解

---

① （明）宋应星著，潘吉星译注：《天工开物译注》，上海古籍出版社 2008 年版，第 12 页。奄观铚刈：语见《诗·周颂·臣工》，意思是同去观看开镰收割。奄：同；铚：古时专用来收穗的短镰刀；刈：原诗作"艾"。

② （明）宋应星著，潘吉星译注：《天工开物译注》，上海古籍出版社 2008 年版，第 15—16 页。

③ 同上书，第 24 页。

④ 同上书，第 31 页。

⑤ 同上书，第 16 页。

决农业的用水问题，宋应星在第一卷《乃粒》中单独列《水利》篇来叙述，其中记载了筒车、牛车、踏车、拔车、桔槔等水利工具，并且都配有详细的插图，明白易懂。这些工具根据具体的地理状况而用，因势导利，充分利用各种自然规律，省时省力；制作精妙，巧夺天工。

三 "天时、地利、人力"相统一的农业生态系统论

农业生态系统（agroecosystem）是指在人类的积极参与下，利用农业生物和非生物环境之间以及农业生物种群之间的相互关系，通过合理的生态结构和高效生态机能，进行能量转化和物质循环，并按人类社会需要进行物质生产的综合体。[①] 农业生态系统是一种被人类驯化了的生态系统，与纯自然的生态系统是有区别的，它除了受自然生态规律的制约外，还受人类活动和社会经济的调控、影响。"人是农田生态系统的核心"，因为"人类既是农田生态系统的组成成分，又是系统的主要调控者"[②]。在生态农业中，必须以整体的、系统的观念为依据，处理好人、农作物、环境之间的关系，使农田生态系统处于平衡、合理、高效的状态。《天工开物》继承和发扬了传统农业的顺天时、量地利、重人力的"三才论"农学思想，即一方面强调农业生产要按自然规律进行；另一方面又强调人的主观能动性，对天时、地利、水等诸多生态因子进行有机统一地把握和调控，以创造最适合农作物生长的生态环境。

（一）鲜明的顺天时思想

天时是指季节、时间性等。农作物的生长都会随季节的变化而呈现一定周期性。农作物的生长发育进程大体有以下几种情况：春播、夏长、秋收、冬藏；或春播、夏收；或秋播、幼苗（或营养体）越冬、春长和夏收。[③] 这就要求根据农作物各自的生长发育规律，在恰当的季节进行播种；如果不按规律耕种，例如本该春种秋收的农作物，却到夏天才播种，那么就会出现农作物减产甚至完全没有收成的情况。《天工开物》所记载的农事都有明确的时节要求，耕田、播种、薅草、收获等，一切均需顺天

---

① 陈阜：《农业生态学》，高等教育出版社 2002 年版，第 19 页。
② 路明主编：《现代生态农业》，中国农业出版社 2002 年版，第 5 页。
③ 王忠：《植物生理学》，中国农业出版社 2000 年版，第 339 页。

时而行。例如《天工开物·稻工》记载，凡是收割后不再种植的稻田，应在当年秋天犁耕，因为这样可使稻茬腐烂而增加农田肥力；如果明年春天才耕，收获就会减少。再如，对于水稻，《天工开物》记叙了其浸种的时间范围，过早或过晚都不好，并且指出了早种有可能遭遇天寒而被冻死的不利情况。《天工开物·稻》说："湿种之期，最早者春分以前，名为社种（遇天寒有冻死不生者），最迟者后于清明。"① 水稻的分秧也很讲究时间性，要"秧生三十日即拔起分栽"，否则就会减产，"秧过期老而长节，即栽于亩中，生谷数粒结果而已"②（《天工开物·稻》）。北方的小麦经历四季，"自秋播种，明年初夏方收"，而"南方种者与收期时日差短"；"大麦种获期与小麦相同。荞麦则秋半下种，不两月而即收"③（《天工开物·麦》）。对于黍的种植，《天工开物·黍稷粱粟》中列了三个时节，以供选择："种以三月为上时，五月熟；四月为中时，七月熟；五月为下时，八月熟。"④而胡麻的播种时限则为："早者三月种，迟者不出大暑前。"⑤（《天工开物·麻》）绿豆的栽种日期则更严格，过早或过迟栽种都会减产，《天工开物·菽》："绿豆必小暑方种，未及小暑而种，则其苗蔓延数尺，结荚甚稀。若过期至于处暑，则随时开花结荚，颗粒亦少。"⑥ 另外，《天工开物·菽》篇中还记载了大豆、豌豆、蚕豆等豆类的栽种时节。《天工开物·稻工》记载的水稻插秧后的薅草、管理时间为："凡稻分秧之后数日，旧叶萎黄而更生新叶。青叶既长，则籽（俗名挞禾）可施焉。"⑦ 广东韶关、南雄以北地方的甘蔗，十月一降霜就会破坏蔗质，故收获非常讲究时间性，"凡取红糖，穷十日之力而为之。十日以前其浆尚未满足，十日以后恐霜气逼侵，前功尽弃"⑧（《天工开物·蔗品》）。

① （明）宋应星著，潘吉星译注：《天工开物译注》，上海古籍出版社 2008 年版，第 7 页。
② 同上。
③ 同上书，第 21 页。
④ 同上书，第 26 页。
⑤ 同上书，第 28 页。
⑥ 同上书，第 30 页。
⑦ 同上书，第 12 页。
⑧ 同上书，第 61 页。

（二）明确的地宜论

地在农业中指田地，即用来种植农作物的土壤，是农作物生长的地方。田地是提供农作物生活必须的水分和养分条件的基质，其理化性质对农作物有重要影响，它是农业生态系统中的基础生态因子之一。地宜就是因地制宜，即使是现代生态农业，因地制宜也是其特点和必须遵循的原则之一①。《天工开物》有明确的地宜观，即要根据田地的具体理化情况以及该地域的气候条件，来选择适宜的耕作方式和种植合适的农作物。水稻一般是春、夏种，秋、冬收；但南方一些地方则可冬季播种，"其冬季播种、仲夏即收者，则广南之稻，地无霜雪故也"②（《天工开物·稻》）。同样是种水稻，如果土壤的理化性质不一样，那么耕种方法也有区别，"土性带冷浆者，宜骨灰蘸秧根（凡禽兽骨），石灰淹苗足，向阳暖土不宜也。土脉坚紧者，宜耕陇，叠块压薪而烧之，填坟松土不宜也"③（《天工开物·稻宜》）。意思是，土温低而含水多的田，秧根应先沾些骨灰（禽兽骨都可以），再用石灰撒于秧脚；但向阳的暖土就不适合这样做。土质坚硬的田，要耕成垄，将土块叠起压放在柴草上烧碎；但那些土质松的轻黏土壤等，就不要这样做。由于南北方土质的差异，小麦的耕种方式就有差别。对北方疏松的土地，"凡北方厥土坟垆易释者"，可以"耕即兼种"，播种方法为："其服牛起土者，耒不用耕（耜），并列两铁于横木之上，其具方语曰锹（耩）。锹中间盛一小斗，贮麦种于内，其斗底空梅花眼，牛行摇动，种子即从眼中撒下。欲密而多，则鞭牛疾走，子撒必多；欲稀而少，则缓其牛，撒种即少"④（《天工开物·麦工》）。意思是，用牛拉着起土的农具不装犁头，而装一根横木，插上并排的两块尖铁，方言把它称为"锹"（耩）。耩的中间装个小斗，斗内盛麦种，斗底钻些梅花眼。牛走时摇动斗，种子就从眼中撒下。如果要种密些，就赶牛走快些；如果要种稀些，让牛走慢些。这样播种后，"用驴驾两小石团，压土

---

　　①　卞有生：《生态农业中废弃物的处理与再生利用》，化学工业出版社2000年版，第17—18页。李文华主编：《生态农业——中国可持续农业的理论与实践》，化学工业出版社、环境科学与工程出版中心2003年版，第109—110页。

　　②　（明）宋应星著，潘吉星译注：《天工开物译注》，上海古籍出版社2008年版，第17页。

　　③　（明）宋应星著，钟广言注释：《天工开物》，广东人民出版社1976年版，第17页。

　　④　同上书，第35页。

埋麦。凡麦种压紧方生"①（《天工开物·麦工》）。但是，对于南方的田地则须用另一种耕种方式，"南方地不北同者，多耕多耙之后，然后以灰拌种，手指拈而种之。种过之后，随以脚跟压土使紧，以代北方驴石也"②（《天工开物·麦工》）。意思是，南方土壤与北方的不同，南方麦田必须要进行多次耕、耙，然后用草木灰拌种，用手指抓种子点播。播种后，接着用脚跟踩土，以代替北方用驴拉石磟压土。栽种甘蔗更是强调地宜的重要性，《天工开物·蔗种》："凡栽蔗必用夹沙土，河滨洲土为第一。试验土色：掘坑尺五许，将沙土入口尝味，味苦者不可栽蔗。凡洲土近深山上流河滨者，即土味甘亦不可种。盖山气凝寒，则他日糖味亦焦苦。去山四五十里，平阳洲土择佳而为之（黄泥脚地，毫不可为）。"③ 种甘蔗必须用沙壤土，靠近江河的土最好。试验土质时，掘约一尺五寸深的坑，用口品尝沙土的味道，味苦的土地不能种植甘蔗。近深山上流河边的土壤，即使土味甜也不可以种植。因为山气寒冷，将来制成的蔗糖也是焦苦的。应该在离山四五十里，平坦、向阳的河边上，选择较好的地段来种植甘蔗（黄泥土不适于种植）。

（三）强调人对农业生态系统的调控作用

农业生态系统与自然生态系统最大的不同点就在于，农业生态系统是由人设计建构出来的，它除了受自然规律制约外还受人的调控。《天工开物》里强调发挥人对农业生态系统进行积极主动的调控，前文所述的生态施肥法，重视水的作用等都可以说是发挥人的主动性的生动例子。文章中还有很多强调人要积极干预农业生产的论述，例如：对于贫瘠的田地，则需通过人工施肥加以改良，《天工开物·稻宜》："凡稻，土脉焦枯，则穗实萧索。勤农粪田，多方以助之。"④ 田地要精耕细作，使其达到最适合农作物生长的状态，《天工开物·稻工》："凡一耕之后，勤者再耕三耕，然后施耙，则土质匀碎，而其中膏脉释化也。"⑤ 要注意管理农作物，为其除草、松根，以促进其生长而获得丰收；水稻插秧长青叶后，要

---

① （明）宋应星著，钟广言注释：《天工开物》，广东人民出版社 1976 年版，第 35—36 页。
② 同上书，第 36 页。
③ 同上书，第 163 页。
④ 同上书，第 16—17 页。
⑤ 同上书，第 19—20 页。

"植杖于手，以足扶泥壅根，并屈宿田水草使不生也。凡宿田茵草之类，遇籽而屈折，而稗稗与荼蓼非足力所可除者，则耘以继之"① （《天工开物·稻工》）。小麦播种生苗后，要"耨不厌勤（有三过四过者），余草生机尽诛锄下，则竟亩精华尽聚嘉实矣。功勤易耨，南与北同也"②（《天工开物·麦工》）。对于种植的作物，遇天旱则人工灌溉，遇水涝则想法排水，《天工开物·水利》："天泽不降，则人力挽水以济。"③《天工开物·稻工》："泄以防潦，溉以防旱。"④ 等等，不一一赘述。

　　但是，这里的对人的主动性的强调是在人与自然和谐相处的条件下进行的，并不存在征服自然、掠夺自然的思想；宋应星在《天工开物》的第一卷（《乃粒第一》）的引言部分就写道："生人不能久生，而五谷生之。五谷不能自生，而生人生之。"⑤ 人自身不能长期生存，要靠五谷养活；五谷又不能自己生长，要靠人们去种植。从字面上理解似乎就是人与五谷是互相依存，谁也离不开谁；但是人是只靠五谷养活的吗？即便如此，五谷也有五谷的生长环境，如果五谷的生长环境遭到破坏，人是种不活五谷的，这样人也就失去生活的依靠了。因此，这里表述的其实就是人与自然是互相依存的，人与大自然要和谐相处。

四　向近代科学转变的过渡性特征

　　从 15 世纪末 16 世纪初开始，人类社会进入了近代科学时期，近代科学与古代科学主要的区别之一就是不满足于定性的描述，而是将观察、实验与数学结合起来，采用定量描述。近代科学"把系统的观察和实验同严密的逻辑推理结合起来，形成以实验事实为根据的系统的科学"⑥，"把寻找自然界的数学关系作为科学研究的重要目标"，"在观察实验的基础上，经过推理和计算对现象提出假定性的说明和定量的描写，并用数学公式定量地表示出来，然后再用实验方法去考核推理结果是否正确。这是近

---

① （明）宋应星著，钟广言注释：《天工开物》，广东人民出版社 1976 年版，第 20—21 页。
② 同上书，第 36 页。
③ 同上书，第 28 页。
④ 同上书，第 21 页。
⑤ 同上书，第 9 页。
⑥ 郭金彬、王渝生：《自然科学史导论》，福建教育出版社 1988 年版，第 84 页。

代自然科学研究问题的一般程序和经典方法"①。而《天工开物》关于农业的叙述中，就明显地含有这种把观察、实验与数学结合起来的近代科学研究方法思想。例如，水稻从下种到分秧就有严格的时间数量关系，要"秧生三十日即拔起分栽"，过期就会导致水稻减产；秧田与稻田也有确定 1：25 的比例关系，"凡秧田一亩所生秧，供移栽二十五亩"②（《天工开物·稻》）。水稻苗从返青到到结实，每兜需多少水，有定量叙述，《天工开物·稻灾》："凡苗自函活以至颖栗，早者食水三斗，晚者食水五斗。"③

书中还有很多近代科学的萌芽内容。如前文所述的，对于"带冷浆"的酸性土壤，要撒石灰于稻苗根，以综合酸性达到酸碱平衡。又如，生物会随着环境的变化而进行适应性变异，这是近现代生态学、遗传学的内容，但《天工开物》中就已经有了这种论述。《天工开物·乃粒第一》："土脉历时代而异，种性随水土而分。"④《天工开物·黍稷粱粟》："凡粮食，米而不粉者种类甚多。相去数百里，则色、味、形、质，随方而变，大同小异，千百其名。"⑤ 根据作物随环境而变异的特点，可以对其进行人工选择，进而培育出满足人们需要的物种。例如，虽然水稻很需要水，缺水十天就会死，但是却可以"幻出旱稻一种，粳而不粘者，即高山可插"；还可培育出香稻，"香稻一种，取其芳气，以供贵人"⑥（《天工开物·稻》）。将性状有差异的蚕进行杂交，其后代会有变化，甚至能培育出优良品种，《天工开物·种类》："若将白雄配黄雌，则其嗣变成褐茧。"又，"今寒家有将早雄配晚雌者，幻出嘉种，一异也。"⑦ 动植物品种是否优良是农业生产的首要问题；为了获得体格健壮的优良蚕种，提高桑农的生产效益，宋应星用了专门的篇幅来介绍如何对蚕进行人工选种，《天工开物·蚕浴》："凡蚕用浴法，唯嘉、湖两郡。湖多用天露、石灰，嘉多

---

① 王玉仓：《科学技术史》（第2版），中国人民大学出版社2004年版，第282页。

② （明）宋应星著，钟广言注释：《天工开物》，广东人民出版社1976年版，第13页。

③ 同上书，第25—26页。

④ 同上书，第9页。

⑤ 同上书，第41页。

⑥ 同上书，第15页。

⑦ 同上书，第59—60页。

用盐卤水。每蚕纸一张，用盐仓走出卤水二升，参水浸于盂内，纸浮其面（石灰仿此）。逢腊月十二即浸浴，至二十四日，计十二日周即漉起，用微火炡干，从此珍重箱匣中，半点风湿不受，直待清明抱产。其天露浴者，时日相同，以篾盘盛纸，摊开屋上，四隅小石镇压，任从霜雪风雨雷电，满十二日方收，珍重待时如前法。盖低种经浴则自死不出，不费叶故，且得丝亦多也。晚种不用浴。"① 近现代生物学表明，自然界生物的进化是由于自然选择造成的，而农业用动植物的演化则主要是由人工选择造成的。

五　简评与启示

《天工开物》本着"贵五谷而贱金玉"②（《天工开物序》）的思想，将水稻、小麦、黍、稷、麻等农作物的种植、管理放在书的第一卷介绍。而水稻，由于"今天下育民人者，稻居什七，而来、牟、黍、稷居什三"③（《天工开物·总名》），所以水稻便又放在最前面，而且介绍得最详细，小麦其次，其他的杂粮又次之。其记载的传统农业生态思想富有中国特色，并且有向近代科学转变的过渡性特征。中国传统农业生态思想在中国历史上曾起过巨大的历史作用，正如学者路明所说的那样，世界历史上很多灿烂的古文明都因为各种生态学原因消亡了，如古巴比伦文明、玛雅文明、复活节岛文明，等等；还有四大文明中的其他三个都换了人种。为什么只有中华文明能够连续兴旺传承呢？我们的传统农业是功不可没的根本原因，因为其实质是生态农业，讲究天人合一，追求人与自然的和谐统一。④

《天工开物》中的传统农业生态思想对当今社会仍然具有重要启示和参考价值。现代"石油农业"由于化肥、农药和激素等的过分使用，造成了严重的环境污染和毒物残留，导致农业生产变得不可持续。1962 年美国生物学家 R. 卡逊通过长期的调查，在《寂静的春天》里描绘了滥用杀虫剂、除草剂、杀菌剂等农药对环境的严重污染情况，如果不采取措施

---

① （明）宋应星著，钟广言注释：《天工开物》，广东人民出版社 1976 年版，第 56—57 页。

② 同上书，第 4 页。

③ 同上书，第 11 页。

④ 路明主编：《现代生态农业》，中国农业出版社 2002 年版，第 3 页。

的话，也许不久的将来整个地球都会变得像她描绘的"小镇"那样"寂静"，所有的生物都将不复存在。① 因此，强调人与大自然和谐相处的可持续发展的生态农业是人类未来的希望和方向。可喜的是，如今我国的农业已经出现了向生态农业方向发展的势态；就如温家宝总理所说："我赞成这样的观点，二十一世纪是实现我国农业现代化的关键历史阶段，现代化的农业应该是高效的生态农业。"②

第二节　《补农书》的生态思想

现行《补农书》包括上下两卷，上卷是《沈氏农书》，大约是明崇祯末年（1640 年前后）浙江归安（今浙江吴兴县）佚名的沈氏所撰；下卷《补农书》为明末清初的张履祥（1611—1674）所著。张履祥，字考夫，浙江桐乡杨园村（今浙江桐乡县）人；明亡后，隐居家乡讲授理学并兼务农业，世称"杨园先生"，生平事迹载在《清史稿·儒林传》。张履祥的《补农书》就是补《沈氏农书》的不足；《沈氏农书》以水稻生产为主而兼及种桑，张履祥的《补农书》则侧重种桑而兼及水稻生产。乾隆年间，朱坤编辑《杨园全集》时，把《沈氏农书》与该书合为一本，分上下两卷，统称为《补农书》，故后世刊本多用此书名。

从时间上看，明末清初正处于世界上第一次科技革命的前夕，传统科技已接近顶峰，近现代科技呼之欲出。世界上是如此，中国也是这样，"明末清初嘉湖平原的农业已接近历史的转换关头（封建农业已到最后境界，近代农业尚未产生）"③，而《补农书》所描绘的就正是处于中国传统科技水平顶峰的传统农业运作情况。《补农书》所记载的传统农业科技是富含农业生态思想的，国内不少对此做过研究的学者可以证实。学者周邦君认为："中国传统农业中包含着关于生态农业的丰硕成果，而明末清

---

① ［美］R. 卡逊：《寂静的春天里》，科学出版社 1979 年版。

② 路明主编：《现代生态农业》，中国农业出版社 2002 年版，"扉页"。

③ （清）张履祥辑补，陈恒力校释，王达参校：《补农书校释》，农业出版社 1983 年版，修改版序第 2 页。

初的《补农书》正是这样的优秀成果之一。"① 而中国科学院学者闻大中更是根据《补农书》的记载对三百年前杭嘉湖地区的农业生态进行分析研究，认为"许多世纪以前，中国农民就在江河下游三角洲和几大湖区附近自然条件优越的湿地上建立了高产而稳定的有机农业生态系统，一些古代农学家（即沈氏和张履祥）曾对这些农业生态系统做过大量的研究"②。清华大学教授李伯重先生，在他的《十六、十七世纪江南的生态农业（上、下）》③ 一文的研究中对《补农书》也是多有引用。

笔者认为，《补农书》的作者沈氏和张履祥应该跟氾胜之、贾思勰、陈旉等人一样，应该同被列入我国古代一流的农学家之列。《补农书》记载和保留了我国传统科技顶峰时期大量珍贵的传统农业生态思想，对于研究我国的传统生态思想有重要的价值，在我国农学和科技史上都有重要的地位。现试着从以下方面进行分析探讨，以期提炼出有现实参考意义的历史精华。

一　生态肥源和生态施肥方法

肥料是农业生产第一要紧的事情，这是毋庸置疑的，《补农书》也正是以这样的思想理论为指导。《补农书·运田地法》说："种田地，肥壅最为要紧。"④

《补农书》所记载的肥料用今天生态学的眼光看，可以说是生态肥料。相比先前而言，在肥源和使用方法上也有不小进步；更为重要的是《补农书》的生态施肥方法处处体现着物质循环利用的生态系统思想。虽然说以前的农书论述的各种废弃物还田作肥料本身就是一种物质循环利用的生态系统思想，但是《补农书》突出的特点就是把这种循环利用通过各种各样的模式明明白白地勾勒出来，这是它发展进步较大的地方之一。

---

① 周邦君：《〈补农书〉所见肥料技术与生态农业》，《长江大学学报：农学卷》2009 年第 1 期。

② 闻大中：《三百年前杭嘉地区农业生态系统的研究》，《生态学杂志》1989 年第 3 期。

③ 见李伯重《十六、十七世纪江南的生态农业（上）》，《中国经济史研究》2003 年第 4 期。李伯重《十六、十七世纪江南的生态农业（下）》，《中国农史》2004 年第 4 期。

④ （清）张履祥辑补，陈恒力校释，王达参校：《补农书校释》，农业出版社 1983 年版，第 62 页。

从地域上看，《补农书》论述的是杭、嘉、湖地区的农业科技。《补农书》的记载反映出，当时人们对于农业生态系统中的物质循环已经有了比较清楚的认识；人们赖以生存的各种生活物资正是通过农田生态系统对物质的循环利用才得以产出的。《补农书·总论》说："种田地利最薄，然能化无用为有用；不种田地力最省，然必至化有用为无用。何以言之？人畜之粪与灶灰脚泥，无用也，一入田地，便将化为布、帛、菽、粟。即细而桑钉、稻穗，无非家所必需之物；残羹、剩饭，以致米汁、酒脚，上以食人，下以食畜，莫不各有生息。"① 清代另一农学家杨屾先生在他的《知本提纲·农则耕稼》中提出与此类似的观点："粪壤之类甚多，要皆馀气相培。即如人食谷、肉、菜、果，采其五行生气，依类添补于身；所有不尽馀气，化粪而出，沃之田间，渐渍禾苗，同类相求，仍培禾身，自能强大壮盛。又如鸟兽牲畜之粪，及诸骨、蛤灰、毛羽、肤皮、蹄角等物，一切草木所酿，皆属馀气相陪，滋养禾苗。又如日晒火熏之土，煎炼土之膏油，结为肥浓之气，亦能培禾长旺。"② 总之，不管是张履祥还是杨屾的论述，都阐明了农业生态系统的物质产出与人们物质消费之间的循环关系，这其中的生态学物质循环意义可以用图 4—1 表示。

当然，农业生态系统除了如图 4—1 所示的物质循环外，还有其他形式的物质循环，比如碳循环，不过这是大自然自然完成的，并不需要人类干预。伴随着物质循环进行的是能量流动，农作物通过光合作用把太阳能固化在农产品中，人类通过消费使用农产品而获得能量需求的满足。如图 4—1 所示的生态系统，只要太阳存在，就可以永远续存，人类就可以永远发展下去。图 4—1 展示的是一个总的农田生态系统物质循环，具体来说，《补农书》叙述了很多种不同的生态肥源和具体的循环利用模式，下面将从生态肥源的拓展与具体利用方法这两方面来展开分析。

（一）在生态肥源方面的拓展与进步

《补农书》论述了很多种类型的肥料，笔者给其分类归纳，大致可分为以下几类：

---

① （清）张履祥辑补，陈恒力校释，王达参校：《补农书校释》，农业出版社 1983 年版，第147 页。

② （清）杨屾：《知本提纲·秦晋农言》，王毓瑚辑，中华书局 1957 年版，第 36 页。

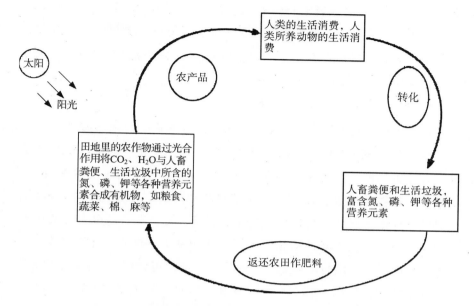

图 4—1　《补农书》叙述的农业生态系统物质循环模式图

1. 粪肥及磨路①、厩肥类

这类肥料主要包括人畜粪便以及由牲畜粪便与干土、杂草等混在一起沤成的肥料。使用方法是，将它们返还、施于农田作肥料。在《补农书》中，这类肥料是主要肥源之一。例如，在耕田时提到了用牛粪或壅灰作底肥，"若壅灰与牛粪，则撒于初倒之后，下次倒入土中更好"②（《补农书·运田地法》）；给油菜施肥可用生活垃圾或牛粪，"菜比麦倍浇，又或垃圾或牛粪，锹盖沟"③（《补农书·运田地法》）；等等。这些肥料可以农家自己生产，也可以去购买，《补农书》还专门介绍了买此等肥料的去处。《补农书》非常重视农家畜养猪羊等牲畜自己积肥，把这项工作看作是农家副业经营上的第一位大事，"古人云：'种田不养猪，秀才不读

---

① "磨路"，指作坊的碾子用牛拉转，在牛来回的路上垫上碎草和土。路上的垫草和土，经牛来回践踏，与牛所屙的粪尿混在一起，肥力很大。

② （清）张履祥辑补，陈恒力校释，王达参校：《补农书校释》，农业出版社 1983 年版，第 25 页。

③ 同上书，第 40 页。

书'，必无成功。则养猪羊乃作家第一著"①（《补农书·运田地法》）。杭、嘉、湖也是主要的桑蚕农业区之一，蚕沙也是很好的肥料。《补农书·逐月事宜·四月》写道："窖蚕沙梗。"② 即，把蚕沙废叶（蚕虆）等入窖腐烂，沤制肥料。

2. 河（湖、塘）泥肥

这类肥料就是把河（湖、塘等）泥打捞上来作为田地的肥料，《补农书》称从河（湖、塘等）捞取泥肥为罱泥。《补农书》很重视对河（湖、塘）泥肥的捞取，在《逐月事宜》中，一年中有九个月都有罱泥这一劳动项目，这类肥料是《补农书》所记叙的肥源的一大特色。罱泥是由五代吴越潦浅军开始的，当时每年疏浚江、湖、河、港，挖出大量的淤泥，施到田中当作一项肥壅，从此以河泥当作肥料，逐渐在吴中普遍化了。③河泥肥是一种使用面较广的肥料，水田和旱地都可使用，《逐月事宜》中就有分别的"罱泥"、"罱田泥"、"罱地泥"的不同安排项目，"罱田泥"就是给田用的，"罱地泥"即是给地用的。池塘泥也是一项好肥料，施给桑竹，能使之繁茂，"池中淤泥，每岁起之以培桑竹，则桑竹茂"④（《补农书·策溇上生业》）。

泥肥还有其他变种，如草泥、稻秆泥、脚泥等。《补农书·逐月事宜·五月》记载："挑草泥。"⑤ 即，冬春捞取的河泥伴以杂草或种植的绿肥，腐熟后，趁阴雨天把它挑到田里作肥料。在给桑树施肥时，也可用稻秆泥代替河泥。《补农书·运田地法》说："罱泥固好，挑稻秆泥亦可省工。"⑥ 稻场及猪圈前的脚踏旧泥也是好肥料，很适宜于施用给菜、麦作肥料。《补农书·〈补农书〉后》说："乡居稻场及猪阑前空地，岁加新泥而刮面上浮土，以壅菜、盖麦，最肥有力。"⑦

---

① （清）张履祥辑补，陈恒力校释，王达参校：《补农书校释》，农业出版社1983年版，第62页。

② 同上书，第16页。

③ 同上书，第60页。

④ 同上书，第179页。

⑤ 同上书，第17页。

⑥ 同上书，第59页。

⑦ 同上书，第114页。

3. 垃圾肥

用垃圾返田作肥料也是《补农书》的肥源之一。明末清初还处于传统手工业时期，没有近现代工业，也就不存在像今天这样的对环境有严重污染和毒害作用的工业垃圾。《补农书》没有具体说明垃圾的具体成分，但可以推想而知，所谓的垃圾肥就是一些人们在日常生活中产生的垃圾，是富含有机物和各种营养元素的，是没有像重金属之类的污染环境的有毒物质的。前文分析过用垃圾给油菜施肥，《补农书》还记载有用垃圾给桑树施肥的，"春天壅地，垃圾必得三四十担"①。

4. 绿肥

绿肥就是使用绿色植物作肥料，可以直接使用野生植物，也可以人力主动种植绿肥植物作肥料。例如，《补农书·逐月事宜·三月》的事项中记载"窖花草"②，即把紫云英割下入窖沤制，以提高肥效和加速发挥作用。又如，《补农书·运田地法》说："花草亩不过三升，自己收子，价不甚值。一亩草可壅三亩田。今时肥壅艰难，此项最属便利。"③ 再又，《补农书·〈补农书〉后》在论述梅豆的种植时提到，豆叶、豆萁头等都是极好的肥料，"豆叶、豆萁头及泥，入田俱极肥"④。

5. 灰肥

灰肥就是家里日常生活、冶炼作坊或者其他事宜燃烧草木后的灰烬，是农田的一项好肥料。沈氏的《沈氏农书》和张履祥所补充的部分都对灰肥有介绍。《补农书·〈补农书〉后》说："田家之灰，是一项肥壅。"⑤ 张履祥认为，各种薪柴的好次等级要考虑上燃烧后是否有灰烬，在同等价位和燃烧价值的情况下有灰烬的要好于没有灰烬的，就是因为灰烬是一项肥料。《补农书·〈补农书〉后》说："然麦柴又不如稻柴，以其无灰也。⑥"

---

① （清）张履祥辑补，陈恒力校释，王达参校：《补农书校释》，农业出版社 1983 年版，第 57 页。

② 同上书，第 15 页。

③ 同上书，第 64 页。

④ 同上书，第 111 页。

⑤ 同上书，第 135 页。

⑥ 同上。

6. 豆饼屑、豆子、菜籽饼等有机肥

《补农书》也记载有直接用粮食作肥料的，如将豆饼、豆子等粮食用于肥田。张履祥认为豆子和豆饼都是很好的肥料。《补农书·〈补农书〉后》说："以梅豆壅田，力最长而不损苗，每亩三斗，出米必倍。但民食宜深爱惜，不忍用耳。"① 又，"吾乡有壅豆饼屑者，更有力"②。用粮食作肥料，价格成本高，应当在特殊情况下才斟酌使用。从张履祥的叙述也可以看出，人们自己喜欢吃的食物怎能舍得用来作肥料呢？用豆饼作肥料，也是在人工贵而且偷懒、浇粪不得法的特殊情况下才选择的，"近年人工既贵，偷懒复多，浇粪不得法，则不如用饼之工粪两省"③（《补农书·〈补农书〉后》）。

当然，使用有毒不能食用的菜籽饼作肥料是很好的应用。《补农书·〈补农书〉后》记载："余至绍兴，见彼中俱壅菜饼。"④

总之，《补农书》的肥源思想体现出生态物质循环利用原则，一切可以利用的废弃物都可以返田作肥料；同时也注重对绿色植物和其他生态肥源的开拓挖掘。

（二）肥料处理方法及其因地、因物制宜地使用

《补农书》记载了很多行之有效的肥料处理方法，肥料经处理后变得更加烂熟有效；而且，施肥讲究因地、因物制宜，使肥力得到充分发挥，农作物获得合适的养分，从而实现丰收高产。《补农书》所论述的对肥料的处理方式详如表4—1所示。

表4—1　　　　　　　　《补农书》记叙的肥料处理方法

肥料	处理办法	出处
垃圾	窖垃圾	《逐月事宜·正月》
磨路	窖磨路	《逐月事宜·正月》
蚕沙梗	窖蚕沙梗	《逐月事宜·四月》

---

① （清）张履祥辑补，陈恒力校释，王达参校：《补农书校释》，农业出版社1983年版，第111页。

② 同上书，第114页。

③ 同上。

④ 同上。

肥料	处理办法	出处
牛壅	下潭，加水作烂	《补农书·运田地法》
干粪	加人粪或菜卤、猪水（下潭沤烂）	《补农书·运田地法》

可见，对于不是很腐熟的肥料，《补农书》都要把它们放在窖或潭中堆沤，使其变腐熟，易于发挥肥效。其实，这种沤制肥料还有另外的生态效应，就是把肥料中的寄生虫、病菌等通过堆沤发酵杀死，可以起到减少疾病传播、清洁农村生态环境的作用。

对于各种肥料，《补农书》进行了较为详细的研究，分析了不同肥料的性质和肥力，论述了如何根据肥料的特点来因地、因物、因时制宜地施用。例如，《补农书》认为，人粪分解快，是速效性肥料；牛粪分解慢，肥力持久，两者应当综合使用，"人粪力旺，牛粪力长，不可偏废"[1]（《补农书·运田地法》）。磨路和猪灰最宜于施用在水田里，"磨路、猪灰，最宜田壅"[2]（《补农书·运田地法》）。而羊粪适合于桑地，猪粪则适合于稻田；草木灰适合施到田里，能疏松土壤，但是却忌讳倒到地里，因为它能降低肥效的发挥。《补农书·运田地法》说："羊壅宜于地，猪壅宜于田。灰忌壅地，为其剥肥；灰宜壅田，取其松泛。"[3] 对于桑树来说，河泥肥更是具有不可或缺的重要意义。《补农书·运田地法》说："古人云：'家不兴，少心齐，桑不兴，少河泥。'罱泥第一要紧事，不惟一岁雨淋土剥借补益，正由罱泥之地，土坚而又松，雨过便干。桑性喜燥，易于茂旺。若不罱泥之地，经雨则土烂如腐，嫩根不行，老根必露，纵有肥壅，亦不全盛。"[4] 捞河泥是种桑树的第一要紧事，不单单是为了借以补充一年来风吹雨淋而剥蚀的泥土，更是由于施过河泥的地，土壤坚韧疏松，雨过很快就干。因为桑树的特性是要求干燥，所以桑树在施过河泥的地上最易于茂盛兴旺。像那些不施河泥的桑地，一经下雨，泥土就烂

---

[1]　（清）张履祥辑补，陈恒力校释，王达参校：《补农书校释》，农业出版社1983年版，第62页。

[2]　同上书，第56页。

[3]　同上书，第64页。

[4]　同上书，第59页。

得和豆腐一样，随水流失，桑树嫩根不能生长，老根又裸露，这样的话，即使施有肥料，也不会完全茂盛。

对于农田应该如何因地制宜地施用肥料，以及如何将各种不同的肥料合理搭配使用以达到最优效果，《补农书·运田地法》还有精彩的概括性论述：

> 若平望买猪灰及城钲买坑灰，于田未倒之前棱层之际，每亩撒十余担，然后锄倒，彻底松泛，极益田脚。又取撒于花草田中，一取松田，二取护草。然积瘦之田，泥土坚硬，利用灰与牛壅；若素肥之田，又忌太松而不耐旱，不结实。壅须间杂而下，如草泥、猪壅垫底，则以牛壅接之；如牛壅垫底，则以豆泥、豆饼接之；然果能二层起深，虽过松无害。①

猪厩肥和人粪尿，在第二次翻耕之前施在棱层中，然后耕翻，这对改良土壤性状，提高农田栽培层肥力非常有利。又可以将其施在绿肥田中，一是能疏松田土；二是能养护绿肥植物。然而那些极度贫瘠的农田，泥土坚硬，则要多施用草木灰和牛厩肥；如果是素来就很肥沃的农田，施多了肥就会太疏松漏水，不耐旱，或导致疯长不结实。

施肥的总体原则是，各种不同类型的肥料必须混合或交替使用，如果以草泥、猪厩肥垫底作基肥，则须以牛厩肥接着作追肥；如果以牛厩肥垫底作基肥，则须以豆泥、豆饼接着追肥。当然，如果真的能在耕田时深翻两层，就是土壤有些过于疏松也没有害处。

施肥还必须根据农作物的生长情况在合适的时间进行，抓住时机，因时制宜，否则，过早或过晚施肥都不能使作物丰收高产。《补农书·运田地法》说："下接力，须在处暑后，苗做胎时，在苗色正黄之时。如苗色不黄，断不可下接力；到底不黄，到底不可下也。……切不可未黄先下，致好苗而无好稻。盖田上生活，百凡容易，只有接力一壅，须相其时候，察其颜色，为农家最要紧机关。无力之家，即苦少壅薄收；粪多之家，每

---

① （清）张履祥辑补，陈恒力校释，王达参校：《补农书校释》，农业出版社1983年版，第64页。

患过肥谷秕，究其根源，总为壅嫩苗之故。"①

二　具体的生态农业模式分析

《补农书》的一大特点就是经常能够将各个不同的农业生产部分有机联系起来，形成一个具有物质循环同时伴随能量流动的生态系统。笔者在这里挑选《补农书》记载的几个典型农业生态子系统进行分析。最典型就是"猪羊——稻田"生态农业模式。前面曾提到过《补农书》的作者十分重视农家养猪，"古人云：'种田不养猪，秀才不读书'，必无成功。则养猪羊乃作家第一著"②（《补农书·运田地法》）；认为养猪为"作家第一著"，农家不养猪就像秀才不读书一样，必然不会成功。清代的姜皋在他的《浦泖农咨》里也表达了相同的观点："棚中猪多，囷中米多，是养猪乃种田之要务也。"③ 其实，沈氏主张和提倡农家养猪的主要目的是积肥，其经济效益倒是次之，我们从他在文中的叙述可以看出。《补农书·运田地法》说："养猪，旧规亏折猪本，若兼养母猪，即以所赚者抵之，原自无亏。"④ 后面在计算养猪的成本与利润时，《补农书·运田地法》更是明确地写道："养猪六口……共约本十六两零。……每养六个月，约肉九十斤，共计五百余斤。……照平价，计银十三两数，亏折身本，此其常规。"⑤ 可见只养肉猪的话，从账面上看原本就是亏本的买卖，要兼养母猪才能把账面亏损赚回来，做到"原自无亏"。既然养猪是亏本的，或者最多是做到"原自无亏"，那沈氏为什么还要如此重视农家自己养猪，并且认为养猪对于农家生产是如此重要的呢？原因就是养猪可以积肥，即沈氏所说的"白落肥壅"，而这些肥料对于农田种植业的兴旺发展是至关重要的。从沈氏的叙述看，猪主要吃的是豆饼、糟麦，当然还会有剩菜剩饭等不适合人食用的粮食。沈氏说道："猪专吃糟麦，则烧酒又获

---

① （清）张履祥辑补，陈恒力校释，王达参校：《补农书校释》，农业出版社 1983 年版，第 35—36 页。

② 同上书，第 62 页。

③ 转引自闵宗殿《宋明清时期太湖地区水稻亩产量的探讨》，《中国农史》1984 年第 3 期。

④ （清）张履祥辑补，陈恒力校释，王达参校：《补农书校释》，农业出版社 1983 年版，第 63 页。

⑤ 同上书，第 86—89 页。

赢息。"① （《补农书·运田地法》）农家酿酒当然主产品烧酒是获利的，剩下的食物残渣——酒糟还可以喂猪，经过猪的消化利用后转变为美味的猪肉以及可以肥田的猪粪尿等。从生态学的视角看，这就是在生态循环过程中尽可能地对农作物初级生产所固定的能量的最大化利用，提高人们对农产品的实际利用率。

可以说，沈氏的眼光已经超出了站在单一的养殖业或种植业的角度思考问题，他站在了整个农业生态系统的高度，把养殖业和种植业有机地结合了起来，建立了一个拥有物质循环和能量流动的生态子系统。我们可以用下面的图4—2来展示这个农业生态子系统的物质流、能量流的关系。

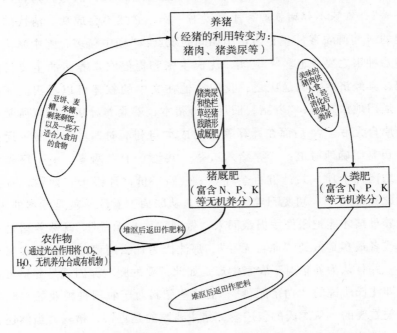

图 4—2 沈氏的"养猪——农田"生态农业模式图

由图4—2可知，沈氏的"养猪——农田"生态农业模式中，养猪的作用是不仅处理掉了大量的低品质食品，将其转化为高品质、营养丰富的食品——猪肉，而且为农田积累了大量的有机肥料，有力地支持了农田种

① （清）张履祥辑补，陈恒力校释，王达参校：《补农书校释》，农业出版社1983年版，第63页。

植业的可持续发展。从能量流动的视角看，本生态系统中的能量流动开始于农作物光合作用对太阳能量的最初固定，农作物进行的是初级生产。接着农作物生产的粮食中的一部分（通常是品质较差，不适合人类食用的）供猪消费，猪进行次级生产，将这些有机物同化为猪体自身，吸收和积累了这些品质较差的食品中的大部分能量。人们对美味猪肉的消费，就是间接地对这部分品质较差食品的再次利用，这样便提高了人类对农作物初级生产量的总体利用率。

沈氏的"养羊——农田"生态农业模式与"养猪——农田"模式差不多，所不同的是养羊的主要饲料是来自自然界的草、叶，当然也有部分是来自农田的杂草。《补农书·运田地法》说："若羊，必须雇人斫草……今羊专吃枯叶、枯草。"① 按照沈氏的意思，养羊的最主要目的是给农田积肥的。将养羊与种田结合起来对农田生态系统具有重要的意义，表现为：羊食用自然界的草、叶后部分转化为羊粪，而这些羊粪与羊的垫栏草一起构成羊厩肥肥田，这是一种广泛向大自然收集农作物所需营养元素的方法和措施，有力地支持了田地种植业的发展。其次，杂草跟农作物一样也是能对太阳能进行初次固定的初级生产者，不过，人们并不能直接利用杂草的初级生产量，而杂草经次级生产者羊食用后则转化为羊肉、羊皮、羊毛等对人类十分有用的食品、日用品等，这其实就是间接扩大了人们对自然界初级生产量的利用范围。沈氏的"养羊——农田"农业生态子系统可用图4—3表示。

如图4—3所示系统显然不是一个物质循环的系统，而是一个营养物质向农田富集的单向流动系统，这便是养羊积肥壅对农田种植业的支持所在。在养殖业（养猪养羊）积肥壅的支持下，种植业能够很好地发展，种养结合在取得生态效益的同时也会让农家获得很好的经济效益。《补农书·运田地法》这样写道："古人云：'养了三年无利猪，富了人家不得知。'……耕稼之家，惟此最为要务。"②

其实，将农业生产中的各种行业有机地结合起来形成一个物质循环利

---

① （清）张履祥辑补，陈恒力校释，王达参校：《补农书校释》，农业出版社1983年版，第63页。

② 同上书，第93页。

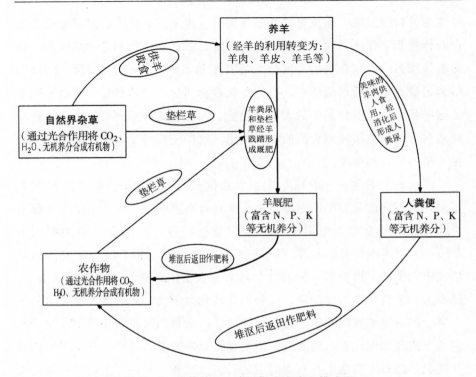

图 4—3 "养羊——农田"生态农业模式图

用，能量尽可能多次提取的农业生态系统，以提高生态效益和经济效益，在明末清初农业较发达的地区已经是当地人们的一种习惯，是一件很平常和普通的事情。张履祥的好友邬行素中年病故，留下老母、寡妻、幼子5人，家业是"遗田十亩，池一方，屋数楹而已"[①]（《补农书·策邬氏生业》）。如何在缺少劳动力的情况下，用好这十亩田和一方池养活邬家之孤儿寡母就成了一个问题。为了解决邬家生计问题，张履祥替其对这十亩地和一方池进行了农业规划，他的规划展现了生态庄园的特点。张履祥说：

> 止种桑三亩（桑下冬天可种菜，四旁可种豆芋）。种豆三亩（豆起则种麦；若能种麻更善。不种稻者，为其省力耳）。种竹二亩（竹有大小，笋有迟早，杂植之，俱可易米）。种果二亩（如梅、李、

[①] （清）张履祥辑补，陈恒力校释，王达参校：《补农书校释》，农业出版社1983年版，第177页。

枣、桔之类，皆可易米。成有迟速，量植之，惟有宜肥宜瘠。宜肥者树下仍可种瓜蔬，亦有宜燥宜湿，宜湿者于卑处植之）。池畜鱼（其肥土可上竹地，余可壅桑；鱼，岁终可以易米）。畜羊五六头，以为树桑之本（稚羊亦可易米。喂猪须资本，畜羊饲以草而已）。盖其田形势俱高，种稻每艰于水。种桑豆之类，则用力既省，可以勉强而能，兼无水旱之忧。竹果之类，虽非本务，一劳永逸，五年而享其成利矣。[①]

　　张履祥先生所描述的规划措施，展现了一条环环相扣的生态食物链，物质、能量可以得到多次利用。其中的生态系统模式结构可如图4—4所示。

　　从图4—4我们可以看出，除了可供人们消费的农产品成品带着营养物质流出此生态系统外，其余的养分都在系统内被循环利用。从能量流动上也体现着多次生产，提高了利用率。

　　张履祥先生的这个设计也处处展示着因地制宜的思想。邬氏的田地地势较高，取水困难，张履祥的设计便放弃种植需水量很大的水稻，改种"桑豆之类"，使种植的农作物"用力既省，可以勉强而能，兼无水旱之忧"；邬氏的水池，毫无疑问被用来养鱼。

　　同时，在这个生态庄园里面还因地、因物制宜地开展间作套种，提高单位耕作土地面积的农作物产出率。在桑树下面可以套种蔬菜，桑树的周围可以间作豆类和芋头。其中豆类作物的套种，由于其自身的固氮特性，又给桑树增加肥料，一举多得。

　　这个生态庄园除了体现出良好的生态效益外，还展示着很好的经济效益。对经济效益，张履祥先生当时就这样估计道："计桑之成，育蚕可二十筐。蚕苟熟，丝绵可得三十斤；虽有不足，补以二蚕，可必也。一家衣食已不苦乏。豆麦登，计可足二人之食。若麻则更赢矣，然资力亦倍费；乏力，不如种麦。竹成，每亩可养一、二人；果成，每亩可养二、三人；然尚有未尽之利。若鱼登，每亩可养二、三人，若杂鱼则半之。早作夜

---

　　① 与主题无关部分有省略，引自（清）张履祥辑补，陈恒力校释，王达参校《补农书校释》，农业出版社1983年版，第177页。

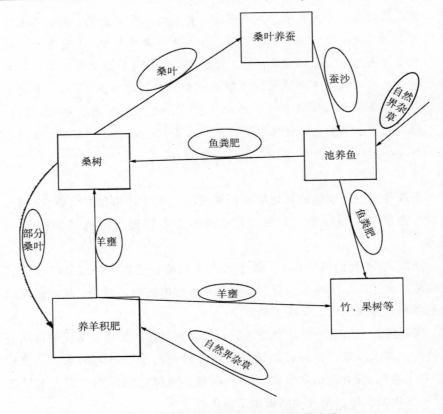

图4—4   "策邬氏生业"生态农业模式图

思，治生余暇，尚可读书。勤力而节用，佐以女工，养生送死，可以无缺。"① 可见，张履祥先生认为，若邬氏按此规划经营这十亩田和一口池的话，是完全可以让邬氏的孤儿寡母过上较殷实的生活的。现代学者李伯重先生对此研究后认为："邬氏的田地如种水稻，总产值至多相当于15石米。……如果改变经营方式，按照张氏的策划，那么同样十亩瘠田的生产率即可大大提高。……总产值约为52石米，为种水稻产值的3.5倍。如果加上在桑地、果园中种植的间作作物（如菜、芋瓜、蔬）的收入，那么这个差距还会更大。"② 学者周邦君认为："（李伯重的）这种估算可

<hr>

①   （清）张履祥辑补，陈恒力校释，王达参校：《补农书校释》，农业出版社1983年版，第177—178页。

②   李伯重：《十六、十七世纪江南的生态农业（下）》，《中国农史》2004年第4期。

能偏高，而就一般年景通盘考虑，邬家在解决全家生存问题的基础上略有节余（即一年总产值相当于 20 来石稻米），是不难办到的。如此也足以说明，邬家农业生态运行的经济效益是相当可观的。"① 笔者也认为，张履祥先生的这个生态庄园的规划设计是十分科学合理的，不仅有良好的生态效益，也有很好的经济效益。

也许，作为当时的农学家的张履祥能设计出这样的生态庄园并不会让人惊奇，但是，我们从《补农书》的记载可以得知的是，当时富有务农经验的老农也有整合各个农业生产部分而形成整体生态农业的思想。《补农书·〈补农书〉后》记载："尝于其乡见一叟戒诸孙曰：'猪买饼以喂，必须赀本；鱼取草于河，不须赀本。然鱼、肉价常等，肥壅上地亦等，奈何畜鱼不力乎!?'"② 很显然，这是将养鱼业与种植业有机结合起来了，形成"养鱼——种田"生态农业模式。采集鱼草除了供鱼食用，使鱼长大获得经济效益外，同时也是在为农田积肥，以支持种植业的发展。从社会的角度看，沈氏和张履祥都是生活在明末清初时期，他们撰写的农书其实很大程度上就是对当时当地普遍存在的农业生产科技的归纳与总结，因为当时的社会并没有实验室，他们所写的理论不可能来源于实验室的实验归纳。总之，无论是《补农书》本身的记载，还是从此书作者所处的社会情况分析，都表明了设计生态农业的思想已经很流行和普遍，各种各样的生态农业模式在明末清初时期的杭嘉湖地区也已经是一个比较普遍的现象。

三 "天时、地利、人力""三才论"生态系统思想

跟先前的中国传统农书一样，《补农书》也有一条鲜明的主线，那就是以"三才论"生态系统思想作为全书的指导思想，注重顺天时，强调因循地利，讲究人力的配合，在农业生产过程中把时宜、地宜、物宜有机地结合起来。《补农书·总论》说："农桑之务，用天之道，资人之力，

① 周邦君：《〈补农书〉所见肥料技术与生态农业》，《长江大学学报：农学卷》2009 年第 1 期。

② （清）张履祥辑补，陈恒力校释，王达参校：《补农书校释》，农业出版社 1983 年版，第 132 页。

兴地之利，最是至诚无伪。"① 这便是《补农书》对"三才论"思想的直接表述，认为种田栽桑的事情就是要将"天、地、人"三者有机地统一起来才能获得成功。

（一）非常注重准确把握天时进行农业生产

《补农书》非常重视对天时的把握，比如，全书的开篇就是《逐月事宜》，其主要内容就是按照每个月的时间顺序来安排一年的农事活动。从内容和形式上看，《逐月事宜》很像以前的月令体农书。这一方面反映出《补农书》对天时（农时）的重视；另一方面也反映出《补农书》对先前的月令体农书的继承和发扬。总的来说，农业生产的整个过程都必须要抓住正确的时机，趁机把各项该做的农事做好。《补农书·〈补农书〉后》这样说道："耕种之法，《农书》已备，惟当急于赴时。同此工力、肥壅，而迟早相去数日，其收成悬绝者，及时不及时之别也。"② 这里就是强调要抓紧农时，费同样多的时间、劳力、肥料，而时间上相差几天，农作物的收成多少就大不一样，这种情况就是及时和不及时的区别了。具体来讲，就体现在耕田、种田、锄草、追肥、收获等各个管理环节上，都必须抓住恰当的时机做好各项工作。对于耕田，沈氏强调要在大晴天进行，不能在阴雨天进行；耕翻后的倒地也要在春天的大好晴天进行。《补农书·运田地法》说："田地全要垦深。切不可贪阴雨闲工；须要老晴天气。……春间倒二次，尤要老晴时节。"③ 对于种田，不要太早，要根据当地当年的气候、地理情况做到恰到好处，在最适宜的时候抓紧时间种田。《补农书·运田地法》说："种田之法，不在乎早。本处土薄，早种每患生虫。若其年有水种田，则芒种前后插莳为上；若旱年，车水种田，便到夏至也无妨。"④ 田间的除草也是很讲究时间性，要在插秧前平整田底时将杂草清除干净，否则如果是等到后面为秧苗薅草时再来清除就会浪费很多工力。《补农书·运田地法》说："平底之时，有草须去尽，如削不能尽，必拔去而后平底。盖插下须二十日方可下田拔草，倘插时有宿

---

① （清）张履祥辑补，陈恒力校释，王达参校：《补农书校释》，农业出版社 1983 年版，第152 页。
② 同上书，第 116 页。
③ 同上书，第 25 页。
④ 同上书，第 28 页。

草，得肥骤兴，秧未见活，而草已满，拔甚费力，此俗所谓'亩三工'。若插时拔草先净，则草未生而苗已长，不消二十日便可拔草，草少工省，此俗所谓'工三亩'。只此两语，岂不较然。……头番做得干净，后番次次省力。……所谓'头番不要早，二番不要迟'，当使草尝无处著脚。"[1] 在立秋左右的烤田更是要精准掌握时间，在立秋前要放干田水至田土干裂，可以干裂几天烤田；若是在立秋后，则一定要保证田里的水量充足，田里一干便马上要灌水。《补农书·运田地法》说："立秋边或荡干，或耘干，必要田干缝裂方好。古人云：'六月不干田，无米莫怨天。'惟此一干，则根派深远，苗秆苍老，结秀成实，水旱不能为患矣。干在立秋前，便多几日不妨；干在立秋后，才裂缝便要车水。盖处暑正做胎，此时不可缺水。古云：'处暑根白头，农夫吃一吓。'"[2] 在后面总结的扼要之法中，沈氏也说道："但自立秋后，断断不可缺水，水少即车，直至斫稻方止。俗云：'稻如莺色红，全得水来供。'若值天气骤寒，霜早，凡田中有水，霜不损稻；无水之田，稻即秕矣。先农有言：'饱水足谷'，此之谓也。"[3]（《补农书·运田地法》）立秋前放干田水烤田可以增加收成，不放水烤田则会收成减少；而在立秋后则必须要保证田里有充足的水分，否则就会大大减少收成。这一干一湿的处理正确与否就成了水稻生产过程中的重点，而决定此重点的关键就是正确地把握时间，在正确的时间里必须要做正确的事。前面在论述施肥曾分析过，施接力肥时特别要注意把握正确的时机，过早或者过迟都会导致作物的减产。《补农书·运田地法》说："下接力，须在处暑后，苗做胎时，在苗色正黄之时。如苗色不黄，断不可下接力；到底不黄，到底不可下也。……切不可未黄先下，致好苗而无好稻。盖田上生活，百凡容易，只有接力一壅，须相其时候，察其颜色，为农家最要紧机关。无力之家，即苦少壅薄收；粪多之家，每患过肥谷秕，究其根源，总为壅嫩苗之故。"[4] 施追肥，必须要等到处暑后（公

① （清）张履祥辑补，陈恒力校释，王达参校：《补农书校释》，农业出版社1983年版，第32页。

② 同上书，第32—33页。

③ 同上书，第36页。

④ （清）张履祥辑补，陈恒力校释，王达参校：《补农书校释》，农业出版社1983年版，第35—36页。

历八月下旬）稻苗孕穗期，就是稻苗叶色发黄的时候才施，如果叶不黄，绝对不可施；到底不黄，到底不施。绝对不要在苗色未黄时候就先施下，以至于造成看起来枝繁叶茂，但实际上却不能很好地灌浆结实。下接力肥是必须要考虑农时、气候，观察稻苗颜色的变化，这是农家最要紧最关键的工作环节。经济条件差的农家，无力施追肥而导致低产；相反，肥料多的农家，又往往因为给未黄的嫩苗施追肥过多而导致稻苗疯长不结实，秕谷多、产量低。最后，在收获时也必须得抓紧时间赶快进行，为让农家忙得过来不至于太仓促，沈氏主张："所宜对半均种，以便次第收斫，不致忙促。"①（《补农书·运田地法》）由此可见，在整个水稻生产过程中，各个环节都是十分重视对正确农时的把握的，简直就是在时间里抢活干。其实，不仅是水稻种植生产，其他的各项农业生产如种桑养蚕、栽培果蔬、畜养家畜家禽等都是十分重视对天时的把握的，要求在适宜的时间做完正确的工作。限于篇幅，这里就不再对《补农书》所载的其他项农业生产中对天时的强调和重视作具体的分析了。

（二）非常强调因循地利，要求因地、因物制宜地进行农业生产

前面有关《补农书》生态思想的分析，就已经探讨过很多因循地利，因地制宜、因物制宜地发展农业生产的内容。例如，《补农书》的生态施肥内容，就有很多的因地制宜、因物制宜的施肥思想；"策邹氏生业"生态庄园设计的指导思想之一就是因地、因物制宜地进行农业生产。跟"顺应天时"思想一样，"因循地利"也是《补农书》的核心指导思想。

从大的利用规划上看，旱地种桑、水田种稻、池养鱼，等等，这些都是因地制宜的具体体现。张履祥说："湖州低乡，稔不胜淹。数十年来，于田不甚尽力，虽至害稼，情不迫切者，利在畜鱼也。"②（《补农书·〈补农书〉后》）湖州地势低，常挨水淹，人们于是因地制宜，利用水多地低的特点来发展养鱼业，以此来补充种植业的不足。从具体上看，也是体现在种植、施肥、管理等农业生产的各个环节中。张履祥先生这样论述了地宜、物宜的关系，对于他的家乡所适宜种植的水稻，他说："天只一气；地气百里之内即有不同，所谓阳一而阴二也。正如一父之子，所受母

---

① 同上书，第38页。
② 同上书，第132页。

气不同，则子之形貌性情亦从而异。吾乡田宜'黄稻'，早黄、晚黄皆岁稔；'白稻'惟早岁稔；粳白稻遇雾即死；然自乌镇北、涟市西即不然，盖土性别也。"①（《补农书·〈补农书〉后》）可见，水稻的种植栽培必须要选择与当地生态环境相适应的品种。对于薪柴植物芊芨，其适宜的种植地方是，"最宜近水地滩及坟墓旁地：近水取其便于罱泥及载薪以归；坟墓旁地，必有树阴覆盖，不便桑麻，种之于此。则不毛之土，一劳永逸，其益无方"②（《补农书·〈补农书〉后》）。对于胡萝卜的栽培则需要注意别施灰肥，因为（胡萝卜）"独忌壅灰，见灰则须长而头分故也"③（《补农书·〈补农书〉后》）。甘菊所要求的生态环境是阳光充足、排水通畅、杂草不多，（甘菊）"种植甚易，只要向阳脱水而无草，肥粪甚省"④（《补农书·〈补农书〉后》）。芋头需要的生长环境是土层深厚而肥沃，又有"旱芋"和"水芋"之分，两者分别要种植在旱地和水田里，其中"水芋"绝对不要种在旱地上。《补农书·〈补农书〉后》说："种芋无别法，只土厚而肥，即头大子多。……湖州俱种地上，名为'旱芋'。……若'水芋'，断不可种地上。"⑤对于树木的种植也要注意土地的适宜性，"各以地之所宜，则桐乡椿、梓、榆、檀，皆上木也"⑥（《补农书·〈补农书〉后》）。丝瓜要种在水边，茨菇适合种在沟里，香芋宜于种在墙阴；芥菜生长期较长，根扎得深，要施垃圾肥；荠菜生长期较短，根也较浅，需浇清水肥；茄子适宜较板实的土壤，葱、韭、蒜又需要疏松的土壤。《补农书·〈补农书〉后》说："丝瓜宜近水……茨菇便于沟际，香芋利于墙阴……芥菜在地日久根深，宜垃圾；荠菜在地日少根浅，宜清肥。茄宜土实，葱、韭、蒜宜土松。"⑦

①　（清）张履祥辑补，陈恒力校释，王达参校：《补农书校释》，农业出版社1983年版，第116页。

②　同上书，第119页。

③　同上书，第121页。

④　同上书，第122页。

⑤　同上书，第123页。

⑥　同上书，第125页。

⑦　（清）张履祥辑补，陈恒力校释，王达参校：《补农书校释》，农业出版社1983年版，第128页。

（三）　突出重视人对农业生态系统的管理

"农桑之务，用天之道，资人之力，兴地之利，最是至诚无伪。"[1]
（《补农书·总论》）张履祥概括出，农业生产的顺利进行需要"天、地、
人"三者的有机结合。其实在这三者当中，"天之道"和"地之利"都是
处于一种被动的地位，分别是"用"和"兴"的对象，而这种动作的施
予者就是人类；人是这三者中唯一的主动方。单从主被动方来分析就是，
农业生产就是人们通过使用自己的劳力来利用自然界的光、温、水、肥、
气等条件，来发挥土地的生产潜力。可见，"人"在"天、地、人"这个
农业生态系统中是具体的建造者和管理者，是居于核心地位的，这也反映
出《补农书》的作者对人力的高度重视。从前面已有的分析来看，无论
是广开生态肥源，将各种有营养元素的废弃物还田作肥料，还是整合农业
的各个生产部门，将种植业与养殖业联系成一个物质上循环利用、能量上
多层次利用的生态系统，抑或是生态庄园的设计，抑或是顺应天时、因地
因物制宜地耕种，等等，都是发挥人的主观能动性对自然界进行改造的结
果，都是对人力的强调和重视的结果。

《补农书》论述的是明末清初时期的地主经济，田地的农活除了自
己经营外就是靠雇工经营，因此如何处理好地主与雇工之间的关系，如
何使雇工尽心尽力地工作就成了农业生产中有关"人"的主要问题之
一。无论是沈氏还是张履祥对这个问题都有比较详细的讨论，这也是
《补农书》重视"人力"一个侧面的放映。沈氏详细地介绍了对雇工的
伙食供给规则，其中介绍了流传下来的旧规，也介绍了沈氏自己建议的
规则。从总体上看，沈氏对待雇工的中心思想和态度是善待雇工，尽量
给雇工较好的伙食，做到与人为善，建立和谐的主雇关系。这些，我们
可从他的一些论述和他建议的伙食标准与旧规的比较中看出。沈氏说：
"供给之法，亦宜优厚。炎天日长，午后必饥；冬月严寒，空腹难早出。
夏必加下点心，冬必与以早粥。若冬月雨天，罱泥必早与热酒，饱其饮
食……至于妇女丫鬟，虽不甚攻苦，亦须略与滋味……故云：'善使长

---

①　同上书，第152页。

年恶使牛'，又云：'当得穷，六月里骂长工'，主人不可不知。"①
（《补农书·运田地法》）可见，沈氏主张的对待雇工的态度和方法是善
待工人。沈氏主张的伙食标准也都比旧规要丰盛，荤菜多，现列举一条
作为代表说明。《补农书·运田地法》记载："旧规：夏秋一日荤，两
日素。今宜间之，重难生活连日荤。"② 按老规矩，夏秋两季一天荤，
两天素菜，现在应当改成间日供给，即一天荤菜一天素菜，而做重、难
工作时则连日荤菜。张履祥先生主张的对待雇工和佃户的中心思想和态
度与沈氏差不多，也是要好酒好肉招待雇工，按时、按质、按量发放工
钱，平日里多关心佃户，问寒问暖，主动为佃户解决困难。从内容上
看，张履祥先生比沈氏论述得更为详尽，他详细介绍了如何选择工人，
如何招待工人，如何体恤安抚佃户等各个方面。从目的上看，他是要建
立良好和谐的主雇关系，使之如一家人样，用他自己的话说就是："收
租之日，则加意宽恤，仆人积弊，极力革除。至于凶灾、争诉、疾病、
死丧及茕独贫厄，总宜教其不知而恤其不及，须令情谊相关，如一家之
人可也。"③ 同时，张履祥非常反对那些胡作非为、欺男霸女的地主，
并且对这种现象和事情进行了严厉批评和指责。

　　总之，这里展现的思想是，要建立人与人之间的和谐关系，然后再
建立人与自然之间的和谐关系，使"天、地、人"三者和合统一，实
现人类社会的永续健康发展。

第三节　明清时期的生态农业模式分析

　　在本章第二节，已经分析过不少《补农书》所记载的明清时期的人
工生态农业模式，本节则主要对明清时期《补农书》以外的资料所记载
的传统生态农业模式作一补充性分析。

---

　　① （清）张履祥辑补，陈恒力校释，王达参校：《补农书校释》，农业出版社1983年版，
第69页。
　　② 同上书，第69页。
　　③ 同上书，第148页。

一 明代谭晓生态农业模式

《戒庵老人漫笔·谈参传》记载："谈参者，吴人也，家故起农。参生有心算，居湖乡，田多洼芜，乡之民逃农而渔，田之弃弗辟者以万计。参薄其直（值）收之，庸饥者，给之粟，凿其最洼者池焉，周为高塍，可备坊泄，辟而耕之，岁之入视平壤三倍。池以百计，皆畜鱼，池之上为梁为舍，皆畜豕，谓豕凉处，而鱼食豕下，皆易肥也。塍之平阜植果属，其污泽植菰属，可畦植蔬属，皆以千计。鸟凫昆虫之属悉罗取，法而售之，亦以千计。室中置数十瓯，日以其分投之，若某瓯鱼入、某瓯果入，盈乃发之，月发者数焉。视田之入，复三倍。……以故参之货日益，窖而藏者数万计。"[1] 同样的记叙也见于《光绪常昭合志稿·卷四十八轶闻》[2]，不过主人公变成了谭晓和其兄谭照。其实，谈参就是谭晓，因为明代的李诩就说过："谈参实谭晓，常熟湖南人。行三，参者三也。"[3]（《戒庵老人漫笔·谈参传》）

《戒庵老人漫笔》的作者李诩，字原德，号戒庵，晚年以"戒庵老人"自居，生于正德元年（1506 年），卒于万历二十一年（1593 年）。他记载的是反映明代中后期的事情。这个《戒庵老人漫笔·谈参传》讲的就是发生在江苏常熟地区的故事。由李诩的《谈参传》可知，明代中后期时，我国南方水乡靠近湖泊的一些地方由于地势较低常挨水淹，如何开发这些水淹地就成了一个问题，有不少民众放弃种田转而从事捕鱼为生。农学家谭晓收购这些水淹地，对其进行合理的改造，然后再因地制宜，充分利用空间地理的各种关系，将种植业与养殖业巧妙地联合起来，形成了一个物质循环利用，能量流层层多次提取的人工生态农业。谭晓将最低洼的地挖成池，用于养鱼；其中挖出的泥土用于堆高周围地势较高的洼地，以避免水淹，然后在加高后的地上发展种植业。这些地方也是要因地制宜，在高而平坦的地上种植果树，在仍然有水的较低洼地方可以种植水生作物菰属之类，也可在这些地方做畦后再种蔬菜。在池上面建猪圈养猪，

---

① （明）李诩撰，魏连科点校：《戒庵老人漫笔》，中华书局 1982 年版，第 153 页。

② （清）郑钟祥、张瀛、庞鸿文等纂修：《光绪常昭合志稿》，江苏古籍出版社 1991 年版，第 804 页。

③ （明）李诩撰，魏连科点校：《戒庵老人漫笔》，中华书局 1982 年版，第 154 页。

由于靠近水边得到阴凉，猪很容易长肥；猪屎以及猪吃剩的食物残渣供鱼
再次利用，鱼也很容易长肥。当然，猪的食物很大部分是来源于改造后高
地发展的种植业。根据李诩的记载，谭晓设计的人工生态农业的各部分的
关系可如图 4—5 所示。

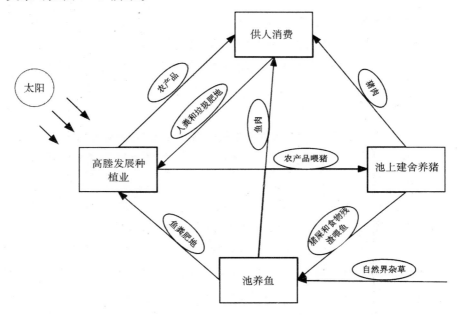

图 4—5　明代谭晓生态农业模式图

　　如图 4—5 所示的生态农业是科学合理的，充分体现了因地制宜、种
植业与养殖业有机结合、物质循环利用，农作物的初级生产量得到二次提
取生产。用于喂猪的有机物经过猪的消化同化部分物质能量后，其未被消
化的食物残渣（猪屎）被鱼进一步摄取、利用、转化，提高了对有机物
的转化率。从对土地的开发利用角度看，谭晓将不适宜于农业生产的水淹
地、洼地变成了一个科学合理的人工生态农业场地，是极为了不起的，这
也反映了我国先民的伟大聪明才智。从生态效益上看，除了向人类社会输
出物质产品供人类消费外，并没有输出任何垃圾或污染物，物质在生态系
统内循环利用；相反，它还吸纳和消化了不少人类的粪便和生活垃圾，清
洁净化了人类的生活环境。从对地力的影响上看，由于养分物质是在系统
内循环利用的，不会消耗地力而导致地力枯竭，因此地力可以持续保持，
实现农业生产的永续进行和发展。最后，我们再来分析一下这个人工生态

场的经济效益如何。人们必须要从自然界索取衣、食等资源以维持人们的生活，因此我们发展生态农业，不仅仅是为了生态效益，经济效益也是我们追求的一个重要指标。李诩在《戒庵老人漫笔·谈参传》中写道："（谭晓）室中置数十瓯，日以其分投之，若某瓯鱼入、某瓯果入，盈乃发之，月发者数焉。视田之入，复三倍。……以故参之赀日益，窖而藏者数万计。"很显然，经济效益是非常好的，谭氏因此而成了当地有名的富翁。《戒庵老人漫笔·谈参传》还记载有："倭乱时，晓献万金城其邑城，后邑令王叔杲撰谭晓祠议，以旌其功云。"[①]

二　明清时期广东的果基鱼塘与桑基鱼塘生态农业模式

　　基塘形式的生产，最初以果基鱼塘为主，果基鱼塘与桑基鱼塘并存。明代中叶以后，广东珠江三角洲地区已经出现了果基鱼塘与桑基鱼塘形式的生产，如顺德陈村"堑负郭之田为圃，名曰基，以树果木。荔枝最多，茶桑次之，柑橙次之，龙眼则树于宅，亦有树于基者；圃中凿池畜鱼，春则涸之播秧。大者至数十亩"[②]。即，将洼地挖成池塘用于养鱼，挖出的泥土用以堆高四周（就是"基"），然后在其上种植果树。这种果基鱼塘模式的生态农业得到进一步的推广和发展，到明末清初时在广州已经较普遍，据清初的屈大均在《广东新语·鳞语·养鱼种》中的记载："广州诸大县村落中，往往弃肥田以为基，以树果木。荔枝最多，茶、桑次之，柑、橙次之，龙眼多树宅旁，亦树于基。基下为池以畜鱼，岁暮涸之，至春以播稻秧，大者至数十亩。"[③] 至于为什么会出现改稻田为果基鱼塘模式，学者谢天祯认为是由于"果木利大，'稻田利薄，每以花果取饶'，所以许多地区甚至改禾田为基塘"[④]。笔者认为鱼塘养鱼的利益也不可忽视，应当是"果木＋鱼塘"的复合生态农业经营模式的利润大于单一的

---

　　① （明）李诩撰，魏连科点校：《戒庵老人漫笔》，中华书局1982年版，第154页。
　　② 万历《顺德县志》，转引自谢天祯《明清时期广东的农业经济与农业生态》，见明清广东社会经济研究编《明清广东社会经济研究》论文集，广东人民出版社1987年版，第120—137页。
　　③ （清）屈大均：《广东新语》上下，中华书局1985年版，第564页。
　　④ 谢天祯：《明清时期广东的农业经济与农业生态》，见明清广东社会经济研究编《明清广东社会经济研究》论文集，广东人民出版社1987年版，第120—137页。

水稻种植模式利润。果基鱼塘生态农业的内部结构关系可如图4—6所示。

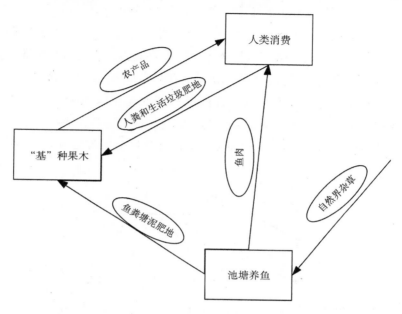

图4—6　果基鱼塘生态农业模式图

如图4—6所示的生态农业模式中，开凿的养鱼池不仅是在进行自身的农业生产（养鱼），同时也是在为岸基的果木生产积累肥料，可谓一举两得，实现了物质的多次利用。在年底打捞完鱼后把塘里的水放干，第二年春天就用塘底来作水稻的秧田，这样就不仅更加提高了土地的利用率，而且还充分利用了塘泥肥力，由于塘底地势低更兼有防寒潮的效果。

广州在秦汉时就是繁荣都会，汉唐以来是海上"丝绸之路"的始发港，清朝闭关锁国时广州是中国唯一对外开放的港口，垄断全国外贸，也是中国最早对外的通商口岸。清代，我国的丝织品畅销国外，利润颇高，而广州就是当时主要的出口地。这种情况刺激了广东当地桑蚕业的发展，基塘农业的模式于是逐渐由"果基鱼塘"向"桑基鱼塘"转变。此外，还由于种桑具有投资少、生长快、发芽早、落叶迟、再生力强、耐采伐、易采摘、造数多、产量高、见效快等许多优点，又可与家庭养蚕、缫丝紧密结合，充分利用劳动力。这同水果生长周期长、耐采性差、不易采摘、不便运销、容易腐烂等特点相比，种桑当比种植水果有利。加上"凡龙眼用接、荔枝用博"，"荔枝种至四年即实，龙眼必五年"，栽接培育工序

繁杂。所以很快在许多地区桑基鱼塘便迅速兴起，并取果基鱼塘而代
之。① 南海九江"地狭小而鱼占其半，池塘以养鱼，堤以树桑"②，"乾、
嘉以后，民多改业桑鱼，树艺之夫，百不得一"③。总之，后来在清代广
东珠江三角洲地区发展成了以桑基鱼塘生态农业模式为主的农业格局。典
型"桑基鱼塘"模式是这样的，就如清代的《高明县志·卷二·物产》
所说："秀丽围近年业蚕之家，将洼田挖深取泥覆四周为基，中凹下为
塘，基六塘四，基种桑，塘畜鱼，桑叶饲蚕，蚕屎饲鱼，两利俱全，十倍
禾稼。"④ 这种桑基鱼塘生态农业模式的内部结构关系可如图4—7 所示。

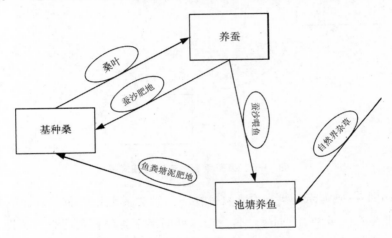

图4—7　桑基鱼塘生态农业模式图

　　如图4—7 所示的是清代广东典型的桑基鱼塘生态农业模式。这种生
态农业模式的建造过程是，人们将地势低洼的田挖深为池塘，其中挖出的
泥巴堆在池塘的四周为基，基与池塘的面积比大约为 6：4，然后池塘用于

　　① 谢天祯：《明清时期广东的农业经济与农业生态》，见明清广东社会经济研究编《明清广
东社会经济研究》论文集，广东人民出版社 1987 年版，第 120—137 页。
　　② 道光《南海县志》卷8，风俗。转引自谢天祯《明清时期广东的农业经济与农业生态》，
见明清广东社会经济研究编《明清广东社会经济研究》论文集，广东人民出版社 1987 年版，第
120—137 页。
　　③ 光绪《九江儒林乡志》卷3，物产。转引自谢天祯《明清时期广东的农业经济与农业生
态》，见明清广东社会经济研究编《明清广东社会经济研究》论文集，广东人民出版社 1987 年
版，第 120—137 页。
　　④ 高明县地方志纂委员会：《清·光绪二十年〈高明县志〉点注本》1991 年版，第 72 页。

养鱼，基用于种植桑树养蚕。在这个人工生态系统中，物质是循环利用的，植物（桑树）的初级生产量也得到了多次利用，如桑叶经过家蚕的消化提取变为蚕屎后还可喂鱼被鱼再次提取利用。珠江三角洲地区，农民种桑皆兼养蚕放鱼，"农人植桑者无不养蚕，以所得之蚕沙可省麸之费也"①。蚕沙既可用于肥地，也可用于喂鱼，两用俱佳。塘泥是种植桑树的好肥料，这在《补农书》就有记载。清代广东秀才卢燮宸在考察当地的种植桑树经验后也是这样写道："培桑肥料，以塘泥、撖摇肉麸及煎硝所出之老水为上，次用生粪，或用蚕屎更便。"②

　　这种桑基鱼塘农业不断发展，到清末便发展为蚕、桑、鱼、猪一体化养殖的更为复杂的生态农业模式。晚清陈经善的《岭南蚕桑要则》记载："顺德地方足食有方……皆仰人家之种桑、养蚕、养猪和养鱼……鱼、猪、蚕、桑四者其齐养。""或于山坑开一水滐，或于河边挖一水澳，将该滐澳专养浮萍，以供喂猪，将该猪粪，将以培桑，将该桑叶，将以养蚕，将该蚕渣茧水，又可培桑养鱼。"③《粤中桑蚕刍言》记载："大头鱼与鲮鱼俱食粪料，其料有用人屎，有用蚕蛹、蚕屎、桑渣，有用猪屎，数者仍以人屎为上，猪屎次之，蚕屎等又次之。"④ 这些记载表明，到晚清人们已经将养猪有机地融入了桑基鱼塘生态农业模式中，实现了养殖业、种植业、副业等各个行业的有机结合，体现出了我国生态农业的进一步发展。再往后，到民国时期，由于社会经济的原因，广东的桑基鱼塘逐渐向蔗基鱼塘转化。学者吴建新和赵艳芝的研究表明："蔗基鱼塘是在民国时期才发展起来的。在 20 世纪 20—30 年代，由于国际市场的影响，广东的

---

① 宣统《南海县志》卷四，物产。转引自谢天祯《明清时期广东的农业经济与农业生态》，见明清广东社会经济研究编《明清广东社会经济研究》论文集，广东人民出版社 1987 年版，第 133 页。

② 卢燮宸：《粤中蚕桑刍言》，清光绪十九年刻本，第 24 页。转引自谢天祯《明清时期广东的农业经济与农业生态》，见明清广东社会经济研究编《明清广东社会经济研究》论文集，广东人民出版社 1987 年版，第 120—137 页。

③ 陈经善：《岭南蚕桑要则》，清宣统三年刻本，第 13 页。转引自谢天祯《明清时期广东的农业经济与农业生态》，见明清广东社会经济研究编《明清广东社会经济研究》论文集，广东人民出版社 1987 年版，第 120—137 页。

④ 卢燮宸：《粤中蚕桑刍言》，清光绪十九年刻本，第 34 页。转引自谢天祯《明清时期广东的农业经济与农业生态》，见明清广东社会经济研究编《明清广东社会经济研究》论文集，广东人民出版社 1987 年版，第 120—137 页。

蚕桑业一度衰落。而在 30 年代前期，广东机器糖业促进了甘蔗种植业向没有蔗糖业传统的顺德基塘区扩展，桑基鱼塘便向蔗基鱼塘转化。蔗基鱼塘成为占优势的类型。"①

我们再来分析一下广东桑基鱼塘生态农业的经济效益。按照《高明县志·卷二·物产》记载的话说是，"十倍禾稼"，即桑基鱼塘的经济效益是单独种植水稻的十倍。根据学者梁光商的研究：1650—1840 年（鸦片战争前），珠江三角洲掀起"弃田筑塘，废稻种桑"的高潮，桑地不断扩展，"桑基鱼塘"代替双季稻；在局部地方还出现了桑地全部代替了稻田的现象。②《九江乡志》："境内无稻田，仰籴于外。"《龙江志略》（1657 年）："旧原有稻田，今皆变为基塘，民务农桑，养蚕为业。……女善缫丝。"《顺德县志》："禾田多变塘基，莳禾之地，不及十一，谷之登场亦罕矣。"③ 虽然那时在珠江三角洲地区是很少种植水稻的，但是，"乡无耕稼，而四方谷米云集"④（嘉庆《九江县志》）。可见，广东珠江三角洲地区从事桑基鱼塘经济效益是很好的，人们获得的收入比单独经营水稻多得多，人们生活也应当是比较丰富和殷实的。

三　北方旱作区的"养家畜——种植业"生态农业模式

我国的北方旱作农业地区，生态环境不如江南地区好，没有众多的河流湖泊，其生态农业模式主要以"养家畜——种植业"模式为主。畜养家畜，一方面因家畜自身的经济价值而获利；另一方面利用家畜积累粪肥，以支持种植业的发展，一举多得，实现养殖业与种植业的有机联合，形成营养元素在农业生态系统中的循环利用。

清代陕西农学家杨屾在他的《豳风广义·畜牧说》中说："畜牧：猪、羊、鸡、鸭四条，已亲经实效，有裨农家日用者，一一详述而备载

① 吴建新、赵艳芝：《明清以来广东的生态农业类型》，《中国农史》2005 年第 4 期。
② 梁光商：《珠江三角洲桑基鱼塘生态系统分析》，见华南农业大学农业历史遗产研究室主编《农史研究第七辑》论文集，农业出版社 1988 年版，第 95—98 页。
③ 古文转引自梁光商《珠江三角洲桑基鱼塘生态系统分析》，见华南农业大学农业历史遗产研究室主编《农史研究第七辑》论文集，农业出版社 1988 年版，第 95—98 页。
④ 古文转引自谢天祯《明清时期广东的农业经济与农业生态》，见明清广东社会经济研究编《明清广东社会经济研究》论文集，广东人民出版社 1987 年版，第 120—137 页。

之。愿我同志共相徒事，不但奉高堂而享肥甘，亦足佐蚕桑而滋余利。"① 又"多种苜蓿，广畜四牝"，可以"多得粪壤以为肥田之本"②，而"养猪以食为本，纯买麸糠饲之则无利。大凡水陆草叶根皮无毒者，猪皆食之，唯苜蓿最善，采后复生，一岁数剪，以此饲猪，其利甚广，当约量多寡种之"③。清代陕西另一位农学家杨秀元（字一臣），在他的《农言著实》中也论述了种植苜蓿以用于饲养家畜的思想。《农言著实》说："正月……此月节气若早，苜蓿根可以喂牛。……咱家地多，年年有种的新苜蓿，年年就有开的陈苜蓿。况苜蓿根喂牛，牛也肯吃。又省料，又省秸，牛又肥而壮。……三月，苜蓿花开圆时，割苜蓿。先将冬月干苜蓿积下，好喂牲口。"④ 此外，无论是的杨岫《豳风广义》、《知本提纲》，还是杨秀元的《农言著实》，抑或是清代山西名宦祁隽藻的《马首农谚》都主张和提倡广积各种杂草用于喂养牛、羊、马等牲畜。饲养各种家畜一方面是从家畜本身获得经济利益；另一方面则是在为农田积累粪肥。清代山西名宦祁隽藻在他所著的《马首农谚》中写道："牛宜圈于厩中。喂草之后，冬则繁于露天，夏则繁于树荫，俱在屋之前后，以便看管。其所卧之处，用黄土铺垫，积久成粪。豕……宜于近牢之地，掘地为坎，令其自能上下，或由牢而入坎，或由坎而入牢。豕本水畜，喜湿而恶燥；坎内常泼水添土，久之自成粪也。"⑤ 又"夜圈羊于田中，谓之圈粪，可以肥田"⑥。杨岫在他的《知本提纲》介绍酿造粪壤的十种方法时更是明确指出："一曰人粪，……培苗极肥，为一等粪。……一曰牲畜粪，谓所蓄牛马之粪。法用夏秋场间所收糠穣碎柴，带土扫积，每日均布牛马槽下，又每日再以干土垫衬；数日一起，合过打碎，即可肥田。又勤农者于农隙之际时，或推车，或挑笼，于各

---

① （清）杨岫:《豳风广义》，农业出版社 1962 年版，第 161 页。

② 同上书，第 162 页。

③ 同上书，第 165 页。

④ （清）杨一臣著，翟允褆整理，石声汉校阅:《农言著实评注》，农业出版社、陕西科学技术出版社 1989 年版，第 1—3 页。

⑤ （清）祁隽藻著，高恩广、胡辅华注释:《马首农言注释》，农业出版社 1991 年版，第 63 页。

⑥ 同上书，第 64 页。

处收取牛马诸粪。"① 此外还有"草粪"、"火粪"、"泥粪"、"骨蛤灰粪"、"苗粪"、"渣粪"、"黑豆粪"、"皮毛粪"等，基本上是以人、畜粪便为主，囊括了一切有肥力的生活垃圾、自然界杂草以及利用具有固氮功能的豆科植物等作为肥料。北方旱作区的主要生态农业模式——"养家畜——种植业"模式的结构可如图4—8所示。

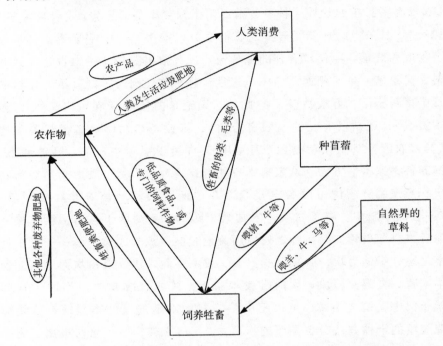

图4—8　北方旱作区的"养家畜——种植业"生态农业模式图

图4—8中的"种苜蓿"本应归于"农作物"项的，但根据杨屾及杨秀元等古代农学家的论著的记载来看，苜蓿应该是当时当地养猪（部分喂牛）的主要饲料作物，故特地单独画出来，以显示苜蓿在当时当地作为饲料作物的重要性。总的来看，北方旱作区的"养家畜——种植业"生态农业模式与《补农书》所记载的"猪羊——稻田"生态农业模式是很类似的，这里是"多种苜蓿，广畜四牝"，以便"多得粪壤以为肥田之

---

① （清）杨屾：《知本提纲》，见王毓瑚辑《秦晋农言》，中华书局1957年版，第38页。

本"①。当然，这个生态农业模式也是体现着物质循环利用和废弃物资源化的，既有利于建立清洁的人类生存环境，也有利于农业生产的可持续发展，是科学合理的。

第四节　余　论

这一时期是我国传统科技发展的最后阶段，也是逐渐与西方科技融合向近现代过渡的时期。客观地说，在明代中国的传统的科学技术还是按照其固有的速度稳步向前发展的，从明朝中后期一直到有清一代中国的科学技术便逐渐趋于停滞状态。英国科技史专家李约瑟博士，在他自己的一篇名为《东西方的科学与社会》文章中提出了著名的"李约瑟难题"②："为什么在第一至第十五世纪，中国文明在把自然知识应用于人类实践需要方面，要比西方高明得多"，而"现代科学为什么不在中国文明中间产生，而只是在欧洲发达起来"？就从"李约瑟难题"内容本身，我们可以看出，中国科技的停滞不前乃至落后于西方是从十五世纪以后，即明朝中后期开始的。但无论如何，明末清初时期是我国传统科技发展的另一个高峰，也是与西方科技交流频繁的时期。至清代后，我国的科技基本上是在几近停滞的状态下缓缓前进的。

本章的内容主要探讨生态科技思想，基本不涉及生态哲学和生态社会文化方面。《天工开物》曾经作为世界科技名著而在各国流传，该书出版以后，在世界上产生过巨大影响，先后被译成日、英、法、德等国文本。该书有关农业生产的论述蕴含有丰富的农业生态思想。明清之际的《补农书》（内含《沈氏农书》）具有很高的学术水平，其对传统生态农业的论述已经接近近现代生态农业的水平，具有了近现代生态农业的雏形。笔者选这两本典籍为重点研究对象。此外，笔者还采取"生态农业模式专题分析"的模式，对这一时期散记在各种文献中的传统生态农业进行分析研究。当然，明清两代还有很多其他的科技典籍也蕴含有

---

① （清）杨岫：《豳风广义》，农业出版社 1962 年版，第 162 页。
② ［英］M. 戈德史密斯，［英］J. 李约瑟：《东西方的科学与社会》，见 A. L. 马凯主编，赵红州、蒋国华译《科学的科学——技术时代的社会》论文集，科学出版社 1985 年版，第 148 页。

丰富的生态科技思想精粹，有待继续研究。关于生态哲学和生态社会文化方面，也有很多著名的思想家、哲学家，以及社会文化方面的典籍有待继续分析探讨。

第五章　中国传统生态思想的精粹

中国传统生态思想是中国传统思想的一部分，是珍贵的人类思想宝藏；我们称之为"中国传统生态思想"是因为它具有浓厚的中国传统特色。"中国传统生态思想"概念的提出，既表示在古代我国有与世界其他古代文明中心不同特色的生态思想，也表示中国现代生态学在它从古至今的发展历程中曾经有过自己独特风格的思想渊源，并且这种渊源至今仍有它的宝贵价值。从哲学的视角看，中国传统生态思想主要表现为以人为本的和谐生态主义，在处理人与自然的关系时，无论是儒家还是道家都把人放在第一位，尊重人、肯定人、以人为本，同时又要求人们必须保护自然生态环境，把"天人合一"这种理想状态作为最高的追求目标。从科学的角度看，中国的传统农业以"三才论"生态系统思想为指导，要求顺天时、因地利、重人力，作物的栽培因时、因地、因物制宜，到明清时期已经发展成较为成熟和先进的生态农业。笔者认为，中国传统生态思想的精粹在这两个方面表现突出，一是在哲学、社会文化方面，包括了在思想和意识的高度上追求人与自然的和谐发展，即"天人合一"，也包括了为可持续地利用自然资源而形成的各种要求适度索取、保护生态环境的法令制度和风俗习惯；二是在科学技术方面，主要表现为在"三才论"生态系统思想的指导下，中国的传统农业逐渐发展成生态性质的农业，留下了大量的宝贵经验财富；而所有这些对今天生态文明的建设、对人与自然和谐关系的建立都是大有裨益的，笔者试图从以下方面进行一次提炼。

第一节　中国传统生态哲学及生态社会文化

一　"天人合一"整体生态自然观

生态学作为一个学科名词，是德国博物学家海克尔（E. Haeckel）于
1866 年在其《普通生物形态学》一书中首先提出来的，他认为"生态学
是研究生物及环境间相互关系的科学"①。但是，生态思想的出现要比
"生态学"早得多。中国是四大文明古国之一，历史源远流长，据学者研
究，在"6000—8000 年以前中国人的生态学观念和生态学思想"就已产
生②。勤劳智慧的中国人民创造了光辉灿烂的古代文明，早在两千多年前
春秋战国时期就演绎了繁荣的百家学术争鸣。在此后近两千年的封建社会
里，一直到 17 世纪中期的明朝末年，中国的学术、科技、经济、社会等
各方面都一直走在世界的前列。在漫长的辉煌历史里，中国传统思想中含
有丰富的生态思想，而这些生态思想闪耀着鲜明的特色主题——那就是以
追求"天人合一"（或"天、地、人合一"）为最终目标。

1. "天人合一"生态思想来源于农业生产实践

追求"天人合一"，追求天地人和谐发展的生态思想来源于农业生产
实践。中国是一个历史悠久的、典型的传统农业古国，"具有上万年的农
业发展史"③，农业是中国文化的根基。勤劳智慧的中国人民，在长期的
劳作耕耘过程中创造了独具自己民族特色的哲学思想，即"三才论"，强
调顺天时，量地利，重人力，要求"天、地、人"三者有机整体统一与
和谐发展。"天"④指天气、自然规律等，"时"指时间性、季节等；"地
利"本指农业生产中的田地、土壤等有利于农作物种植的条件；"人力"
本指在田里干活的劳动力。《吕氏春秋·审时》第一次完整地提出了这种

---

①　李博主编：《生态学》，高等教育出版社 2006 年版，第 3—4 页。

②　张正春、王勋陵、安黎哲：《中国生态学》，兰州大学出版社 2003 年版，第 5 页。

③　闵宗殿、纪曙春：《中国农业文明史话》，中国广播电视出版社 1991 年版，"编者的话"
第 1 页。

④　天在中国古代有多种意思，总的来讲可分为义理之天和自然之天，这里讨论人与自然的
关系，故天取自然之天之意，即自然界的各种客观规律。

"三才论"思想："夫稼，为之者人也，生之者地也，养之者天也。"①　这句话原本是用于农业生产的，是说地里的庄稼要靠人耕种，要靠天地生养才能存活；因此人与自然必须和谐统一。天与人和谐统一的思想产生于农业生产领域，接着它又深深地影响了中国的农业生产，"三才论"成为了中国传统农业一直以来的指导思想，传统农书都以"三才论"为基本纲领。西汉的《氾胜之书》说："得时之和，适地之宜，田虽薄恶，收可亩十石。"②　西汉刘安在他的《淮南子·主术训》中说："上因天时，下尽地财，中用人力，是以群生遂长，五谷蕃殖"③；北魏贾思勰在《齐民要术·种谷第三》中写道，"顺天时，量地利，则用力少而成功多。任情返道，劳而无获"④；南宋陈旉在他的《农书》中说，"故农事必知天地时宜，则生之、蓄之、长之、育之、成之、熟之，无不遂矣"⑤；元代的《王祯农书》记载，"四时各有其务，十二月各有其宜，先时而种，则失之太早而不生，后时而艺，则失之太晚而不成。故曰：虽有智者，不能冬种而春收"⑥，又"九州之内，田各有等，土各有差。山川阻隔，风气不同，凡物之种，各有所宜，故宜于冀、兖者，不可以青、徐论，宜于荆、扬者，不可以雍、豫拟，此圣人所谓'分地之利'者也"⑦。到明清时期，更是把这种要求"天、地、人"有机统一的"三才论"生态系统思想发展到顶峰，我们可以从明清时期的代表性农书如《农政全书》、《补农书》、《知本提纲》等明显地看出来。贯穿于中国整个传统农业的"三才论"思想，总的来讲就是要求人们在遵循自然规律的前提下，积极发挥人对农业的主动管理调控作用；自然规律必须遵循，但仅遵循自然规律还不够，人也必须积极干预，农业生产才能良好发展。这样，在人与自然界

---

① （战国）吕不韦编撰，张双棣、张万彬等译注：《吕氏春秋译注》，北京大学出版社 2000 年版，第 911—912 页。

② （西汉）氾胜之著，万国鼎辑释：《氾胜之书辑释》，中华书局 1957 年版，第 25—27 页。

③ （西汉）刘安编著，阮清注释：《淮南子全文注释本》，华夏出版社 2000 年版，第 178—179 页。

④ 同上书，第 58 页。

⑤ （宋）陈旉撰，万国鼎校注：《陈旉农书校注》，农业出版社 1965 年版，第 28 页。

⑥ 同上书，第 9 页。

⑦ （元）王祯撰，缪启愉、缪桂龙译注：《东鲁王氏农书译注》，上海古籍出版社 2008 年版，第 15 页。

打交道最重要的领域里就形成了人与自然要和谐发展的观念，即人与自然的关系不是对立的，而是依存的关系，人必须要依赖自然环境才能存活。就如明末著名科学家宋应星所说："生人不能久生，而五谷生之。五谷不能自生，而生人生之。"①（《天工开物·乃粒第一》）即人与五谷是互相依存的，你中有我，我中有你，谁也离不开谁。人靠五谷而活，五谷靠人的栽培和能生长五谷的自然环境而活，间接地，人靠自然界而生活。可见，中国的传统农业思想不是要征服自然，而是要与自然和谐共处。

笔者认为，要求"天、地、人"和谐发展的传统生态哲学思想，即强调"天人合一"或"天、地、人合一"的有机自然观，是来源于我国的传统农业生产实践，是从传统"三才论"农学思想演变而来的，然后逐渐推广到经济、政治、思想、文化甚至军事等各个领域。我国著名科学家卢嘉锡在他主编的《中国科学技术史·农学卷》中说道："作为这种有机统一自然观的集中体现的'三才论'理论，是在农业生产中孕育出来，并形成一种理论框架，推广应用到政治、经济、思想、文化的各个领域中去。历史上，中国传统农业和传统农学对中国传统文化发生深刻而广泛的影响，'三才论'理论及其所代表的有机统一的自然观，就是最重要的表现。"② 我国学者李根蟠先生在他的文章——《"天人合一"与"三才"理论》也是这样说道："'三才论'理论的确是在长期农业生产的基础上形成的。……'三才论'理论把天地人作为宇宙间并列的三大要素，又把它们联接为一个整体。……'三才论'理论作为一种分析框架，它又被推广到农业以外的经济、政治、军事、文化等领域……'三才'理论对中国古代思想界的各个学派发生广泛而深刻的影响，它渗透到各个学派的学说之中。"③

2. "天人合一"生态思想是传统社会处理人与自然关系的主流意识

因为农业耕种依赖"天地"的原因，我们以农耕为主的中华民族形成了对天地的崇拜；因为我们要靠天、地来种养五谷，进而靠五谷来养活

---

① （明）宋应星著，钟广言注释：《天工开物》，广东人民出版社 1976 年版，第 9 页。

② 卢嘉锡总主编，董恺忱、范楚玉分卷主编：《中国科学技术史：农学卷》，科学出版社 2000 年版，第 163 页。

③ 李根蟠：《"天人合一"与"三才"理论：为什么要讨论中国经济史上的"天人关系"》，《中国经济史研究》2000 年第 3 期。

自己。而五谷是"生之者地也，养之者天也"①，所以我们对天地无比地敬仰，"以天为父，以地为母"②（《黄帝经·十大经·果童》），"天地者，万物之父母也"③（《庄子·达生》）。并且，传统文化里以跟天地搭上关系为最高的荣誉，例如几千年来，我们的最高统治者皇帝都自命为"天子"，即上天之子。古代的皇帝每年都会亲自祭天，叩拜上天，祈求来年风调雨顺，五谷丰登。

《易经·系辞十二》曰："形而上者谓之道，形而下者谓之器，化而裁之谓之变，推而行之谓之通，举而错之天下之民谓之事业。"④"理论来源于实践又为实践服务"⑤，就如恩格斯写给康·施密特的信中所说："虽然物质生活条件是原始的起因，但是这并不排斥思想领域也反过来对这些物质条件起作用。"⑥ 社会意识产生于实践活动，但是反过来社会意识又会对整个社会产生巨大的反作用，脱胎于农业生产的天人合一思想，也必将对整个社会产生巨大的影响。这样，原本用来指导农业生产的天时、地利、人力必须和谐发展的"三才"理论经过不断地向社会各个领域推广发展后，就变成了中国传统思想的核心内容之一，即讲究"天人合一"或"天、地、人合一"，追求人与自然的和谐发展。

中国的传统学派——儒家、道家等，在谈论人与自然关系时无不追求"天人合一"或"天、地、人合一"，追求人与自然的和谐发展。

儒家的开山祖师孔子说："天何言哉？四时行焉，百物生焉，天何言哉。"⑦（《论语·阳货》）这里的"天"是自然之天。孔子提倡人们办事要符合自然规则，要顺"天"，要"畏天命"⑧（《论语·季氏》）和"唯

---

① （战国）吕不韦编撰，张双棣、张万彬等译注：《吕氏春秋译注》，北京大学出版社 2000 年版，第 911—912 页。

② 胡信田注释：《黄帝经通释》，天工书局 1984 年版，第 281 页。

③ （战国）庄周著，杨柳桥注：《庄子译注》，上海古籍出版社 2006 年版，第 282 页。

④ 徐澍、张新旭译注：《易经》，安徽人民出版社 1992 年版，第 377 页。

⑤ 曾广堂、陈尤龙主编：《马克思主义基本原理（下）》，辽宁教育出版社 1987 年版，第 118 页。

⑥ 《马克思恩格斯选集》第四卷，人民出版社 1972 年版，第 474 页。

⑦ 臧知非注说：《论语》，河南大学出版社 2008 年版，第 239 页。

⑧ 同上书，第 231 页。

天为大"①（《论语·泰伯》）。到了汉代，大儒董仲舒明确主张要天人合一，"天人之际，合而为一"②（《春秋繁露·深察名号》）。他深刻指出人与自然界的"天"、"地"是一个有机的整体，天、地、人三者都有各自的重要作用，缺一不可，即"天地人，万物之本也。天生之，地养之，人成之"，"三者相为手足，合以成体，不可一无也"③（《春秋繁露·立元神》）。

道家也主张"天人合一"，道家创始人老子说："故道大，天大，地大，人亦大。域中有四大，而人居其一焉。"即天地是万物的本原，人是天地万物的一部分，但人有其特殊性，是高于普通物的。人具有主观能动性，但也要遵循自然规律，要按自然规律办事，"人法地、地法天、天法道、道法自然"④（《老子·二十五章》）。庄子也明确表达了天人合一的思想，"天地与我并生，而万物与我为一"⑤（《庄子·齐物论》），又"无始而非卒也，人与天一也"⑥（《庄子·山木》）。并且庄子强调要以自然的方式来融合到自然，"不开人之天，而开天之天"⑦（《庄子·达生》）；不要胡作非为破坏自然规律，"不以心捐道，不以人助天"⑧（《庄子·大宗师》）。道家的经典著作也是主张"天、地、人"和谐发展。《黄帝阴符经》说："天地，万物之盗；万物，人之盗；人，万物之盗。三盗既宜，三才既安。"⑨ 即天地、万物、人相生相克，只有三者各安其任、和谐统

---

① 臧知非注说：《论语》，河南大学出版社 2008 年版，第 163 页。

② （汉）董仲舒著，阎丽译注：《董子春秋繁露译注》，黑龙江人民出版社 2003 年版，第 172 页。

③ 同上书，第 95 页。

④ （春秋）老子著，陈鼓应注译：《老子今注今译》，商务印书馆 2003 年版，第 169 页。"人亦大。域中有四大，而人居其一焉"居中的"人"字王弼本作"王"字，傅奕本、范应元本"王"均作"人"。陈鼓应说："通行本误为'王'，原因不外如奚侗所说的：'古之尊君者妄改之'；或如吴承志所说的'人'古文作'三'，使读者误为'王'。况且，'域中有四大，而人居其一焉。'后文接下去就是'人法地，地法天，天法道'，从上下文的脉络看，'王'字均当改正为'人'，以与下文'人法地'相贯。"引文同上，第 172 页。

⑤ （战国）庄周著，杨柳桥注：《庄子译注》，上海古籍出版社 2006 年版，第 31 页。

⑥ 同上书，第 319 页。

⑦ （战国）庄周著，马恒君译注：《庄子正宗》，华夏出版社 2007 年版，第 208—210 页。

⑧ 同上书，第 70 页。

⑨ 王毅、盛瑞裕编著：《黄帝阴符经全书》，陕西旅游出版社 1992 年版，第 66 页。

一，大家才能安定。《太平经》也说："天地人三相得乃成道德，故适百国有德也。故天主生，地主养，人主成，一事失正，俱三邪。"① 这里强调"天"、"地"、"人"三者在统一系统中各自都具有重要的作用，三者相辅相成，缺一不可。

3. 遵守客观自然规律与强调人的主观能动性的辩证统一

中国传统的天人合一观里，有强烈的要求遵守客观自然规律与强调人的主观能动性的辩证统一，即在不违背客观规律的大前提下积极发挥人的能动性，发明、创造、制作各种工具或合理地改造、改变自然环境来为人类服务。"天"本就有客观规律这一层意思，要求尊天、顺天，在人与自然关系领域其实就是要求遵守自然的客观规律，要按照客观规律去办事。这种要求遵守客观自然规律与强调人的主观能动性的辩证统一的思想在"三才论"中有十分明确的体现。《吕氏春秋·审时》说："夫稼，为之者人也，生之者地也，养之者天也。"② 这个"三才论"里唯一具有主观能动性的就是"人"，"天"、"地"都是被动地生养庄稼的。《齐民要术》、《氾胜之书》等农书所要求的"顺天时"、"量地利"等终归到底是对人的要求，其实就是要求人们在遵守自然客观规律的前提下充分发挥人的主观能动性。

我国古代著名思想家荀子对这个要遵守客观自然规律与强调人的主观能动性的辩证统一的问题做了比较详细的论述。③ 荀子认为自然界的客观规律是永恒不变的，是不会以人的意志为转移的，所以人类做事情不能违背自然界的客观规律，否则就会有灾祸。而要做要到不违背自然规律，用荀子的话说就是要"明于天人之分"、"不与天争职"，即明白人类活动与自然规律的区别，不要去做本应由"天地"来做的事。但是，是否人类只是一味地顺从自然规律就够了呢？不是的。荀子同时也非常重视人的主观能动性，把"人"看作是与"天"、"地"并立的三大要素之一。而且人类的职责就是在遵循自然规律的前提下，治理、管理好世间的自然万物。为了行使好这个职责，荀子要求人们"知天"，即要掌握和了解各种

① 俞理明：《〈太平经〉正读》，巴蜀书社2001年版，第318—319页。
② （战国）吕不韦编撰，张双棣、张万彬等译注：《吕氏春秋译注》，北京大学出版社2000年版，第911—912页。
③ 更为详细的分析论述可参考第一章有关荀子生态思想的内容。

自然规律，然后再利用各种客观规律为人类服务，即著名的"制天命而用之"。

我国古代著名典籍《淮南子》则通过对道家"无为"思想的继承和发展，来表述了这个遵守客观自然规律与强调人的主观能动性的辩证统一的观点。① 《淮南子》认为正确的"无为"观应该是遵循自然客观规律，不做违背客观规律的事情，但并不是什么事都不做，并不是消极的无为。《淮南子》明确反对什么事都不做的消极无为，它说："或曰：'无为者，寂然无声，漠然不动，引之不来，推之不往。如此者，乃得道之像。'吾以为不然。"② （《淮南子·修务训》）同时，《淮南子》也反对那种违背自然规律的"有为"。《淮南子》所真正要求的就是在遵循自然规律的前提下，充分发挥人的主观能动性，利用各种客观规律为人服务。《淮南子·修务训》说："若夫水之用舟，沙之用鸠，泥之用輴，山之用蔂，夏渎而冬陂，因高为田，因下为池，此非吾所谓为之。"③ 可见，这些因循自然规律，在服从客观规律前提下的积极作为，都不能算作"有为"的；《淮南子》对这样的行为是充分肯定和赞成的。

此外，我国古代还有很多思想家、科学家都有类似的论述；很多古代农书也叙述了相类似的观点。

二 传统的人本和谐生态伦理观

中国的传统生态伦理思想主要表现为以人为本的和谐生态伦理思想，笔者给它取个名字叫作"人本和谐生态思想"，该思想的内容概言之就是：以人为本，热爱万物，和谐共存。

儒家创始人孔子本身就是一位伟大的人本主义者，"仁"是他的思想的核心内容，而"仁"就是"爱人"，"樊迟问仁。子曰：'爱人。'"④（《伦语·颜渊》）。孔子把人和人的价值地位看作是第一位的，《论语·乡党》记载："厩焚。子退朝，曰：'伤人乎？'不问马。"⑤ 马棚起火被烧

---

① 更为详细的分析可参见第二章讨论《淮南子》的生态思想中的相关内容。
② 刘文典撰，冯逸、乔华点校：《淮南鸿烈集解》下，中华书局 1989 年版，第 629 页。
③ 同上书，第 635 页。
④ 臧知非注说：《论语》，河南大学出版社 2008 年版，第 197 页。
⑤ 同上书，第 177 页。

了，人和牲畜都有可能受到伤害，但孔子只是关心人而不问牲畜（马）。又，"子贡欲去告朔之饩羊。子曰：'赐也！尔爱其羊，我爱其礼。'"①（《论语·八佾》）这些都充分表明了孔子的人本主义思想。但是，孔子在对待人与自然的关系时，并不是西方文明所主张的那种认为人与自然是分离对立、人类要征服掠夺自然的"人类中心主义"，孔子的生态伦理思想可以概括为以人为本的人与自然和谐发展观，即"泛爱众而亲仁"②（《论语·学而》）向自然界的推广。到儒家的亚圣孟子，更是把这种以人为本的和谐生态伦理思想明白地表达了出来，他说："君子之于物也，爱之而弗仁；于民也，仁之而弗亲。亲亲而仁民，仁民而爱物。"③（《孟子·尽心上》）宋代著名儒学家朱熹解释，"物"为"禽兽草木"；"爱"为"取之有时，用之有节"④。语意解释得疏宽恰当、精炼准确。这里的"仁爱"是有等级差别的，对"亲人"要"亲"，对"民众"要"仁"但不要"亲"，对"物"要"爱"但不要"仁"。"亲"、"仁"、"爱"是孟子"仁爱"观里价值等级由高到低逐渐降级的三种不同层次，这样，孟子的"仁爱"思想便由对人的"亲、仁"逐步扩展到对万物的"爱"。儒家学派的其他代表性人物也多有同类性质的论述，荀子认为人是天下最为尊贵的，其人本思想昭然若揭，他说："水火有气而无生，草木有生而无知，禽兽有知而无义；人有气、有生、有知亦且有义，故最为天下贵也。"⑤（《荀子·王制》）汉代大儒董仲舒也认为人是天下最尊贵的，所谓"仁"和"智"就是爱护和保护人类。《春秋繁露·人副天数》说："莫精于气，莫富于地，莫神于天。天地之精所以生物者，莫贵于人。"⑥"仁"与"智"是人们学习修炼以渴望达到的最高道德品行与能力目标，这两个目标一个是爱护人类；另一个是为人类除去灾害。《春秋繁露·必仁且智》说："莫近于仁，莫急于智。……故仁者所爱人类也，智者所以

①　臧知非注说：《论语》，河南大学出版社2008年版，第124页。
②　同上书，第108页。
③　（战国）孟轲著，杨伯峻、杨逢彬注译：《孟子》，岳麓书社2000年版，第244页。
④　（宋）朱熹：《四书集注》，岳麓书社1987年版，第519页。
⑤　（战国）荀况著，高长山译注：《荀子译注》，黑龙江人民出版社2003年版，第154页。
⑥　（汉）董仲舒著，阎丽译注：《董子春秋繁露译注》，黑龙江人民出版社2003年版，第228页。

除其害也。"① 尊重生命，爱护人类，以人为本，也是《淮南子》生态伦理思想的鲜明主题之一。《淮南子·天文训》说："蚑行喙息，莫贵于人。"②《淮南子·精神训》又说："烦气为虫，精气为人。"③ 这都凸显了它的人本主义情怀。更为具体的是，《淮南子》认为懂得人道和热爱人类自身是作为智者和仁者的必要条件，只要是缺少了关怀"人"自身这个因素，不管知道得再多，抑或热爱的事物再广，都不能算是"智者"和"仁者"。《淮南子·主术训》说："遍知万物而不知人道，不可谓智。遍爱群生而不爱人类，不可谓仁。仁者，爱其类也；智者，不可惑也。"④ 又，《淮南子·泰族训》说："所谓仁者，爱人也；所谓知者，知人也。"⑤ 宋代的儒家大师朱熹也是说："惟人之生乃得其气之正且通者，而其性为最贵，故其方寸之间，虚灵洞彻，万理咸备，盖其所以异于禽兽者正在于此。"⑥（《四书章句集注·大学或问》）总而言之，中国传统社会思想领域居于统治地位的儒家学派，在处理人与自然万物的伦理地位时是把人放在第一位的，是以尊重人、关心人和爱护人为主的，是伟大的人本主义思想。

但是，我们必须同时看到的是，儒家并没有把人与自然界割裂开来，并没有把人和自然界看成是对立的，并没有要去征服和掠夺自然；相反，儒家把人与天地万物看作是一个有机的整体，自然万物是人的"四肢百体"，人必须要像爱护自己的手足一样爱护自然万物，追求"天人合一"的理想境界，达到人与自然和谐发展的目的。董仲舒就明确要求把"仁"的内涵扩大到自然万物，他在《春秋繁露·仁义法》中清晰地说道："质于爱民，以下至于鸟兽昆虫莫不爱。不爱，奚足谓仁?"⑦ 可见，董仲舒的"仁"的内涵是明确包括爱人类，以及爱代指天下万物的"鸟兽昆虫"

① （汉）董仲舒著，阎丽译注：《董子春秋繁露译注》，黑龙江人民出版社 2003 年版，第 152—153 页。

② 刘文典撰，冯逸、乔华点校：《淮南鸿烈集解》上，中华书局 1989 年版，第 126 页。

③ 同上书，第 218 页。

④ 同上书，第 314 页。

⑤ 同上书，第 698 页。

⑥ （宋）朱熹撰，朱杰人、严佐之等主编：《朱子全书》第 6 册，上海古籍出版社、安徽教育出版社 2002 年版，第 507 页。

⑦ （汉）董仲舒著，阎丽译注：《董子春秋繁露译注》，黑龙江人民出版社 2003 年版，第 147 页。

的。宋代的儒学大师程颢更是明确地说道："若夫至仁，则天地为一身，而天地之间，品物万形为四肢百体。夫人岂有视四肢百体而不爱者哉？"①（《二程遗书·卷四》）意思是说万物与我们都是息息相关的，它们与我们是一体的；人要像对待自己的"四肢百体"那样去对待"天地万物"，爱之如手足；人与自然界的关系就是和谐共存。

道家对待人与自然关系的态度，与儒家相似，也是人本和谐生态思想，也是主张要爱护自然万物。前面所说的《淮南子》是以道家的老庄思想为主，兼以儒家、名家、法家和阴阳家等各家思想为辅构成的，可以说《淮南子》是属于道家的著作，它就是主张一种人本和谐生态伦理思想。道家的创始人老子认为道是天地万物的本原，人也是天地万物的一部分，但人有其特殊性，是高于普通物的，老子把人类当作宇宙中的"四大"之一，突出表示人的卓越性地位，即"故道大，天大，地大，人亦大。域中有四大，而人居其一焉"②（《老子·二十五章》）。另外，老子还说他有三宝，"一曰慈，二曰俭，三曰不敢为天下先"③（《老子·六十七章》）；而所谓慈就是泛爱天下苍生，爱人类和自然万物。道家经典《太上感应篇》对"慈"作了明确的解释："慈者，万善之根本。人欲积德累功，不独爱人，兼当爱物。至微亦系生命。"④ 庄子把爱人类和兼爱万物统一起来，他说，"爱人利物之谓仁"⑤（《庄子·天地篇》）；又，"泛爱万物，天地一体也"⑥（《庄子·天下》）。而且道家还有比较强烈的主张万物平等思想，主张人应当与自然万物和谐共存。《列子·说符》

---

① （宋）程颢、程颐撰：《二程遗书》，上海古籍出版社 2000 年版，第 126 页。

② （春秋）老子著，陈鼓应注译：《老子今注今译》，商务印书馆 2003 年版，第 169 页。"人亦大。域中有四大，而人居其一焉"居中的"人"字王弼本作"王"字，傅奕本、范应元本"王"均作"人"。陈鼓应说："通行本误为'王'，原因不外如奚侗所说的：'古之尊君者妄改之'；或如吴承志所说的'人'古文作'三'，使读者误为'王'。况且，'域中有四大，而人居其一焉。'后文接下去就是'人法地，地法天，天法道'，从上下文的脉络看，'王'字均当改正为'人'，以与下文'人法地'相贯。"引文同上，第 172 页。

③ （春秋）老子著，（魏）王弼注，楼宇烈校释：《老子道德经注校释》，中华书局 2008 年版，第 170 页。

④ 冯国超主编：《太上感应篇》，吉林人民出版社 2005 年版，第 58 页。

⑤ （战国）庄周著，马恒君译注：《庄子正宗》，华夏出版社 2007 年版，第 128 页。

⑥ 同上书，第 400 页。

曰："天地万物，与我并生类也；类无贵贱。"① 庄子也说："以道观之，物无贵贱。"②（《庄子·秋水》）庄子还设想和描绘了人类的理想社会，而这个最理想的社会就是人与自然的关系良好，人与自然万物和谐共存的美好画面，他写道："故至德之世……万物群生，连属其乡。禽兽成群，草木遂长。是故禽兽可系羁而游，鸟鹊之巢可攀援而窥。夫至德之世，同与禽兽居，族与万物并。"③（《庄子·马蹄》）

除了儒、道外，自汉代后传入中国的佛教也对我们的传统社会意识有较重要的影响。佛教强调众生平等，尊重爱护生灵。佛教的基本理念——上天有好生之德，要求人们以慈悲的胸怀关心爱护万物。佛教以慈悲为怀普度众生，爱护生命、素食和不杀生是佛教的基本要求。因此，从对待人与自然的关系方面看，是一种更为激进的生态思想。

三　传统生态社会文化

1. 节俭，生态消费

生态消费是一种生态化的消费模式，是既符合社会生产力的发展水平，又符合人与自然的和谐、协调，既满足人的消费需求，又不对生态环境造成危害的消费行为。④ 中国传统的主流消费意识与此相符合，节俭、适度消费是中国传统思想的一贯主张。儒家、道家、杂家、古代农书以及其他各种古代经典文献，只要是谈论到对物质资源的消费的，没有不主张节俭和适度消费的。

儒家的孔圣人就是主张"节俭、节用"的，"君子食无求饱，居无求安"⑤（《论语·学而》）。相比奢侈而言，节俭的好处是很多的，所以应当去奢侈取节俭，"以约失之者鲜矣"⑥（《论语·里仁》），"奢则不逊，俭则固；与其不逊也，宁固"⑦（《论语·述而》），"礼，与其奢也，宁

---

① 王强模译注：《列子全译》，贵州人民出版社 1993 年版，第 266 页。
② （战国）庄周著，杨柳桥注：《庄子译注》，上海古籍出版社 2006 年版，第 249 页。
③ （战国）庄周著，马恒君译注：《庄子正宗》，华夏出版社 2007 年版，第 188 页。
④ 秦鹏：《生态消费法研究》，法律出版社 2007 年版，第 30 页。
⑤ 臧知非注说：《论语》，河南大学出版社 2008 年版，第 110 页。
⑥ 同上书，第 133 页。
⑦ 同上书，第 158 页。

俭；丧，与其易也，宁戚"①（《论语·八佾》）。对于生活节俭且好学的弟子颜回，孔子是大为赞赏："贤哉，回也！一箪食，一瓢饮，在陋巷，人不堪其忧，回也不改其乐。贤哉，回也！"②（《论语·雍也》）而且孔夫子自己也是身体力行，乐于过俭朴的生活，《论语·子罕》记载："子欲居九夷。或曰：'陋，如之何？'子曰：'君子居之，何陋之有？'"③又，"饭疏食饮水，曲肱而枕之，乐亦在其中矣"④（《论语·述而》）。我国著名古代典籍《左传》则明确提出"节俭"是"共德"，"奢侈"是"大恶"的观点，"俭，德之共也；侈，恶之大也"⑤（《左传·庄公二十四年》）。荀子也是主张节用，适度消费，以实现"长虑顾后而保万世也"，他说："人之情，食欲有刍豢，衣欲有文绣，行欲有舆马，又欲夫馀财蓄积之富，然而穷年累世不知足，是人之情也。今人之生也，方知蓄鸡狗猪彘，又蓄牛羊，然而食不敢有酒肉；馀刀布，有囷窌，然而衣不敢有丝帛；约者有筐箧之藏，然而行不敢有舆马。是何也？非不欲也！几不长虑顾后而恐无以继之故也。于是又节用御欲，收敛蓄藏以继之也，是于己长虑顾后，几不甚善矣哉！……长虑顾后而保万世也。"⑥（《荀子·荣辱》）

道家也是如此，明确主张节俭和适度消费。例如，道家创始人老子自己认为所持的三宝——"一曰慈，二曰俭，三曰不敢为天下先"中的第二宝就是"俭"，即节俭。老子还特别反对过度追求奢靡的生活，反对过度消费，指出这就是最大的灾祸和错误，他说："祸莫大于不知足，咎莫大于欲得。"⑦（《老子·四十六章》）我国著名古代典籍《管子》也是如此，明确主张节俭和适度消费，反对过分奢侈和浪费。《管子·权修》说，"地之生财有时，民之用力有倦"，"故取于民有度，用之有止，国虽

① 臧知非注说：《论语》，河南大学出版社 2008 年版，第 120 页。
② 同上书，第 145 页。
③ 同上书，第 169 页。
④ 同上书，第 153 页。
⑤ （春秋）左丘明著，王云五主编：《春秋左传今注今译》，台湾商务印书馆 1985 年版，第 182 页。
⑥ （战国）荀况著，高长山译注：《荀子译注》，黑龙江人民出版社 2003 年版，第 60 页。
⑦ （春秋）老子著，（魏）王弼注，楼宇烈校释：《老子道德经注校释》，中华书局 2008 年版，第 125 页。

小必安；取于民无度，用之不止，国虽大必危"①。《管子·八观》说："审度量，节衣服，俭财用，禁侈泰，为国之急也。"②《管子·禁藏》也说，"夫明王不美宫室……不听钟鼓……。故圣人之制事也，能节宫室，适车舆以实藏"；《管子·七臣七主》篇更将"节用"列为"明主"六务之首。另一著名古代典籍《淮南子》也是主张节俭和适度消费，反对奢侈浪费。《淮南子·主术训》说："君人之道，处静以修身，俭约以率下。……俭则民不怨矣。"③《淮南子·本经训》说："凡乱之所由生者，皆在流遁。"④ 流遁的原注是，流，放也；遁，逸也。用今天的话讲就是放纵欲望过分追求物质享受。即凡是祸乱产生的根源，都是由于过分贪图物质享受而丧失了本性。

但是，中国的传统消费思想并不是一味地主张节俭，或者换个词说，并不是主张吝啬；而是主张一种适度消费，是要求既符合当时的社会生产力的发展水平，又符合人与自然的和谐、协调，既满足人的消费需求，又不对生态环境造成危害。《国语·鲁语上》说，"财不过用"⑤，不能过度地开发利用财物；又"量入以为出"⑥（《礼记·王制》），即根据自己收入来计划支出。《管子》就明确论述过过于吝啬或者过于奢侈浪费都是不好的，正确的消费方式应该是恰到好处地适度消费。《管子·乘马》说："故俭则伤事，侈则伤货。俭则金贱，金贱则事不成，故伤事。侈则金贵，金贵则货贱，故伤货。"⑦ 又《管子·八观》说："奸邪之所生，生于匮不足；匮不足之所生，生于侈；侈之所生，生于毋度。"对于怎样消费才适合呢，这种消费的度就是以满足人们的生活需要为标准，管子根据当时的社会情况对当时的适度消费标准作了大致的论述，他说："故立身于中，养有节。宫室足以避燥湿，饮食足以和血气，衣服足以适寒温，礼

---

① （春秋）管仲著，刘柯、李克和译注：《管子译注》，黑龙江人民出版社 2003 年版，第 12 页。

② 同上书，第 85 页。

③ 刘文典撰，冯逸、乔华点校：《淮南鸿烈集解》上，中华书局 1989 年版，第 298 页。

④ 同上书，第 261 页。

⑤ （春秋）左丘明著，鲍思陶点校：《国语》，齐鲁书社 2005 年版，第 72 页。

⑥ 王云五主编，王梦鸥译：《礼记今注今释（上册）》，台湾商务印书馆 1970 年版，第 175 页。

⑦ （春秋）管仲著，刘柯、李克和译注：《管子译注》，黑龙江人民出版社 2003 年版，第 29 页。

仪足以别贵贱，游虞足以发欢欣，棺椁足以朽骨，衣衾足以朽肉，坟墓足以道记。不作无补之功，不为无益之事，故意定而不营气情。"①《淮南子》也是主张适度消费，要"通乎侈俭之适"，并不是吝啬。《淮南子·齐俗训》对此有明确的论述："古者，非不能陈钟鼓，盛筦箫，扬干戚，奋羽旄，以为费财乱政，制乐足以合欢宣意而已，喜不羡于音。非不能竭国麋民，虚府殚财，含珠鳞施，纶组节束，追送死也，以为穷民绝业而无益于槁骨腐肉也，故葬薶足以收敛盖藏而已。昔舜葬苍梧，市不变其肆；禹葬会稽之山，农不易其亩；明乎生死之分，通乎侈俭之适者也。"② 从这里的论述，我们可以看出，"制乐"的"适度"标准是"足以合欢宣意"，"葬薶"的花费标准是"足以收敛盖藏"，反对"费财乱政"、"竭国麋民，虚府殚财"，要"通乎侈俭之适"，即明白奢侈俭朴应当适度。在《氾论训》篇，《淮南子》提出了要以"道术度量"和约束自己的消费欲望，"自当以道术度量，食充虚，衣御寒，则足以养七尺之形矣。若无道术度量而以自俭约，则万乘之势不足以为尊，天下之富不足以为乐矣"③。建立一种适度消费观十分重要，在物质资料上，吃饱穿暖就可以了，应当在精神上有更高的追求；如果放任人的物质欲望随意发展，恐怕拥有全天下的财富也不会感到满足。另外，《陈旉农书》、《王祯农书》、《道德经》等各种古代经典有关论述消费的部分，都是主张这种根据当时当地的实际情况来实行"知足知止"式的适度消费的。从生态学的视角看，这种消费观念就是生态消费。

2. 适度索取，可持续发展

提倡节俭、适度消费就是为了可持续发展。对于自然资源的利用，中国传统生态思想表现为适度索取，保护自然，以实现人类社会的可持续发展。什么是适度索取呢？所谓适度索取指的是对自然资源的开采利用度要在该生态系统可承受的范围内，对某种资源的最大索取量要以不影响该种资源的再生发展为限，使可再生资源可以年年被索取，永续被利用。从实际利用自然界的可再生资源的具体部分看，适度索取还体现在主要取用已

---

① （春秋）管仲著，刘柯、李克和译注：《管子译注》，黑龙江人民出版社 2003 年版，第347—349 页。

② 刘文典撰，冯逸、乔华点校：《淮南鸿烈集解》上，中华书局 1989 年版，第356—357 页。

③ 同上书，第457 页。

经长成的鸟鱼虫兽、花草树木等，对处于孕育阶段以及处于幼年发育阶段的自然资源则予以保护，并且还要想办法帮助其繁殖成长。中国传统生态思想中的这种适度索取要求表现得非常强烈。孔子就说道："子钓而不纲，弋不射宿。"①（《论语·述而》）孔子钓鱼但不用网捕鱼，虽然射鸟但不射杀宿巢的鸟。因为用网捕鱼会"一网打尽"，大鱼小鱼都会被捕；而射杀窝中的鸟则会损伤鸟巢，大鸟小鸟都被打尽。又《史记·孔子世家》记载："孔子曰：'……刳胎杀夭则麒麟不至郊，竭泽涸渔则蛟龙不合阴阳，覆巢毁卵则凤凰不翔。'"② 态度鲜明地反对对自然资源的过度利用和索取。《吕氏春秋·具备》记载了一个孔子赞赏"捕鱼抓大放小"的故事："（孔子弟子宓子贱为亶父③地方官）三年，巫马旗④短褐衣弊裘而往观化于亶父。见夜渔者，得则舍之。巫马旗问焉，曰：'渔为得也，今子得而舍之，何也？'对曰：'宓子不欲人之取小鱼也。所舍者小鱼也。'巫马旗归，告孔子曰：'宓子之德至矣！使民暗行若有严刑于旁。敢问宓子何以至于此？'孔子曰：'丘尝与之言曰："诚乎此者刑乎彼。"宓子必行此术于亶父也。'"⑤ 这充分反映了孔子的保护自然资源、"取物不尽物"的适度索取的可持续发展思想。对于适度索取、保护自然的可持续发展思想，《吕氏春秋》更是作了鲜明直接的表述："竭泽而渔，岂不获得？而明年无鱼；焚薮而田，岂不获得，而明年无兽。"⑥（《吕氏春秋·义赏》）又"夫覆巢毁卵，则凤凰不至；刳兽食胎，则麒麟不来；干泽涸渔，则龟龙不往"⑦。如果只是对现今有利，而不利于后世，那么这样的事则不能做，一定要可持续发展，利于后世千秋万代。《吕氏春秋·长利》说："天下之士也者，虑天下之长利，而固处之以身若也。利虽倍于

---

① 臧知非注说：《论语》，河南大学出版社 2008 年版，第 153—155 页。

② （西汉）司马迁：《史记（上）》，中国文史出版社 2002 年版，第 348 页。

③ 亶父即单父，春秋时鲁邑，在今山东省单县。

④ 巫马旗，即孔子弟子巫马期。

⑤ （战国）吕不韦编撰，张双棣、张万彬等译注：《吕氏春秋译注》，北京大学出版社 2000 年版，第 628 页。

⑥ 同上书，第 343 页。

⑦ 同上。

今，而不便于后，弗为也。"①《吕氏春秋·异用》还记载了一个生动而经典的"网开三面"的动物保护故事，充分表明了适度取物的生态保护思想：

> 汤见祝网者，置四面，其祝曰："从天坠者，从地出者，从四方来者，皆离吾网。"汤曰："嘻！尽之矣。非桀，其孰为此也？"汤收其三面，置其一面，更教祝曰："昔蛛蝥作网罟，今之人学纾。欲左者左，欲右者右，欲高者高，欲下者下，吾取其犯命者。"②

《淮南子·人间训》也说道："焚林而猎，愈多得兽，后必无兽。……岂可以先一时之权，而后万世之利也哉！"③ 烧毁山林来打猎，虽然暂时能得到很多野兽，但最终会导致无兽可猎；怎么能只重视一时的权宜之计，而轻视长远利益呢？很明显，《淮南子》主张的是一种当代与未来并重的可持续发展思想。

这种对自然资源提倡适度索取的可持续发展思想，在中国传统社会是普遍存在和流行的，是人们利用自然资源的指导和依据。

3. 以时禁发，保护自然

为了实现可持续发展、保护自然，也为了在不损坏生态系统自我更新能力的前提下尽可能多地获取自然资源物质财富，中国传统生态文化里有一个十分鲜明的特色，那就是——"以时禁发"，主要是要求人们根据大自然的节奏、生命的节律，在适当的时候才去"取"物；也包括以时养物，即在万物生长的季节要注意保护自然，让各种动植物资源顺利茁壮成长。孔子就是主张"以时禁发"的，并且将不以时禁发跟不孝等同起来，《礼记·祭义》记载道："曾子曰：树木以时伐焉，禽兽以时杀焉。夫子曰：断一树，杀一兽，不以其时，非孝也。"④《孔子家语·刑政》也记

---

① （战国）吕不韦编撰，张双棣、张万彬等译注：《吕氏春秋译注》，北京大学出版社2000年版，第693页。

② 同上书，第278页。

③ 刘文典撰，冯逸、乔华点校：《淮南鸿烈集解》下，中华书局1989年版，第603页。

④ 王云五主编，王梦鸥译：《礼记今注今释（上册）》，台湾商务印书馆1970年版，第621页。

载："孔子曰：……果实不时，不粥于市；五木不中伐，不粥于市；鸟兽鱼鳖不中杀，不粥于市。凡执此禁以齐众者，不赦过也。"① 著名典籍《管子》也是力主"以时禁发"，对自然资源的开采和索取要在恰当的时间进行，其他的时间则封禁保护。《管子·七臣七主》叙述了"明主"要有"四禁"，并且论述了如果不实行"四禁"将会带来的害处："四禁者何也？春无杀伐，无割大陵，倮大衍，伐大木，斩大山，行大火，诛大臣，收榖赋。夏无遏水达名川，塞大谷，动土功，射鸟兽。秋毋赦过、释罪、缓刑；冬无赋爵赏禄，伤伐五榖。故春政不禁，则百长不生。夏政不禁，则五谷不成。秋政不禁，则奸邪不胜。冬政不禁，则地气不藏。四者俱犯，则阴阳不和，风雨不时，大水漂州流邑，大风漂屋折树，火暴焚地燋草。天冬雷，地冬霆，草木夏落而秋荣，蛰虫不藏，宜死者生，宜蛰者鸣。且多腾蟆，山多虫蚊，六畜不蕃，民多夭死。国贫法乱，逆气下生。"② 《管子》的其他篇章也多有论述时禁的，例如，《管子·禁藏》说，"当春三月……毋杀畜生，毋拊卵，毋伐木，毋夭英，毋拊竿，所以息百长也"③；《管子·四时》说："是故春三月……无杀麑夭，毋塞华绝芋。夏三月……令禁置设禽兽，毋杀飞鸟。"④ 等等。著名典籍《吕氏春秋》也是如此，它制定了以时禁发制度，以月为单位，对全年进行规划，哪些月份禁止做什么，哪些月份可以做什么，都有比较详细的规定。⑤ 儒家亚圣孟子也是主张"以时禁发"，他曾对梁惠王说："不违农时，谷不可胜食也；数罟不入洿池，鱼鳖不可胜食也；斧斤以时入山林，材木不可胜用也。谷与鱼鳖不可胜食，材木不可胜用，是使民养生丧死无憾也。养生丧死无憾，王道之始也。"⑥ （《孟子·梁惠王上》）荀子也是这样主张的，他所描绘的圣王之制在对自然资源索取方面主要就是依据"以时禁发"来的，他说："圣王之制也。草木荣华滋硕之时，则斧斤不入山林，

---

① 杨朝明注说：《孔子家语》，河南大学出版社 2008 年版，第 261 页。
② （春秋）管仲著，刘柯、李克和译注：《管子译注》，黑龙江人民出版社 2003 年版，第 341 页。
③ 同上书，第 347—349 页。
④ 同上书，第 281—282 页。
⑤ 《吕氏春秋》的"以时禁发"内容详见第一章的相关部分。
⑥ （战国）孟轲著，杨伯峻、杨逢彬注译：《孟子》，岳麓书社 2000 年版，第 5 页。

不夭其生，不绝其长也。鼋鼍鱼鳖鳅鳣孕别之时，罔罟毒药不入泽，不夭其生，不绝其长也。春耕夏耘，秋收冬藏，四者不失时，故五谷不绝而百姓有余食也。污池渊沼川泽，谨其时禁，故鱼鳖优多而百姓有余用也。斩伐养长不失其时，故山林不童，而百姓有余材也。"① （《荀子·王制》）著名典籍《淮南子》也是主张以时禁发来保护自然的。②

《国语·鲁语上》记载了一则有名的主张以时禁发、适度索取的生态保护事例③：

> 宣公夏滥于泗渊，里革断其罟而弃之，曰："古者大寒降，土蛰发，水虞于是乎讲罛罶，取名鱼，登川禽，而尝之寝庙，行诸国，助宣气也。鸟兽孕，水虫成，兽虞于是乎禁罝罗，猎鱼鳖以为夏犒，助生阜也。鸟兽成，水虫孕，水虞于是禁罝罴罳，设穽鄂，以实庙庖，畜功用也。且夫山不槎蘖，泽不伐夭，鱼禁鲲鲕，兽长麛麇，鸟翼鷇卵，虫舍蚳蝝，蕃庶物也，古之训也。今鱼方别孕，不教鱼长，又行罟罟，贪无艺也。"公闻之曰："吾过而里革匡我，不亦善乎！是良罟也，为我得法。使有司藏之，使吾勿忘谂。"师存侍，曰："藏罟不如置里革于侧之不忘也。"

这段古文的现代文意思大致是：鲁宣公夏天在泗水的潭渊中下网捕鱼，里革折断他的渔网扔在一旁，并说道："古时候，大寒过后，冬眠的动物就苏醒了，水虞这时才计划用渔网、鱼筍去捕大鱼、捉龟鳖等，把这些送进宗庙祭祀祖宗，同时这种办法也在全国的百姓中间施行，以帮助阳气的升华。当鸟产卵、兽怀胎，鱼鳖已经长大的时候，兽虞这时便禁止用网捕捉鸟兽，只准剌取鱼鳖，并把它们风成夏天吃的鱼干，这是为了帮助鸟兽繁殖生长。当新生的鸟兽已经长大，鱼鳖又开始孕育之时，水虞便禁止用小鱼网捕捉鱼鳖，只准设陷阱捕鸟兽，用来供应宗庙和庖厨的需要，这是为了让鱼鳖长大后再取来享用。而且，山上不能砍伐新生的嫩枝，水

---

① （战国）荀况著，高长山译注：《荀子译注》，黑龙江人民出版社2003年版，第155页。

② 《淮南子》具体的"以时禁发"内容详见第二章相关部分。

③ （春秋）左丘明著，鲍思陶点校：《国语》，齐鲁书社2005年版，第85—86页。

边也不准割取幼嫩的草木，捕鱼时禁捕小鱼，捕兽时要留下小鹿和小麋，捕鸟时要保护雏鸟和鸟卵，捕虫时要避免伤害虫卵和幼虫，这都是为了使万物繁殖茂盛啊。这是古人的教训。现在正是鱼儿孕育的时候，你不仅没有设法让它长大，却还下网捕捉，真是贪得无厌啊！"

宣公听后，说："我有过错，里革便纠正我，不是很好的吗？这挂渔网很好，使我懂得治理天下的方法，宫中主管把它保藏好，以便让我永不忘里革的规谏。"有个名叫存的乐师正在旁伺候宣公，便说道："保存这个网，还不如将里革安置在身边，不是就更不会忘记他的规谏了吗？"

还有很多文化名人和著名典籍都表述和记载了类似的观点，以上仅是举例说明。

总之，以时禁发，在恰当的时间才去索取自然资源，是中国传统社会所普遍提倡的。一般来讲，在万物孕育和生长的春季和夏季，对于自然界的动植物等可再生资源都是予以封禁的，这是"保护和加强生态环境的生产和更新能力"的具体体现。到了秋冬季，等这些动植物资源都发育生长成熟后才取用，这样的"以时禁发"制度相比随时任意采取的制度而言能有效地提高自然资源的获取量，丰富人们的物质财富。

4. 保护自然的法令法规及相关政府机构

通过前文的分析我们可以看出，中国传统社会的主流意识层、社会大众心理和风俗习惯等方面都是试图从各个方面来保护自然的，它们是一个期待实现可持续发展的有机文化体系。不仅如此，在中国的传统社会里，为了保护自然以实现可持续发展，还有更硬性的法律政策层面的规章，以国家王法的形式规定国民都必须按照前文所述的哲人、思想家所提倡的方式来合理利用自然资源。中国传统的保护自然的各种法令法规，从其指导哲学和思想理论源泉来看，主要体现的就是前文所分析的几个方面，即生态消费、适度索取、以时禁发等内容。法令条文颁布后，就由相应的政府职能机构去执行，于是便有了专门用于保护自然的政府机构和相应的官职官员。

夏朝的舜设立了世界上最早的专门管理山泽草木鸟兽的环保机构——虞，也是官职的名称。虞，这项官职在以后各朝都沿用了下来，一直到清朝。禹帝颁布了世界上最早的保护资源的条文。《逸周书·大聚篇》说："旦闻禹之禁：春三月山林不登斧，以成草木之长；夏三月川泽不入网罟，以成鱼鳖之长。"① 以后的朝代也相继有类似的环保法令出现。西周文王颁布的《伐崇令》规定："毋杀人，毋坏室，毋填井，毋伐树木，毋动六畜；有如不令者，死无赦。"② 可以看出，周朝对环境保护是十分严厉的。据《周礼》记载，周代就设立"山虞"掌管森林，"司空"掌管城郭，"职方氏"掌管灭害虫，"土方氏"掌管土地，分工明确，环境保护责任到人。秦汉也有环保法令。湖北云梦秦简中《田律》规定："春二月，毋敢伐林木山林及壅堤水。不夏月，毋敢夜草为灰……毋……毒鱼鳖，置阱罔，到七月而纵之。"条文中对林木、鸟、兽、鱼等实施了具体的保护措施，对违规处罚作了具体的规定。《汉书·宣帝纪》记载："今春，五色鸟以万数飞过属县，翱翔而舞，欲集未下。其令三辅毋得以春夏摘巢探卵，弹射飞鸟，具为令。"③ 这是我国最早的保护鸟的法令。汉代对全国的山林陂池也是严格控制与管理，一般禁止砍伐渔采，遇到荒年则与开禁。唐太宗提倡节俭朴实，反对奢侈浮华，"太宗方锐意于治……异物、滋味、口马、鹰犬，非有诏不得献"④。唐代设立了较完整的环保机构，"掌天下百工、屯田、山泽之政令，其属有四：一曰工部、二曰屯田、三曰虞部、四曰水部"⑤；这四部均与环境保护有关，其中虞部"掌天下虞衡山泽之事，而辨其时禁"⑥；在皇帝的大力提倡和政府机构的直接管辖下，当时的自然资源应该得到了较好的保护。宋代工部下设虞部，官吏有虞部郎中、虞部员外郎、虞部主事，掌山泽苑围场冶之事。宋太祖于建龙二年（公元961年）颁布了《禁采捕诏》，用《续资治通鉴》的话说就是"禁民二月至九月无得采捕弹射，著为令"⑦。宋太宗太平兴国三年（公元978年）又颁布《二月至九月禁捕诏》，"禁民二月至九月，无得捕猎及持杆挟弹，探巢摘卵"，并要求"州县吏严饬里胥伺察擒捕，重

---

① 黄怀信：《逸周书校补注译》，三秦出版社2006年版，第191页。

② （汉）刘向著，范能船选择：《说苑选 注释本》，福建教育出版社1986年版，第248—249页。

③ 许嘉璐主编：《二十四史全译　汉书》，世纪出版集团、汉语大词典出版社2004年版，第102—103页。

④ 欧阳修、宋祁：《新唐书·食货志》，中华书局1975年版，第1344页。

⑤ 唐玄宗御制：《大唐六典》，广池学园事业部昭和四十八年版，第156页。

⑥ 魏征等：《隋书·百官志》，中华书局1973年版，第752页。

⑦ 毕沅：《续资治通鉴》，中华书局1957年版，第28页。

治其罪"①。另外，宋代还有禁止捕杀犀牛、青蛙诏令，禁止以国家保护
动物为菜肴的禁约，禁止以鸟羽、龟甲、兽皮为服饰的禁令，以及保护林
木与饮用水源的诏令。② 明朝、清朝均在工部下设虞衡清吏司、都水清吏
司和屯田清吏司。《明史·职官志》记载："虞衡典山泽采捕、陶冶之
事……冬春之交，罝罛不施川泽；春夏之交，毒药不施原野。苗盛禁蹂
躏，谷登禁焚燎。若害兽，听为陷阱获之，赏有差。凡诸陵山麓，不得入
斧斤、开窑冶、置墓坟。"③ 明、清都很重视植树造林，绿化环境。明朝，
"太祖初立国即下令，凡民田五亩至十亩者，载桑、麻、木棉各半亩，十
亩以上倍之。……不种桑，出绢一匹。不种麻及木棉，出麻布、棉布各一
匹"④（《明史·食货志》）。明朝还有以种树代替刑罚的法令，永乐十一
年（公元 1413 年），"罪犯情结轻者，如无力以炒赎罪者，可发天寿山种
树赎罪"⑤。清代皇帝为了推动植树造林，还对地方官绅规定了考核奖罚
制度。即文武官员，自通判、守备以上各出己资栽柳树一千株方为称职。
河兵每人栽柳百株，若不成活，千把总降职一级，暂留原任，戴罪补植，
守备罚奉一年，以彰惩戒。⑥

　　当然，上述只是举例说明，并没有详细论述每个朝代的保护自然的法
令法规和相应的政府机构。但就是这个简单的回顾也足以说明，在我国的
传统社会中是一直存在环保的法令制度和相应的政府部门的，它们直接规
定和执行着中国的传统生态环境保护思想，为保护和合理利用自然资源作
出了重要的贡献，是我国传统生态文化的一部分。

第二节　中国传统生态科技思想

　　勤劳智慧的中国先民在与自然的长期交往过程中，创立了许多独具民

---

①　宋绶：《宋大诏令集》，中华书局 1962 年版，第 731 页。

②　李炳寅、朱红、杨建军：《中国古代环境保护》，河南大学出版社 2001 年版，第 141—143
页。

③　张廷玉：《明史·职官志》，中华书局 1974 年版，第 1759 页。

④　同上书，第 1894 页。

⑤　倪根金：《历代植树奖惩浅说》，《历史大观园》1990 年第 9 期。

⑥　同上。

族特色的生态科技。这些传统生态科技思想主要体现在传统农业生产过程中，当然也有很多其他的生态学知识和思想。农业是人与自然进行物质交换的集中产业，是人与自然关系中最要紧的关系之一，它本身就是生态思想的直接应用之地。

一　中国传统农业的生态耕作思想①

中国是一个历史悠久的传统农业古国，在与自然界的长期交往过程中，形成了独具民族特色的农业耕作模式。"三才论"思想产生于农业生产实践，然后，"三才论"又成为了中国传统农业的指导思想，强调天时、地利、人力的和谐统一，对农业生产进行精耕细作。从生态意义上看，讲究精耕细作的传统农业其本质就是生态型的农业。"民以食为天"，农业在任何时代都是居于不可动摇的基础性地位。根据历史的经验与教训，我国农业的发展方向应该是生态农业，温家宝总理说道："现代化的农业应该是高效的生态农业。"② 美国现代农业生态学家乔治·W. 考克斯和迈克尔·D. 阿特金斯（George W. Cox 和 Michael D. Atkins）也说道："我们还必须把农业系统当作生态系统，并且必须采用无害的生态农业技术去增加产量；这样，从长远来看，就不会毁坏农田或损害全球生态了。"③ 中国传统农业的生态耕作思想，对现代生态文明的建设和发展仍然具有重要的借鉴作用和指导意义。

（一）生态施肥思想

美国农业部土地管理局局长（King）1911 年在《四千年的农民》一书中指出，中国传统农业长盛不衰的秘密在于中国农民勤劳、智慧、节俭，善于利用时间和空间提高土地利用率，并以人畜粪便和一切废弃物、塘泥等还田培养地力。④ 他这里指出了中国传统农业精耕细作里的一个重

---

① 罗顺元：《论中国传统农业的生态耕作思想》，《自然辩证法通讯》2011 年第 2 期，第 47—52 页。

② 路明主编：《现代生态农业》，中国农业出版社 2002 年版，"扉页"。

③ Cox, George W., Atkins, Michael D.：*Agricultural ecology：an analysis of world food production systems*，W. H. Freeman 1979 年版，第 5 页。

④ 席运官、钦佩：《有机农业生态工程》，化学工业出版社、环境科学与工程出版中心 2002 年版，第 13 页。

要特点，即注重物质循环利用的生态施肥思想。在传统农业的施肥思想中，还有一种重要的施肥方式是利用植物的特性，巧施绿肥，这也是今天我们的生态农业所大力提倡的施肥方式之一。

1. 物质循环利用，废弃物资源化、变废为宝

生态农业是根据生态学原理来建设的，在生态农业系统中，物质的利用要遵循物质循环原理。即物质从自然环境中进入生物体，然后再从生物体回到自然环境的循环。在农田生态系统中，要通过人的干预尽量使各种营养物质在这个系统中循环，以维持农田生态系统的"青年"状态，从而持续获得较高的农业生产率。由于农业产品的转移，以及水土流失，农田中总会损失一部分养分，人工施肥增加农田肥力是农业生产中一个必不可少的工作。人工施肥的好坏将会对农田生态系统产生巨大的影响，如今现代农业大量使用化肥，会使田地结板、盐碱化，使田地丧失生长农作物的能力。将农业废弃物，如粪便、秸秆、生活垃圾等，进行循环利用是现代生态农业的重要内容和理论原则，每一部介绍生态农业的著作都会论述这个问题，甚至还有这方面的专著，如卞有生[①]学者就在他的著作——《生态农业中废弃物的处理与再生利用》里专门讨论了农业废弃物的循环利用问题。

中国传统农业很重视物质的循环利用，把人畜粪便、农作物秸秆等各种废弃物处理后转变为肥料，使其资源化、变废为宝。这样既肥沃了田地，保持了地力的"常新壮"，又减少了环境污染，保护了生态环境，可谓一举两得。

春秋战国时期的《吕氏春秋·任地》就记载了要给贫瘠的田地施肥的思想，"棘者欲肥"[②]，但还未见怎样施肥的具体记载。西汉时期已经很重视粪肥的应用，《氾胜之书》叙述了著名的"溲种法"，配制溲液的原料则是蚕屎、马骨（或雪水）、羊屎另加附子。"薄田不能粪者，以原蚕矢杂禾种种之，则禾不虫。又马骨锉一石，以水三石，煮之三沸；漉去滓，以汁渍附子五枚；三四日，去附子，以汁和蚕矢羊矢各等分，挠令洞

---

① 卞有生：《生态农业中废弃物的处理与再生利用》，化学工业出版社 2000 年版，第 89—322 页。

② （战国）吕不韦编撰，张双棣、张万彬等译注：《吕氏春秋译注》，北京大学出版社 2000年版，第 899 页。

洞如稠粥。先种二十日时，以溲种如麦饭状。常天旱燥时溲之，立干；薄布数挠，令易干。明日复溲。天阴雨则勿溲。六七溲而止。辄曝谨藏，勿令复湿。至可种时，以余汁溲而种之。则禾不蝗虫。无马骨，亦可用雪汁，雪汁者，五谷之精也，使稼耐旱。常以冬藏雪汁，器盛埋于地中。治种如此，则收常倍。"① 另外，书中还有多处粪肥肥田的介绍。《周礼·地官》记载的"土化之法"则是因地制宜地给田地施肥，不同的动物骨灰适宜于改良不同的土地。

随着农业的发展，出现了人工造肥，"踏粪法"就是其中一种，主要是把秸秆、壳秕、牛粪等经牛践踏、堆沤后作肥料还田。《齐民要术·杂说》记载："其踏粪法：凡人家秋收治田后，场上所有穰、谷穊等，并须收贮一处。每日布牛脚下，三寸厚；每平旦收聚堆积之；还依前布之，经宿即堆聚。计经冬一具牛，踏成三十车粪。至十二月、正月之间，即载粪粪地。计小亩亩别用五车，计粪得六亩。均摊，耕，盖著，未须转起。"② 使用粪肥田是《齐民要术》的主要施肥方法之一。

由于田各有差，土各有异，为了达到改良土壤，保持田地肥力"常新壮"的目的，需根据不同的土壤类型而施用不同的肥料。南宋《陈旉农书》的《粪田之宜》篇记载："土壤气脉，其类不一，肥沃硗埆美恶不同，治之各有宜也。"③接着便引用了"周礼草人掌土化之法"，要求因地制宜地对田地进行施肥改良。陈旉在书里广开肥源，几乎一切生活垃圾和农业废弃物都是好肥料；"凡扫除之土，燃烧之灰，簸扬之糠粃、断稿落叶积而焚之，沃以粪之……以粪治之，则益精熟肥美，其力当常新壮矣，抑何敝何衰之有？"④（《陈旉农书·粪田之宜》）这就是他提出的著名"地力常新壮"理论，是指在田地里经常施放足够的肥料后，就能使土壤持续保持较高的生产力，可以年年耕种而地力不衰减。《陈旉农书》的其他篇章里还论述了把田地里的杂草埋入地下，让其腐烂而成为肥料；"积腐稿败叶，划薙枯朽根荄"以及"麻枯尤善"⑤，把它们燃烧之后作肥料。

---

① （宋）陈旉撰，万国鼎校注：《陈旉农书校注》，农业出版社1965年版，第45页。

② 同上书，第21页。

③ 同上书，第33页。

④ 同上书，第34页。

⑤ 同上书，第45页。

　　元代，充分利用各种可作肥料的废弃物的思想得到了进一步发展。从《王祯农书》看，其《粪壤篇第八》中继承和引用了《齐民要术》的"踏粪法"和《陈旉农书》的粪肥思想，并将其分门别类，提出"苗粪、草粪、火粪、泥粪之类"，王祯在书里明确表达了把一切可用作肥料的废弃物归还农田，以保持和增加农田的肥力。"夫扫除之猥，腐朽之物，人视之而轻忽，田得之为膏润。唯务本者知之，所谓'惜粪如惜金'也，故能变恶为美，种少收多。"①（《王祯农书·粪壤篇第八》）

　　明清时期，各种农家有机肥的制作、使用达到了传统农业的顶峰。明朝徐光启的《农政全书·营治下》②篇中全面系统地总结了以前农书里记载的各种施肥方法，如踏粪法、苗粪、草粪、火粪、泥粪，用石灰为粪治水冷之田。要求农家"必治粪屋"，"为圃之家，于橱栈下，深阔凿一池"用于收集"扫除之草秽，燃烧之灰，簸扬之糠粃，断稿落叶"以及"砻簸谷壳，腐草败叶，沤渍其中"。然后用这些沤好的肥料去粪田，则"何物不收？"他引用《王祯农书》农书里的话，"惜粪如金"，"粪田胜如买田"，可以说他在这里进一步将我国的传统施肥方法发扬光大。同时期的著名科学家，宋应星在他的科技名著《天工开物·稻宜》里也有将各种废弃物用作肥料的记载："人畜秽遗、榨油枯饼（枯者，以去膏而得名也。胡麻、莱菔为上，芸苔次之，大眼桐又次之，樟、柏、棉花又次之）草皮、木叶以佐生机，普天之所同也。南方磨绿豆粉者，取溲浆灌田肥甚。"③

　　明清之际的《沈氏农书》说"种田地，壅肥最为要紧"，沈氏详细叙述了各种粪肥——"磨路、猪灰"、"人粪"、"坐坑粪"等的购买，垃圾肥、人粪、牛粪等的施用方法，强调了河泥肥对种桑的重要性，介绍了"罱泥"的方法；同时，他也强调了农家应当自己饲养猪羊来制造肥料，"'种田不养猪，秀才不读书'，必无成功"。而且不同的肥料适用于不同的田地，"羊壅宜于地，猪壅宜于田。灰忌壅地，为其剥肥；灰宜壅田，取其松泛"。当然，各种肥料如果混合或交替使用，效果会更好，"壅需

①　（元）王祯撰，缪启愉、缪桂龙译注：《东鲁王氏农书译注》，上海古籍出版社2008年版，第64页。

②　（明）徐光启著，陈焕良、罗文华校注：《农政全书（上）》，岳麓书社2002年版，第99—101页。

③　（明）宋应星著，潘吉星译注：《天工开物译注》，上海古籍出版社2008年版，第9页。

间杂而下，如草泥、猪壅垫底，则以牛粪接之；如牛壅垫底，则以豆泥、豆饼接之；然果能二层起深，虽过松无害"①。

可见，几千年来，中国传统农业讲究利用人畜粪便、秸秆糠秕等废弃物还田作肥料的思想是一直连续传承并且不断发扬光大的，这便是中国农田耕种了几千年却毫无衰退迹象的根本原因所在。

2. 利用植物特性，巧施绿肥

凡是利用植物的绿色部分作肥料的均称绿肥。《诗经·周颂·良耜》中已经有"以薅荼蓼，荼蓼朽止，黍稷茂止"②的记载；《礼记·月令》也说道："季夏之月……烧薙行水，利以杀草，如以热汤。可以粪田畴，可以美土疆"③，表明那时就有了用绿色植物作肥料的意识，当然这是天然绿肥。至于人工种植绿肥，最早记载见于晋张华撰写的《广志》："苕草，色青黄，紫华，十二月稻下种之，蔓延殷盛，可以美田。"④ 到南北朝时期，种植绿肥植物肥田已经达到了比较成熟的水平。北魏贾思勰在他的《齐民要术·耕田第一》里写道："凡美田之法，绿豆为上，小豆、胡麻次之。悉皆五、六月中稴种，七月、八月犁稴杀之，为春谷田，则亩收十石，其美与蚕矢、熟粪同。"⑤ "绿豆、小豆"都是豆科植物，具有生物固氮功能，肥田效果是很显著的。田里的杂草经过耕埋腐烂也同样是好肥料，又《齐民要术·耕田第一》载："秋耕稴青者为上。比至冬月，青草复生者，其美与小豆同也。"⑥ 南宋的《陈旉农书》也记载有把田里杂草埋入地下，让其腐烂而成为肥料的思想；把杂草"深埋之稻苗根下，沤罨即久，即草腐烂而泥土肥美，嘉谷蕃茂矣"⑦（《陈旉农书·薅耘之

---

① （清）张履祥辑补，陈恒力校释，王达参校：《补农书校释》，农业出版社 1983 年版，第56—65 页。

② 袁愈荌译注：《诗经全译》，贵州人民出版社 2008 年版，第 475 页。

③ 王云五主编，王梦鸥译：《礼记今注今释（上册）》，台湾商务印书馆 1970 年版，第 201—242 页。

④ 卢嘉锡总主编，董恺忱、范楚玉分卷主编：《中国科学技术史：农学卷》，科学出版社2000 年版，第 290 页。

⑤ （北魏）贾思勰著，缪启愉、缪桂龙译注：《齐民要术译注》，上海古籍出版社 2006 年版，第 34 页。

⑥ 同上。

⑦ （宋）陈旉撰，万国鼎校注：《陈旉农书校注》，农业出版社 1965 年版，第 35 页。

宜》)。种植绿肥植物以及利用杂草作肥料的思想，在中国传统农业中得到了连续的传承和发扬，元代的《王祯农书》在引用了《齐民要术》的"凡美田之法，绿豆为上，小豆、胡麻次之。悉皆五、六月中穊种，七月、八月犁掩杀之，为春谷田，则亩收十石，其美与蚕矢、熟粪同"后，说道："此江淮迤北用为常法。"① 即，到元代时种植豆科植物作绿肥已经成为常法。《王祯农书》也引用了《陈旉农书》的把田里杂草埋入地下作肥料的内容，并说，"草粪者，于草木茂盛时芟倒，就地内掩罨腐烂也"②，他还将枯槁败叶、谷壳腐朽等一起列入草粪的范围。明代的《农政全书》进一步扩大了绿肥植物的范围，除了继承前人的"苗粪者，绿豆为上，小豆、胡麻次之"外，另外加入"蚕豆、大麦皆好"③，种法与先前一致。这种种植绿肥以及用杂草作肥料的思想在清朝也是一直传承发扬，清代的张宗法就在他的《三农纪·粪田》④篇里引用了贾思勰的"绿豆、小豆、胡麻"的美田之法。清代的蒲松龄在他的《农桑经》里叙述了用杂草作肥料的方法："扫除家粪入栏外，宜镑草根，连土辇运，或割杂草垫一层，用土压一层。若栏无水，雨后掘沟导入；旱则汲水灌之。或有洼处积水，即掘高处垫平。伏时草易腐，宜趁时雇人为之，以满为期。庄稼好歹，全在此处用功。"⑤ 其实，我国传统农书基本上都有使用天然杂草作肥料和人工种植绿肥植物的介绍，如《补农书》、《农言著实》等都有这方面的介绍。总之，用绿肥肥田跟变废为宝的传统粪肥思想一样，是中国传统农业的主要施肥方法之一。

（二）生物种内、种间关系的调节和利用

1. 农作物间合理密植

自然界中的植物种群的种内关系表现为密度效应、他感作用等。密度

① （元）王祯撰，缪启愉、缪桂龙译注：《东鲁王氏农书译注》，上海古籍出版社2008年版，第62—66页。
② 同上。
③ （明）徐光启著，陈焕良、罗文华校注：《农政全书（上）》，岳麓书社2002年版，第99—101页。
④ （清）张宗法著，邹介正、刘乃壮、谢庚华等校释：《三农纪校释》，农业出版社1989年版，第190—191页。
⑤ （清）蒲松龄撰，李长年校注：《农桑经校注》，农业出版社1982年版，第33页。

效应有两个基本规律①：（1）最后产量恒值法则；（2）-3/2 自疏法则。最后产量恒值法则是说，在一定范围内，当条件相同时，起初产量会随着种植的密度增加而增加，但到达一定程度后，不管如何提高一个种群的密度，最后的产量总是差不多一样的。-3/2 自疏法则是指，当种群密度过高时，有些植株会在生长过程中死亡，即种群出现"自疏现象"。这两个规律用在农业生产上，就是要根据实际情况合理密植，使植株的密度刚好达到土地的最大产能，过稀或过密都不利于农业生产。

　　合理密植是我国传统农业一直都强调的重要内容之一，春秋战国时期就已经有了相关记载，《吕氏春秋·任地》说："耨柄尺，此其度也；其博六寸，所以间稼也。"② 又《吕氏春秋·辨土》说："慎其种，勿使数，亦无使疏。……肥而扶疏则多秕，硗而专居则多死。"③ 即要小心播种，不要太密也不要太稀；肥沃的土地上种得过稀会多秕谷，贫瘠的土地上种得过密，苗多会死。汉朝时的用种量开始定量化，并要求根据具体情况进行调整，如《氾胜之书》的种大豆记载："三月榆荚时，有雨，高田可种大豆。土和无块，亩五升；土不和，则益之。……大豆须均而稀。"④ 东汉崔寔的《四民月令》记载："稻，美田欲稀，薄田欲稠。"⑤ 往后，这种根据土地状况、天时早晚进行合理密植的思想不断向精细化方向发展，到北魏的贾思勰，在《齐民要术》里他几乎对每一种农作物应该密植的程度都根据具体情况作了定量说明，例如，《齐民要术·种谷第三》⑥ 记载，"良地一亩，用子五升，薄地三升。此为稙谷，晚田加种也"；"良田率一尺留一科"。《齐民要术·黍穄第四》记载："一亩，用子四升。"⑦《齐民要术·大豆第六》记载："春大豆，次稙谷之后。二月中旬为上时。一亩用子八升。三月上旬为中时，用子一斗。四月上旬为下时。用子一斗

　　① 李博主编：《生态学》，高等教育出版社 2006 年版，第 89—100 页。

　　② （战国）吕不韦编撰，张双棣、张万彬等译注：《吕氏春秋译注》，北京大学出版社 2000 年版，第 899 页。

　　③ 同上书，第 906 页。

　　④ （西汉）氾胜之著，万国鼎辑释：《氾胜之书辑释》，中华书局 1957 年版，第 129—130 页。

　　⑤ （东汉）崔寔著，缪启愉辑释：《四民月令辑释》，农业出版社 1981 年版，第 25 页。

　　⑥ （北魏）贾思勰著，缪启愉、缪桂龙译注：《齐民要术译注》，上海古籍出版社 2006 年版，第 58—61 页。

　　⑦ 同上书，第 95 页。

二升。岁宜晚者，五六月亦得；然稍晚稍加种子。"①《齐民要术·种麻第八》记载："良田一亩，用子三升；薄田二升。穊则细而不长，稀则粗而皮恶。"② 等等。《齐民要术》里的合理密植的知识对后世影响巨大，元代的《王祯农书》、明朝的《农政全书》、明清之际的《补农书》、清代的《农言著实》等传统农书都对其进行了继承和发扬，合理密植成为了传统农业必需遵守的规则之一。

2. 利用物种特性进行轮作、间作套种

植物的种间和种内都有可能存在他感作用，就是植物通过向体外分泌化学物质，对其他植物产生直接或间接的影响。他感作用在农林业生产上则表现为歇地现象，即要求一些农作物必须与其他的农作物轮作，不能连作，否则就会降低产量。例如早稻就不宜连作，它的根系分泌的对—羟基肉桂酸对早稻幼苗起强烈的抑制作用，连作则长势不好。自然界的植物种之间有的存有偏利作用、互利共生等正相互作用，即这些不同的植物生长在一起会促进一方的生长或使双方都生长得更好。这个生态原理在农业生产上的应用表现为进行间作套种，即把具有偏利作用、互利共生作用的不同农作物栽种在一起，以提高产量。当然，在农业的实际应用中，只要两个物种之间是中性作用，就可以根据需要进行间作套种，因为间作套种可以提高土地的利用率。对不同的农作物进行轮作、间作套种是中国传统农业的一大特色，也是我国传统农业精耕细作优良传统的重要组成部分。

农作物的轮作，很早就出现了。春秋战国时期的《吕氏春秋·任地》就有禾麦轮作的记载，"今兹美禾，来兹美麦"③。西汉《氾胜之书》在他的区种麦法里写道，"禾收，区种（麦）"④。到了魏晋南北朝时期，轮作几乎成了一项种田制度。《齐民要术》对于农作物的他感作用引起的歇地现象有充分的认识，详细叙述了作物轮作方法，用以提高作物产量和农

---

① （北魏）贾思勰著，缪启愉、缪桂龙译注：《齐民要术译注》，上海古籍出版社2006年版，第104页。

② 同上书，第113页。

③ （战国）吕不韦编撰，张双棣、张万彬等译注：《吕氏春秋译注》，北京大学出版社2000年版，第899页。

④ （西汉）氾胜之著，万国鼎辑释：《氾胜之书辑释》，中华书局1957年版，第112页。

田利用率。例如，"谷田必须岁易"，否则"嫒子则荞多而收薄矣"①。种水稻，"稻，无所缘，唯岁易为良"，否则"既非岁易，草秽具生，芟亦不死"②；种麻，则"麻欲得良田，不用故墟。故墟亦良，有点叶夭折之患，不任作布也"③。为了让农田持续保持较高的生产率，贾思勰根据各个农作物的种内、间特性，以作物间的互惠互利为原则，提出了农作物的轮栽方法，以提高农作物的产量。有关《齐民要术》记载的作物轮栽方法，更详细的讨论见第二章有关《齐民要术》生态思想部分的分析。

到了隋唐时代，南方也出现了稻麦轮作，唐代的《蛮书》中记载："从曲靖以南，滇池以西，土俗唯业水田。……水田每年一熟，从八月获稻，至十一月十二月之交，便于稻田种大麦，三四月即熟。收大麦后，还种粳稻。"④ 稻麦轮作复种，变成较为"普遍实行的种植制度，则大约形成于盛唐中唐时代……到晚唐以后，更进一步扩大"⑤。以致后来成为了整个中国南方的粮食作物的主要栽种方式。宋代的农学家陈旉提出，不同的农作物若是能够按照适宜的顺序进行轮种，则能使农作物间互相促进生长，提高产量，"种莳之事，各有攸叙……不违先后之序，则相继以生成，相资以利用"⑥。他叙述了两种轮作方式，一种是"麻枲"与"萝卜菘菜"的轮作，"正月种麻枲……五六月可刈矣"，接着进行整治田地，则"七夕以后，种萝卜菘菜，即科大而肥美也"⑦。另一种是粟、早芝麻、豆与麦的轮种。到明清时期，轮作已经达到了普遍化，"明清时期南方稻田内种植麦类、豆类、油菜、蔬菜、荞麦、粟等"，"明清的农书和地方志中对此有普遍记载"，北方也是普遍进行轮作，并且"这一时期任何一

---

① （北魏）贾思勰著，缪启愉、缪桂龙译注：《齐民要术译注》，上海古籍出版社 2006 年版，第 58—61 页。

② 同上书，第 133—134 页。

③ 同上书，第 113 页。

④ （唐）樊绰撰，向达校注：《蛮书校注》，中华书局 1962 年版，第 171 页。

⑤ 郭文韬等编著：《中国农业科技发展史略》，中国科学技术出版社 1988 年版，第 257—259 页。

⑥ （宋）陈旉撰，万国鼎校注：《陈旉农书校注》，农业出版社 1965 年版，第 7—8 页。

⑦ 同上书，第 31 页。

轮作制中总少不了豆类"①。

间作套种最早的明确记载见于西汉的《氾胜之书》，里面有薤、瓜或小豆、瓜的间作套种论述，"又种薤十根，令回㼷，居瓜子外。至五月瓜熟，薤可拔卖之，与瓜相避。又可种小豆于瓜中，亩四五升，其藿可卖"②。到了三国两晋南北朝时期，我国传统农业的间作套种有了较大的发展，取得了较大的进步。贾思勰在《齐民要术》里对这些间作套种经验系统地进行了总结。农作物间作套种的目的和好处是"不失地力，田又调熟"③，贾思勰在考察农作物物种特性的基础上，论述了各种农作物间如何搭配栽种的方法，趋利避害，优化配置农田生态系统。有些农业物种套种在一起，会发生强烈的竞争，造成两者产量都低，或偏害一者，使其减产或无收。例如，"榆性扇地，其阴下五谷不植"④。又如，"慎勿于大豆地中杂种麻子，扇地两损，而收并薄"⑤。种瓜时，利用大豆为瓜苗起土后则需掐去豆苗，否则"豆反扇瓜，不得滋茂"⑥。也有不少农作物由于生态位的差异，恰当地搭配栽种时，会利于一方生长而对另一方无害，甚至互惠互利，提高双方的收成。《齐民要术》详细叙述了这种利用物种间关系特点来提高农业生产效率的间作套种方法，其所载的各种农作物的间作套种方法详见第二章中有关讨论《齐民要术》生态思想的部分。

宋元时期，我国的间作套种理论和技术进一步发展。南宋的《陈旉农书》丰富和发展了桑树的间作套种理论和技术，提出了桑、苎套种的新方式，"若桑圃近家，即可作墙篱，乃更疏植桑，令畦垄差阔，其下遍栽苎，因粪苎即桑亦获肥益矣，是两得之也。桑根植深，苎根植浅，并不相妨，而利倍差……一事而两得，诚用力少而见工多也"⑦。到元代，人们对桑树的间作套种有了更深刻的认识，当时的官修农书《农桑辑要》

---

① 郭文韬等编著：《中国农业科技发展史略》，中国科学技术出版社1988年版，第386—390页。

② （西汉）氾胜之著，万国鼎辑释：《氾胜之书辑释》，中华书局1957年版，第152页。

③ （北魏）贾思勰著，缪启愉、缪桂龙译注：《齐民要术译注》，上海古籍出版社2006年版，第311页。

④ 同上书，第330页。

⑤ 同上书，第118页。

⑥ 同上书，第149页。

⑦ （宋）陈旉撰，万国鼎校注：《陈旉农书校注》，农业出版社1965年版，第55页。

就对桑树下的间作套种作了比较全面的总结,指出桑与绿豆、黑豆、芝麻、瓜、芋等套种有益无害,与田禾、黍等套种有好有坏,"桑间可种田禾,与桑有宜与不宜。如种谷,必揭得地脉亢干;至秋,桑叶先黄。到明年,桑叶涩薄,十减二三,又招天水牛、生蠹根吮皮等虫;若种蜀黍,其梢叶与桑等,如此丛杂,桑亦不茂。如种绿豆、黑豆、芝麻、瓜、芋,其桑郁茂,明年叶增二三分。种黍亦可,农家有云:'桑发黍,黍发桑',此大概也"①。

到了明清时期,间作套种多种多样,普遍盛行,已经达到了较成熟的水平。有稻豆间作套种,清代江西《九江府志》记载:"当早谷已熟未获之时乘泥种豆……名曰泥豆。"② 有麦豆间套,明代《农政全书》指出:"麦沟口,种之蚕豆"③;清代《救荒简易书》说:"麦垄背间夹种大豆,二月种者五月熟,此钟祥县秘诀也。"④ 有棉麦套种,《农政全书》总结道:"今人种麦杂棉者,多苦迟,亦有一法:预于旧冬耕熟地,穴种麦。来春,就于垄中穴种棉。但能穴种麦,即漫种棉亦可刈麦。"⑤ 有粮肥套种,明代《群芳谱》总结了在禾黍地中套种绿肥的经验:"肥地法,种绿豆为上,小豆、芝麻次之。皆以禾黍末一遍耘时种,七、八月耕掩土底,其力与蚕沙熟粪等,种麦尤妙。"⑥ 此外,还有粮菜间作套种,薯芋套种,粮草混种,林、粮、豆、蔬、草的间作套种,间作套种的综合运用等⑦。

3. 利用害虫天敌,开展生物防虫、治虫

自然界物种间的关系复杂多样,可利用天敌对害虫的捕食、寄生等作用来消灭、防治害虫,以达到保护农作物的目的。利用生物治虫相比目前

① (元)司农司撰,石汉声校注:《农桑辑要校注》,农业出版社1982年版,第91页。

② 王达、吴崇仪、李成斌合编:《中国农学遗产选集 甲类 第一种 稻(下编)》,农业出版社1993年版,第306页。

③ (明)徐光启著,陈焕良、罗文华校注:《农政全书(上)》,岳麓书社2002年版,第404页。

④ 李穆南主编:《历史悠久的古代农学》,中国环境科学出版社2006年版,第177页。

⑤ (明)徐光启著,陈焕良、罗文华校注:《农政全书(下)》,岳麓书社2002年版,第564页。

⑥ 郭文韬编著:《中国古代的农作制和耕作法》,农业出版社1981年版,第163页。

⑦ 郭文韬等编著:《中国农业科技发展史略》,中国科学技术出版社1988年版,第390—393页。

流行的杀虫剂治虫而言，是具有很多优点的，它既消灭了害虫又绿色环保，而且对生态环境、对人类以及对自然界的其他无辜生物都没有不利影响。美国国家研究理事会指出："杀虫剂的增加使用有时候是成功控制了害虫，但是通常，杀虫剂的使用会减少害虫的天敌，从而引起更严重的虫害。"[①] 美国著名生态学家彼特·斯地灵（Peter Stiling）说："在美国，害虫控制是件大事。一些生物控制工程动用大量人力，以训练有素的'侦探'方式去调查一个地方的害虫天敌能够大量成功繁殖的证据。"[②] 生物防虫、治虫的方法，在现代生态农业、有机农业当中也是很受推崇的。

我国先民们对物种间相生相克的机理有深刻的认识，并且把它成功用于农业生产上，取得了不错的杀虫、灭虫效果。西周时期已经观察到寄生蜂的生活情况，"螟蛉有子，果蠃负之"[③]（《诗经·小雅·小宛》）；东汉王充已经认识到物种间的相生相克现象，"诸物相贼相利。含血之虫相胜服、相啮噬、相啖食"[④]（《论衡·物势篇》）。到了晋代，在我国南方的交趾地区，当地人民已经开始用黄猄蚁来给柑橘树防治害虫，并且集市上还有这种蚁出售，嵇含的《南方草木状》记载："交趾人以席囊贮蚁，鬻于市者，其窠如薄絮，囊皆连枝叶，蚁在其中，并窠而卖。蚁赤黄色，大于常蚁。南方柑树，若无此蚁，则其实皆为群蠹所伤，无复一完者矣。"[⑤] 这种利用黄猄蚁防治柑橘害虫的方法，到唐代时应用的地区范围得到了进一步扩大，已经"推广到两广、云贵、川南一带，并普遍获得良好的防治效果"[⑥]。宋朝时，收集黄猄蚁的方法有了新的进展，利用黄猄蚁的嗜脂习性，采用猪羊膀胱盛脂肪吸引、收集，庄绰的《鸡肋篇》记载："广

---

① National Research Council（U. S.）. Committee on Environmental Impacts Associated with Com-mercialization of Transgenic Plants. ：*Environmental effects of transgenic plants：the scope and adequacy of regulation*，National Academy Press，2002，p. 35.

② Stiling，Peter：*Ecology Theories and Application Third Edition*，Prentice Hall 1999 年版，第251页。

③ 袁愈荌译注：《诗经全译》，贵州人民出版社 2008 年版，第 278 页。

④ （东汉）王充原著，袁华忠、方家常译注：《论衡全译》，贵州人民出版社 1993 年版，第210 页。

⑤ 王根林等校点：《汉魏六朝笔记小说大观》，上海古籍出版社 1999 年版，第 265 页。

⑥ 郭文韬等编著：《中国农业科技发展史略》，中国科学技术出版社 1988 年版，第 257—259页。

南可耕之地少，民多种柑橘以图利。常患小虫损食其实，惟树多蚁，则虫不能生，故园户之家，买蚁于人。遂有收蚁而贩者，用猪羊脬脂其中，张口置蚁穴旁，俟蚁入中，则持之而去，谓之养柑蚁。"① 明清时期，用黄猄蚁防治柑橘树害虫的方法得到进一步的发展，并且其防治范围由柑橘扩大到柠檬、柚树，明代俞宗本的《种树书》记载："柑橘为虫所食，取蚁窠于其上，则虫自去。"② 清代屈大均的《广东新语·虫语》记载："土人取大蚁饲之，种植家连窠买置树头，以藤竹引度，使之树树相通，斯花果不为虫蚀，柑橘林檬之树尤宜之。盖柑橘易蠹，其蠹化蝶，蝶胎子，还育于树为孩虫，必务探去之，树乃不病。然人力尝不如大蚁，故场师有养花先养蚁之说。"③ 清代吴震芳的《岭南杂记》也记载："高州西荔枝村，兼种橘柚为业，其树连亘数亩，繁竹索引，大蚁往来出入藉以除蠹，蚁即於叶间营窠，多至仟佰，结如斗大。"④

　　另外，人们还注意保护益鸟，以及放鸭治虫。早在先秦时期人们就观察到鹢鹙剖芉食虫，以及啄木鸟食林木害虫的情况；其后，汉宣帝元康三年（公元前 63 年）皇帝曾下诏保护飞鸟；后魏时代有些地方的官府制定过保护益鸟的法令，对妄害益鸟者要处以刑法；到了唐代更加注重保护益鸟；五代时，后汉政权于乾祐元年（公元 948 年）还曾下诏，"令民间禁捕鸜鹆"，利用鸜鹆食蝗虫。⑤ 宋朝时，也很注意保护益鸟，元大德三年（公元 1299 年）皇帝曾下诏"禁捕鹭"，因为"蝗在地者为鹭啄食，飞者以翅击死"⑥。明清时期也重视保护益鸟治虫，不仅保护的益鸟种类众多，而且治虫的范围也在扩大。而且，明清时期我国南方还盛行放鸭治虫，效果良好。明《霍文敏公文集》记载："广东的香山、顺德、潘禺、南海、东莞之境，皆产一虫，曰蟛蜞，能食谷之芽，大为农害，惟鸭能唼食焉，故天下之鸭惟广南为盛。"明末清初的陆世仪在《除蝗记》中说："蝗尚

---

① （宋）庄绰撰，萧鲁阳点校：《鸡肋编》，中华书局 1983 年版，第 112 页。

② （明）俞宗本著，康成懿校注：《种树书》，农业出版社 1962 年版，第 55 页。

③ （清）屈大均：《广东新语》，中华书局 1985 年版，第 602 页。

④ （清）吴震芳：《岭南杂记》，中华书局 1985 年版，第 52 页。

⑤ 郭文韬等编著：《中国农业科技发展史略》，中国科学技术出版社 1988 年版，第 259—260 页。

⑥ 同上书，第 326 页。

未解飞，鸭能食之，鸭群数百入田畦中，蝥顷刻尽，亦江南捕蝥一法也。"江苏的《马迹山志》记载："咸丰七年丁巳春，遗蟓遍生如蚁，召鸭雏食之尽，麦大熟。"①

4. 为农作物除去竞争对手

自然界生物群落的种间关系错综复杂，有捕食、寄生、竞争、偏害作用、互利共生等多种。在农业中，最常见的就是种间竞争，即各种杂草与农作物争肥、争水、争光照等。因此，为了使农作物生长良好，在农业生产过程中就要为农作物除去杂草。

强调为农作物除草也是我国传统农业一直都重视的内容之一。《管子·明法解》指出"草茅"必须要除去，否则就会妨害庄稼，"草茅弗去，则害禾谷；盗贼弗诛，则伤良民"②；《左传·隐公六年》："农夫之务去草焉，芟夷蕴崇之，绝其本根，勿使能殖。"③《吕氏春秋·辨土》将杂草列为田里的"三盗"之一，"弗除则芜，除之则虚，则草窃之也"④。西汉《氾胜之书》记载了在耕田时就把杂草消灭的方法，并且顺便让草沤烂成肥料："慎无旱耕。须草生，至可耕时，有雨即耕，土相亲，苗独生，草秽烂，皆成良田。"⑤《齐民要术》在除杂草方面有较详细的记载。例如，叙述了锄草的最佳时机，可有事半功倍之效："苗生如马耳则镞锄。谚曰：'欲得谷，马耳镞。'稀豁之处，锄而补之。用工盖不足言，利益动能百倍。凡五谷，唯小锄为良。小锄者，非直省功，谷亦倍胜。大锄者，草根繁茂，用功多而收益少。"⑥论述了不要让地里生长杂草，否

_____

① 郭文韬等编著：《中国农业科技发展史略》，中国科学技术出版社 1988 年版，第 414—417 页。

② （春秋）管仲著，刘柯、李克和译注：《管子译注》，黑龙江人民出版社 2003 年版，第 428—429 页。

③ （春秋）左丘明著，王云五主编：《春秋左传今注今译》，台湾商务印书馆 1985 年版，第 32 页。

④ （战国）吕不韦编撰，张双棣、张万彬等译注：《吕氏春秋译注》，北京大学出版社 2000 年版，第 905 页。

⑤ （西汉）氾胜之著，万国鼎辑释：《氾胜之书辑释》，中华书局 1957 年版，第 25—27 页。

⑥ （北魏）贾思勰著，缪启愉、缪桂龙译注：《齐民要术译注》，上海古籍出版社 2006 年版，第 58—61 页。

则杂草会胁迫瓜的生长，导致瓜不结果，“勿令有草生；草生，胁瓜无子”[1]；叙述了去除水稻杂草的具体方法：“稻苗长七八寸，陈草复起，以镰侵水芟之，草悉脓死。稻苗渐长，复须薅。拔草曰薅。”[2] 南宋的《陈旉农书·薅耘之宜》一方面强调在薅除杂草之后要深埋地里作肥料；另一方面论述了薅草耘田的总体理论性原则：“且耘田之法，必先审度形势，自下及上旋干旋耘。先于最上处收滀水，勿致水走失。然后自下旋放令干而旋耘。不问草之有无，必徧以手排摝，务令稻根之傍，液液然而后已。所耘之田，随于中间及四傍为深大之沟，俾水竭涸，泥坼裂而极干。然后作起沟缺，次第灌溉。夫已干燥之泥，骤得雨即苏碎，不三五日间，稻苗蔚然，殊胜于用粪也。”[3] 元代《王祯农书》将除草治田列为农家必做之事，“稂莠不除，则禾稼不茂，种苗者，不可无锄耘之功也”。王祯在他的书里总结了《齐民要术》、《陈旉农书》等除草治田方法，介绍了几种锄田效率高的“耧锄”、“劐子”、“耘荡”等新型农具，并绘有图谱，叙述了南北不同的耘薅方法，以供选择，“今采摭南北耘薅之法，备载于篇，庶善稼者相其土宜，择而用之，以尽锄治之功”[4]。表明当时的除草技术水平已经达到了传统农业生产的较高水平。到了明代，薅草耘田的水平达到了中国传统农业的顶峰，徐光启在他的《农政全书》里对中国历史上明朝以前及明朝当时所有的薅草耘田之法进行了综合性的总结叙述。[5]

（三）“三才论”农业生态系统思想的运用

生态系统是开放系统，对能量、物质和信息开放；开放性是绝对必须的，因为生态系统在维持远离热力学平衡的过程中需要能量的输入。[6] 农业生态系统是指在人类的积极参与下，利用农业生物和非生物环境之间以

---

① （北魏）贾思勰著，缪启愉、缪桂龙译注：《齐民要术译注》，上海古籍出版社 2006 年版，第 152 页。

② 同上书，第 133 页。

③ （宋）陈旉撰，万国鼎校注：《陈旉农书校注》，农业出版社 1965 年版，第 35—36 页。

④ （元）王祯撰，缪启愉、缪桂龙译注：《东鲁王氏农书译注》，上海古籍出版社 2008 年版，第 56—58 页。

⑤ （明）徐光启著，陈焕良、罗文华校注：《农政全书（上）》，岳麓书社 2002 年版，第 97—99 页。

⑥ Sven E. JΦrgensen, Brian D. Fath: *A New Ecology System Perspective*, Elsevier, 2007, p. 3.

及农业生物种群之间的相互关系，通过合理的生态结构和高效生态机能，进行能量转化和物质循环，并按人类社会需要进行物质生产的综合体。[①]农业生态系统是一种被人类驯化了的生态系统，与纯自然的生态系统是有区别的，它除了受自然生态规律的制约外，还受人类活动和社会经济的调控、影响。"人是农田生态系统的核心"，因为"人类既是农田生态系统的组成成分，又是系统的主要调控者"[②]。在生态农业中，必须以整体的、系统的观念为依据，处理好人、农作物、环境之间的关系，使农田生态系统处于平衡、合理、高效的状态。

中国传统农业一直都是以"天时、地利、人力"相统一的"三才论"思想为指导的，最早的完整表述出自《吕氏春秋·审时》："夫稼，为之者人也，生之者地也，养之者天也。"[③] 中国传统农业强调顺天时、量地利、重人力三者的有机结合，即一方面强调农业生产要按自然规律进行；另一方面又强调人的主观能动性，对天时、地利、水等诸多生态因子进行有机统一地把握和调控，以创造最适合农作物生长的生态环境；对农业生物进行合理布局，使它们在空间、时间和功能上形成多层次综合利用的优化高效农业结构。

1. 顺天时，按作物的生长规律进行耕作

农作物的生长都会随季节的变化而呈现一定周期性。农作物的生长发育进程大体有以下几种情况：春播、夏长、秋收、冬藏；或春播、夏收；或秋播、幼苗（或营养体）越冬、春长和夏收。[④] 这就要求根据农作物各自的生长发育规律，在恰当的季节进行播种；如果不按规律耕种，例如本该春种秋收的农作物，却到夏天才播种，那么就会出现农作物减产甚至完全没有收成的情况。

"天"有多种解释，"古人释天不下30种"[⑤]，但在农业生产领域，天

---

① 陈阜：《农业生态学》，高等教育出版社2002年版，第19页。

② 路明主编：《现代生态农业》，中国农业出版社2002年版，第5页。

③ （战国）吕不韦编撰，张双棣、张万彬等译注：《吕氏春秋译注》，北京大学出版社2000年版，第911—912页。

④ 王忠：《植物生理学》，中国农业出版社2000年版，第339页。

⑤ 李根蟠、[日]原宗子、曹幸穗：《中国经济史上的天人关系》，中国农业出版社2002年版，第24页。

主要是指自然规律、气候等；"时"则主要是指时间性、季节等。顺天时就是说，在农业生产过程中，要遵循农作物的自然生长规律，按照时令、气候的变化而进行相应的农业生产。要求顺天时进行农业生产，是我国传统农业精耕细作中的鲜明特点之一。

中国很早就出现了按照季节、时令进行农事安排的文献记载。现存最早的是《夏小正》，可能成书于"夏王朝末年"①，其中就按月记载了农业生产的大事，如"正月，农纬厥末……二月，往耰黍埤……三月，摄桑，委扬……"②等。春秋战国时期，有《吕氏春秋·十二纪》和《礼记·月令》，它们的内容基本上相同，只有少数地方文字略有差异。《礼记·月令》按阴历十二个月的顺序记载了每个月的星象、物候、节气和有关政事。而这些政事绝大部分都与农业有关，明确指出政府应该按照不同的月份实行不同的农业政策，按照不同的时令对农业生产进行合适的管理，如"孟春之月，王命布农事，命田舍东胶，皆修封疆，审端经术，善相丘陵、阪险、原隰、土地所宜、五谷所殖，以教道民，必躬亲之。……孟夏之月，命野虞出行田原，为天子劳农劝民，毋或失时；命司徒巡行县鄙，命农勉作，毋休于都。……仲秋之月，乃命有司趣民收敛，务蓄菜，多积聚。乃劝种麦，毋或失时。其有失时，行罪无疑"③。《礼记·月令》具有官方色彩，是一部官方月令；它比《夏小正》"进了一大步，无论对星象、物候还是对农事等的记载都更为详尽、具体和系统，而且包含了二十四节气的大部分内容，奠定了后来的二十四节气和七十二候的基础"④。往后出现的这类影响较大的月令体农书有东汉崔寔的《四民月令》、南朝梁·宗懔的《荆楚岁时记》、唐朝韩鄂的《四时纂要》、元朝鲁明善的《农桑衣食撮要》等，这些农书都把一年的12个月作为目录，按月来论述农业生产。综合性农书，如明朝徐光启的《农政全书》、清朝官修农书《授时通考》以及清代民间张宗法写的《三农纪》等书中也专

---

① 夏伟瑛：《夏小正经文校释》，农业出版社1981年版，第80页。

② 同上书，第70—72页。

③ 王云五主编，王梦鸥译：《礼记今注今释（上册）》，台湾商务印书馆1970年版，第201—242页。

④ 卢嘉锡总主编，董恺忱、范楚玉分卷主编：《中国科学技术史：农学卷》，科学出版社2000年版，第72页。

辟有月令体例的内容，这种月令体的论述，一是方便了农业生产；二是突出了时令在农业生产中的首要地位。

我国古代的先民们对农业生产顺天时的重要性有深刻的认识。《管子·形势解》对农业在一年四季中的变化作了一般性论述："春者，阳气始上，故万物生。夏者，阳气毕上，故万物长。秋者，阴气始下，故万物收。冬者，阴气毕下，故万物藏。故春夏生长，秋冬收藏，四时之节也。"[①] 做事须顺天时，否则"举事而不时，力虽尽其功不成"[②]。《吕氏春秋》更为详细地论述了"时"在农业生产中的重要作用，一年四季的气候变化是自然规律，"天下时，地生财，不与民谋"[③]；自然界的各种植物都随季节变化而变化，人们要顺时令变化而劳作，"春气至则草木产，秋气至则草木落。产与落，或使之，非自然也。故使之者至，物无不为；使之者不至，物无可为。古之人审其所以使，故物莫不为用"[④]。又"故圣人之所贵，唯时也。水冻方固，后稷不种，后稷之种必待春"[⑤]。如果不顺"时"而进行农业生产，就会遭灾或者没有收获，"所谓今之耕也营而无获者，其蚤者先时，晚者不及时，寒暑不节，稼乃多菑"[⑥]；"斩木不时，不折必穗；稼就而不获，必遇天菑"[⑦]。《吕氏春秋·审时》里详细叙述了六种主要农作物"得时"与"失时"的差别，总的来讲就是"得时之稼兴，失时之稼约"[⑧]。六种主要农作物"得时"与"失时"的差别的比较，详见第一章有关分析《吕氏春秋》生态思想的内容。

正由于对农时的重要性有深刻认识，我国先民在农业生产中对"天时"重视的强烈程度是世所罕见的。强调农业生产要严格按照时节进行，是古代政府重要的政策之一，要求统治者的各项活动都要"不违农时"。

---

① （春秋）管仲著，刘柯、李克和译注：《管子译注》，黑龙江人民出版社 2003 年版，第 389 页。

② 同上书，第 347 页。

③ （战国）吕不韦编撰，张双棣、张万彬等译注：《吕氏春秋译注》，北京大学出版社 2000 年版，第 899 页。

④ 同上书，第 395 页。

⑤ 同上书，第 389 页。

⑥ 同上书，第 905 页。

⑦ 同上书，第 911—912 页。

⑧ 同上。

《尚书·尧典》记载，尧帝命令羲和制定历法，并且郑重地将时令节气告诉人们，"尧命羲和，钦若昊天，历象日月星辰，敬授民时"①。舜继尧位后就对十二州的君长说，生产民食，必须依时，"食哉唯时！"② 中国的历代统治者都把"敬授民时"作为施政的首要任务。春秋战国时的诸子百家尽管有诸多分歧，但在主张"勿失其时"、"不违农时"、"使民以时"方面，却是少有的一致。管子曰："无夺民时，则百姓富"③（《国语·齐语》）；孔子曰："使民以时"④（《论语·学而》）；墨子曰："财不足则反之时"，"先民以时生财"⑤（《墨子·七患》）。

在实际的农业生产领域，表现为对"天时"把握的日益精确化。西汉的《氾胜之书》提出"种禾无期，因地为时"⑥，即要根据当地的实际情况来确定农作物的播种时间。中国传统农学的特色指时体系，二十四节气，在汉朝臻于完备，《淮南子·天文训》就系统地记载了二十四节气。前面已经说过，北魏贾思勰的《齐民要术》记载了根据不同的时节而采用不同的下种量的耕种方法，以使农作物密植合理，使其产量最大。他对每种农作物一般都给出了上、中、下三个播种时间，需用的种子数量一般都是随着播种时间的推迟而依次递增，例如，种穬麦，"八月中戊社前种者为上时，掷者，亩用子二升半。下戊前为中时，用子三升。八月末九月初为下时。用子三升半或四升"⑦。农业生产的各种工作，如除草、松地、收割等都要抓紧时间在恰当的时机进行。各种农作物的管理时机一般为，"苗生如马耳则镞锄"、"苗出垄则深锄"、"春锄起地，夏为锄草"、"苗一尺高，锋之"，等等。谷子熟了要抓紧时间收割，否则就会有损失，"熟，速刈。干，速积。刈早则镰伤，刈晚则穗折，遇风则收减。湿积则

---

① 徐奇堂译注：《尚书》，广州出版社 2001 年版，第 2—10 页。

② 同上。

③ （春秋）左丘明著，鲍思陶点校：《国语》，齐鲁书社 2005 年版，第 115 页。

④ 臧知非注说：《论语》，河南大学出版社 2008 年版，第 107 页。

⑤ （春秋）墨翟著，刘悦霄主编："国学精华读本"《墨子》，内蒙古人民出版社 2006 年版，第 14 页。

⑥ （西汉）氾胜之著，万国鼎辑释：《氾胜之书辑释》，中华书局 1957 年版，第 100 页。

⑦ （北魏）贾思勰著，缪启愉、缪桂龙译注：《齐民要术译注》，上海古籍出版社 2006 年版，第 123 页。

蕴烂，积晚则损耗"①。南宋《陈旉农书》辟有《天时之宜》篇专门论述天时与农业的关系，而且他把天时跟气候连起来一起讨论，这一篇开篇即写道："四时八节之行，气候有盈缩畸赢之度。五运六气所主，阴阳消长有太过不及之差。其道甚微，其效甚著。"进行农业耕作必须抓准时节，陈旉说："在耕稼，盗天地之时利，可不知耶？传曰，不先时而起，不后时而缩。故农事必知天地时宜，则生之、蓄之、长之、育之、成之、熟之，无不遂矣。"②元代的王祯在他的《王祯农书》列出《授时篇第一》来专门论述掌握天时的重要性以及如何掌握天时，他说："四季各有其务，十二月各有其宜。先时而种，则失之太早而不生；后时而艺，则失之太晚而不成。故曰，虽有智者，不能冬种而春收。"③为了更好地把握天时，他创作了用于指导农事的《授时指掌活法之图》，并推荐农家各置一本，"务农之家，当家置一本，考历推图，以定种艺"④。明清时期，传统的顺天时思想得到了进一步的继承、发扬与提高，而且这时候，西方的近代实验农学也已经开始引进，它是传统农学的顶峰与近现代农业开始的过渡阶段。

2. 量地利，因地制宜地耕种

地在农业中指田地，即用来种植农作物的土壤，是农作物生长的地方。田地是提供农作物生活必须的水分和养分条件的基质，其理化性质对农作物有重要影响，它是农业生态系统中的基础生态因子之一。地宜即是因地制宜，在现代生态农业中，因地制宜既是特点也是必须遵循的原则之一。⑤因地、因物制宜也是我国传统农业精耕细作的一大特点。

中国的先民，很早就对土地有研究，并且将这种差别跟农业生产联系

① （北魏）贾思勰著，缪启愉、缪桂龙译注：《齐民要术译注》，上海古籍出版社 2006 年版，第 61—65 页。

② （宋）陈旉撰，万国鼎校注：《陈旉农书校注》，农业出版社 1965 年版，第 28 页。

③ （元）王祯撰，缪启愉、缪桂龙译注：《东鲁王氏农书译注》，上海古籍出版社 2008 年版，第 9—11 页。

④ 同上。

⑤ 现代生态农业的设计也很讲究因地、因物制宜，例如：卞有生：《生态农业中废弃物的处理与再生利用》，化学工业出版社 2000 年版，第 17—18 页。李文华主编：《生态农业——中国可持续农业的理论与实践》，化学工业出版社，环境科学与工程出版中心 2003 年版，第 109—110 页。

起来。中国最早的土壤学著作是《尚书》中的《禹贡》篇，其序言就写道"禹别九州，随山浚川，任土作贡"①，它把当时的中国划分为"冀、兖、青、徐、扬、荆、豫、梁、雍"九个州，它叙述了各个州的地理位置、土壤植被、物产贡赋等，并对各个州土壤的等级进行了划分。《周礼》中记载大司徒的职责之一就是要辨别各地的"土宜"，《周礼·地官·大司徒》："大司徒之职：……设其社稷之壝而树之田主，各以其野之所宜木，遂以名其社与其野。"②"以土会之法"把土地分为五种，各种不同的土壤适合生长不同的动植物，并且当地的人民也会表现出相应的生理特征，如："一曰山林，其动物宜毛物，其植物宜皂物，其民毛而方；二曰川泽，其动物宜鳞物，其植物宜膏物，其民黑而津；三曰丘陵，其动物宜羽物，其植物宜核物，其民专而长；四曰坟衍，其动物宜介物，其植物宜荚物，其民皙而瘠；五曰原隰，其动物宜裸物，其植物宜丛物，其民丰肉而庳。"③根据"土宜之法"来"辨十有二土"和"辨十有二壤"，然后根据土地来发展不同的农业。在种植用的土壤上也因地制宜地栽种不同的庄稼、树木，"以土宜之法辨十有二土之名物，以相民宅而知其利害，以阜人民，以蕃鸟兽，以毓草木，以任土事。辨十有二壤之物而知其种，以教稼穑树蓺"④。《周礼·夏官·职方氏》则记载了九个州各自所适宜的物产，"东南曰扬州……其畜宜鸟兽，其谷宜稻。正南曰荆州……其畜宜鸟兽，其谷宜稻。河南曰豫州……其畜宜六扰，其谷遗五种。……正东曰青州……其畜宜鸡狗，其谷宜稻麦。河东曰兖州……其畜宜六扰，其谷宜四种。正西曰雍州……其畜宜牛马，其谷宜黍稷。东北曰幽州……其畜宜四扰，其谷宜三种。河内曰冀州……其畜宜牛羊，其谷宜黍稷"⑤。

　　《管子·地员》是先秦时期另一篇极为宝贵的有关生态学的论文，主要讨论了各种土地所适宜生长的植物以及与农业生产的关系。全文可分为两大部分，第一部分首先论述了淲田（夏伟瑛先生认为淲田是江、淮、

---

① （春秋）孔子著，黄怀信注训：《尚书注训》，齐鲁书社2002年版，第65—84页。
② 吕友仁译注：《周礼译注》，中州古籍出版社2004年版，第125—126页。
③ 同上。
④ 同上。
⑤ 同上书，第431—432页。

河、济四渎间的田，即我国北方大平原①）上五种土壤——息土、赤垆、黄唐、斥埴、黑埴各自所适宜种植的农作物、所适宜生长的野生植物、水泉的深度以及当地居民的相应体征；其次论述了 15 种水泉深度不同的土地，然后用自高而下的 5 种山地为例，论述了不同高度所适宜生长的植物，以说明植物生长的垂直分布特性；最后论述了"草土之道"，即植物生长与地势高低以及土壤特性的关系，总结出"凡彼草物，有十二衰，各有所归"②。第二部分主要论述了九州的 90 种土地（其实是 18 类，因为每类各有 5 种表现形式，故共九十种）和每种土地上适宜种植的农作物，"凡土物九十，其种三十六"③。这 90 种土壤又按优劣状况分属上、中、下三个等级，每个等级各 30 种，其中对属于上等土的"五粟"、"五沃"、"五位"论述得最详细，论述的内容包括了土壤的颜色、含水特性、适宜种植的农作物、适宜生长的动植物、泉水特性、当地居民的体征等各个方面。对其他土壤，记叙得较简略，以概括土质特性和论述适宜种植的农作物为主，并且都与前面的"上等三土"进行比较，以区分优劣。

各地的土壤理化性质、气候状况都有差别，因地制宜能够增加农作物的产量，就如《吕氏春秋·适威》所言，"若五种之于地也，必应其类，而藩息于百倍"④；反之则不利于农业生产，因为"橘逾淮而北为枳，鸲鹆不逾济，貉逾汶则死，此地气然也"⑤。

对于土壤的耕作也要因地制宜地进行，《吕氏春秋·任地》叙述了土地耕作的总体方法，"凡耕之大方：力者欲柔，柔者欲力；息者欲劳，劳者欲息；棘者欲肥，肥者欲棘；急者欲缓，缓者欲急；湿者欲燥，燥者欲湿。上田弃亩，下田弃川"⑥。《周礼·地官》记载的"土化之法"则是

---

①　夏伟瑛：《管子地员篇校释》，农业出版社 1981 年版，第 97 页。

②　（春秋）管仲著，刘柯、李克和译注：《管子译注》，黑龙江人民出版社 2003 年版，第 372—376 页。

③　同上。

④　（战国）吕不韦编撰，张双棣、张万彬等译注：《吕氏春秋译注》，北京大学出版社 2000 年版，第 661 页。

⑤　闻人军译注：《考工记译注》，上海古籍出版社 1993 年版，第 117—118 页。

⑥　（战国）吕不韦编撰，张双棣、张万彬等译注：《吕氏春秋译注》，北京大学出版社 2000 年版，第 899 页。

一种明显的因地制宜的施肥方法，"草人：掌土化之法以物地，相其宜而为之种。凡粪种，骍刚用牛，赤缇用羊，坟壤用麋，渴泽用鹿，咸潟用貆，勃壤用狐，埴垆用豕，强𡎺用蕡，轻票用犬"①。这种因地制宜的施肥思想对后世影响很大，我国传统著名农书如《齐民要术》、《陈旉农书》、《王祯农书》、《农政全书》等都对其进行了引用，并且随着时代的发展，这种因地制宜的理论不断得到补充和完善。

北魏贾思勰的《齐民要术》对农作物的因地制宜，有比较详细且科学的论述，表明当时我国传统农业的因地制宜已经发展到比较成熟的水平。贾思勰根据地势、肥沃程度、理化性质等特点将耕地分成：良田、薄田、山田、泽田、熟地、不熟地、白土田、黑土田、白地、良软地（白良软地、黑良软地）、清沙良地、白沙地等类型，然后依照农作物的特性为其选择最适宜的耕地。例如，对种谷子而言，"地势有良薄，良田宜种晚，薄田宜种早。良地非独宜晚，早亦无害；薄地宜早，晚必不成实也。山、泽有异宜。山田种强苗，以避风霜；泽田种弱苗，以求华实也"②（《齐民要术·种谷第三》）。种黍稷，则"地必欲熟"③（《齐民要术·黍稷第四》）。种大豆就要"地不求熟"，因为"地过熟者，苗茂而实少"④（《齐民要术·大豆第六》）。种旱稻，则"旱稻用下田，白土胜黑土。非言下田胜高原，但夏停水者，不得禾、豆、麦，稻田种，虽涝亦收，所谓彼此俱获，不失地利故也"⑤（《齐民要术·旱稻第十二》）。种蒜，则"蒜宜良软地。白软地，蒜甜美而科大；黑软次之；刚强之地，辛辣而瘦小也"⑥（《齐民要术·种蒜第十九》）。《齐民要术》中还有很多这样的论述，几乎对每种农作物都指出了其适宜种植的土壤地形条件。

宋元继承了传统农业的因地制宜思想，而且有新的发展。南宋《陈旉农书》的《地势之宜篇》讨论了如何因地制宜地耕种各种地势不同

---

① 吕友仁译注：《周礼译注》，中州古籍出版社 2004 年版，第 209 页。
② （北魏）贾思勰著，缪启愉、缪桂龙译注：《齐民要术译注》，上海古籍出版社 2006 年版，第 58—61 页。
③ 同上书，第 95 页。
④ 同上书，第 104 页。
⑤ 同上书，第 140 页。
⑥ 同上书，第 187 页。

的土地，"夫山川原隰，江湖薮泽，其高下之势既异，则寒燠肥瘠各不同。……故治之各有宜也"①。对于地势较高的田地，主要是注意修筑水塘以防干旱，"若高田，视其地势，高水所会归之处，量其所用而凿陂塘，约十亩即损二三亩以潴蓄水"；而对于地势低的田地则必须注意防止水淹，要修筑堤坝把水拦开，"其下地易以淹浸，必视其水势冲突趋向之处，高大圩岸环绕之"②。对于高低不平的坡地，则可种植旱地作物——"蔬茹、麻、麦、粟、豆，而傍亦可种桑牧牛"；对于湖泊水深的地方，"则有葑田，以木缚为田丘，浮系水面，以葑泥附木架上而种艺之"③。宋代官府发布的劝农文也要求农民要因地制宜地进行耕种，如《南涧甲乙稿》中的《建宁府劝农文》就记载："高者种粟，低者种豆，有水源者艺稻，无水源者布麦，但使五谷四时有收，则可足食而无凶年之患。"④ 真德秀在他的《再守泉州劝农文》中也说："高田种早，低田种晚，燥处宜麦，湿处宜禾，田硬宜豆，山畲宜粟，随地所宜，无不栽种，此便是因地之利。"⑤

元代《农桑辑要》说："谷之为品不一。风土各有所宜，种艺之时，早晚又各不同。"⑥《王祯农书》在总结《齐民要术》、《周礼》、《禹贡》等的因地制宜思想后，要求农家自己学会"审方域田壤之异，以分其类，参土化、土会之法，以辨其种，如此可不失种地之宜，而能尽稼穑之利"，他还在书中绘制了《地利图》，以帮助人们"按图考传"，"熟知风土所别，种艺所宜"⑦。

到了明清时期，因地、因物制宜的思想达到了传统农业的顶峰，出现了现代生态农业的雏形。《天工开物》中记载了因地制宜地耕种酸碱性不同和土质硬度不同的田地的方法，"土性带冷浆者，宜骨灰蘸秧根（凡禽兽骨），石灰淹苗足，向阳暖土不宜也。土脉坚紧者，宜耕陇，叠块压薪

① （宋）陈旉撰，万国鼎校注：《陈旉农书校注》，农业出版社1965年版，第24页。

② 同上书，第24—25页。

③ 同上书，第25页。

④ （宋）韩元吉撰：《南涧甲乙稿　附拾遗　六册》，中华书局1985年版，第359—360页。

⑤ （宋）真德秀：《真西山先生集　二册》，中华书局1985年版，第125页。

⑥ （元）司农司撰，石汉声校注：《农桑辑要校注》，农业出版社1982年版，第51页。

⑦ （元）王祯撰，缪启愉、缪桂龙译注：《东鲁王氏农书译注》，上海古籍出版社2008年版，第14—20页。

而烧之，埴坟松土不宜也"①（《天工开物·稻宜》）。指出了种甘蔗所宜土壤，《天工开物·蔗种》："凡栽蔗必用夹沙土，河滨洲土为第一。试验土色：掘坑尺五许，将沙土入口尝味，味苦者不可栽蔗。凡洲土近深山上流河滨者，即土味甘亦不可种。盖山气凝寒，则他日糖味亦焦苦。去山四五十里，平阳洲土择佳而为之（黄泥脚地，毫不可为）。"② 《农政全书》是中国传统农业的集大成者，在因地制宜方面也对先前的方法进行了系统全面地综合论述。

3. 强调人对农业生态系统的调控作用

农业生态系统与自然生态系统最大的不同点就在于，农业生态系统是由人设计建构出来的，它除了受自然规律制约外还受人的调控。

"夫稼，为之者人也，生之者地也，养之者天也"，在中国传统农业理论中，"人力"是与"天时"、"地利"并重的三大要素之一。这就表明了，在传统农业的指导思想里并不是一味地要求顺应大自然，还要强调人的主观积极作用，要求人对整个农业生产进行合理地安排、管理，对整个农业生态系统进行积极地调控。中国传统农业的"三才"理论其实就是一种生态系统思想，在指导"人"如何处理与自然的关系时表现为辩证地对待。也就是说，"三才论"思想把农业生产中的农作物、天、地、人等因素看作是一个有机统一的整体，而对人的要求则是一方面遵守农业生产中的各种客观自然规律，"不逆天而行"；另一方面则要求人积极主动地认识掌握各种客观自然规律，然后培育优良品种、优化农业结构、改良土壤肥力、提高农业生产率、促进物质循环、保护农业生态环境等，以调控好整个农业生态系统，使其永远维持在最佳状态，实现农业生产的可持续发展。简言之，就是要求在遵守自然规律的前提下充分发挥人的主观能动作用。

前文所述的生态施肥以维持地力，利用种内、种间关系建立生态农业以提高产量，掌握天时以便在正确的时间耕种，因循地利以便在土地上种植适宜的作物等，都可以说是发挥人的主观能动性的生动例子。

在传统农业中，是非常强调"人力"的作用的。《荀子·富国》说，"掩地表亩，刺草殖谷，多粪肥田，是农夫众庶之事也"；又说，"今是土

① （明）宋应星著，钟广言注释：《天工开物》，广东人民出版社 1976 年版，第 16—18 页。
② 同上书，第 163 页。

之生五物谷也，人善治之，则亩数盆，一岁再获之"①。《管子·八观》的论述则凸显了人力在农业体系中的必要性，"耕之不深，芸之不谨，地宜不任；草田多秽，耕者不必肥，荒者不必硗，以人猥计其野，草田多而辟田少者，虽不水旱，饥国之野也"；又"彼民非谷不食，谷非地不生，地非民不动，民非作力毋以致财"②。光是按部就班地去田里耕作还不行，要想把农业生产搞好，还要积极地探索自然规律，并利用它为农业生产服务，《韩非子·难二》记载："务于畜养之理，察于土地之宜，六畜遂，五谷殖，则入多；……入多，皆人为也。"③ 传统农业很强调人对田地的精耕细作，《齐民要术·杂说》，"凡人家营田，须量己力，宁可少好，不可多恶"④；南宋《陈旉农书·财力之宜》也说，"凡从事于务者，皆当量力而为之，不可苟且，贪多务得，以致终无成遂也"，"农之治田，不在连阡跨陌之多，唯其财力相称，则丰穰可期也番矣"⑤。

　　传统农业对人力的强调是与顺天时，因地利相结合的有机的辩证强调。如《管子·禁藏》说："顺天之时，约地之宜，忠人之和，故风雨时，五谷实，草木美多，六畜蕃息，国富兵强，民财而令行。"⑥ 西汉刘安著的《淮南子·主术训》也说："上因天时，下尽地财，中用人力，是以群生遂长，五谷蕃殖；教民养育六畜，以时种树，务修田畴，滋植桑麻，肥硗高下各因其宜；丘陵阪险，不生五谷者，以树竹木，春伐枯槁，夏取果蓏，秋畜疏食，冬伐薪蒸，以为民资。"⑦

　　（四）整合种植业与养殖业，构建生态农业

　　由于传统农业的指导思想是要求人遵循自然规律，要求人与自然和谐

---

　　① （战国）荀况著，张觉译注：《荀子译注》，上海古籍出版社 1995 年版，第 190—191 页。

　　② （春秋）管仲著，刘柯、李克和译注：《管子译注》，黑龙江人民出版社 2003 年版，第 84—87 页。

　　③ （战国）韩非子著，任峻华注释：《韩非子注释本》，华夏出版社 2000 年版，第 278 页。

　　④ （北魏）贾思勰著，缪启愉、缪桂龙译注：《齐民要术译注》，上海古籍出版社 2006 年版，第 19 页。

　　⑤ （宋）陈旉撰，万国鼎校注：《陈旉农书校注》，农业出版社 1965 年版，第 23—24 页。

　　⑥ （春秋）管仲著，刘柯、李克和译注：《管子译注》，黑龙江人民出版社 2003 年版，第 349 页。

　　⑦ （西汉）刘安编著，阮清注释：《淮南子全文注释本》，华夏出版社 2000 年版，第 178—179 页。

发展，同时又强调人的主观能动性的"三才论"生态思想，所以到明清时期，随着我国传统农业技术水平发展的成熟并到达顶峰，出现了许多近现代生态农业的雏形。从总体上看，这些具有现代生态农业特色的各种传统生态农业模式就是整合了种植业与养殖业、副业等，成为一个生态系统，使物质在整个大生产圈内流动，使作物所固定的太阳能得到充分有效的多次提取和利用，既具有可持续发展性又提高了农业生产效率。

即朝时，人们将低洼地挖成水塘，用挖出的泥土堆高周围地面；池养鱼，地种庄稼。同时，人们十分注重循环利用物质，如用农作物的糠秕、糟粕、稿秆饲畜，又用家畜的粪便肥田，使养殖业与种植业成为一个有机生产整体；该"农（粮、果、蔬）—畜—鱼"人工生态农业模式见于《戒庵老人漫笔》中记载的谈参的农业经营。类似的农业模式在明末又出现于湖州，但内容有所变化，为"农（稻、麦、油、菜）—畜（猪、羊）—桑—蚕—鱼"；清初在条件相仿的嘉兴、桐乡和苏州震泽地区也出现了相似的人工生态农业；清初在珠江三角洲地区出现了种果养鱼的基塘生态农业①。《补农书》所记载的张履祥先生为好友邬氏家所策划的"策邬氏生业"的规划，实际上就是邬氏的田地、池塘等因地制宜地设计成一个物质循环多次利用的生态庄园。明清时期，广东的生态农业类型已经成多样化，有基塘农业、稻田养鱼、稻田养鸭、黄蚁防治柑橘害虫、植物农药防治害虫等生态农业，还延伸到近现代。② 具体的明清时期的生态农业的模式分析详见第四章的相关内容。

即使是在现在，一些地方的传统农业仍在运行着。2005 年 4 月浙江省青田县被联合国粮农组织（FAO）列为全球首批 4 个重要农业文化遗产保护地之一，原因是该地区的"传统的稻鱼共生生态农业模式"具有了700 多年的历史③（存在争议，另一文说有 1200 多年的历史④）。这个生

---

① 闵宗殿：《明清时期的人工生态农业——中国古代对自然资源合理利用的范例》，《古今农业》2000 年第 4 期。

② 吴建新、赵艳芝：《明清以来广东的生态农业类型》，《中国农史》2005 年第 4 期。

③ 张壬午、胡梅：《生态农业的传统与创新发展——以生态农业"稻田养鱼"模式为例》，《农业环境与发展》2006 年第 5 期。

④ 李永乐：《世界农业遗产生态博物馆保护模式探讨——以青田"传统稻鱼共生系统"为例》，《生态经济》2006 年第 11 期。

态系统是水稻为鱼遮挡阳光提供栖息之处，鱼食杂草害虫利于水稻生长，而且鱼粪能肥沃水田。

二　其他一些生态学知识和思想

1. 生物找矿

我国古代先民还很重视对植物生长与矿物贮藏的生态关系的考察，利用不同的植物作指示，根据植物的生长情况来找矿。例如，《荀子·劝学》就说过："玉在山而草木润。"① 晋代张华《博物志》曰："有谷者生玉。"② 这里说的是根据土壤植物生长情况，推断玉之所在。梁代成书的《地镜图》，将人们通过矿藏地表特征的观察和研究推测地下矿藏的经验，作了总结，指出："二月，草木先生下垂者，下有美玉；五月中，草木叶有青厚而无汁，枝下垂者，其地有玉；八月中，草木独有枝叶下垂者，必有美玉；有云，八月后草木死者亦有玉。山有葱，下有银，光隐隐正白。草茎赤秀，下有铅；草茎黄秀，下有铜器。"③ 唐代的段成式在他的《酉阳杂俎》卷十六中对依据植物找矿也有论述："山上有葱，下有银；山上有薤，下有金；山上有姜，下有铜锡；山有宝玉，木旁枝皆下垂。"④ 当然，我国古代总结的经验性认识与实际情况不一定完全相符，但所展示的思想方法则是十分正确的。植物在其生长过程中，通过根系吸收了地下矿床中的成矿元素，由于过量的重金属元素聚集积累在植物体内，使得植物的生长发育、生理生化等过程产生一系列的影响，即植物产生了生物地球化学效应，因而，植物的生理、生态及光谱性质表现出异常特征⑤。根据植被的生态、生理生化等特征进行找矿是科学的，即使在现代仍有不少这方面的研究和探索，仍然被作为寻找和发现矿藏的方法之一在应用着。

2. 其他的一些生态学知识和思想

中国的传统生态科学技术除了在农业生产领域有最明显的体现外，还

---

① （战国）荀况著，高长山译注：《荀子译注》，黑龙江人民出版社 2003 年版，第 7 页。

② 郭金彬：《中国传统科学思想史论》，知识出版社 1993 年版，第 251 页。

③ 同上。

④ 同上。

⑤ 马跃良：《广东省河台金矿生物地球化学特征及遥感找矿意义》，《矿物学报》2000 年第 1 期。

有很多其他关于生物与环境关系以及生物与生物之间关系的普通生态学知识和思想。

例如，先秦时期的《管子·地员》就是一篇著名的生态地植物学著作，这篇文章论述了与现代生态学相一致的植物分布的垂直地带性特点，即从山麓到山顶随着海拔的升高，植被类型依次交替变化；也论述了大致同一海拔高度的从浅水区一直延伸到平原陆地区域的相应的植被变化情况，揭示了不同的植物各自适合生长于不同地势的生态环境，或者说不同含水量的生态环境适宜于生长不同特性的植物，即《管子》所谓的"草土之道"。在这篇文献中，还论述了土壤性状与动植物以及人的健康的关系，论述了阳光、土壤、动物等生态因子对植物生长的影响。而这些内容是现代生态学也在讨论研究的一部分。有关《管子·地员》的生态学知识和思想的分析，详见第一章有关探讨《管子》生态思想的部分。

再例如，《尚书·禹贡》与《周礼》很关注大范围的地理、气候环境对生物（包括人）的影响。它们分别将当时的中国划分为九个州，并且分别论述了各个州大致的生态环境以及与此相适应的各种动植物，其中《周礼·职方氏》还有论及对人的性别比的影响。有关详细的分析探讨见第一章有关分析《尚书·禹贡》与《周礼》中的生态学思想部分。

其他的很多有关论及自然方面的古代典籍，包括古农书，都有论述生物与环境关系的内容，如《淮南子》、《齐民要术》、《天工开物》等，详细的分析见本论文的相关章节。

后 记

本书的撰写有幸得到了厦门大学人文学院哲学系科学思想史与科学哲学专家郭金彬教授的悉心指导与帮助,在此深表感谢。

中国科学院研究生院李醒民教授、清华大学社会科学学院科学技术与社会研究所刘兵教授、厦门大学人文学院哲学系曹志平教授、厦门大学人文学院哲学系潘世墨教授、厦门大学人文学院哲学系陈墀成教授阅读过本书的初稿,并给出了细致的评论与宝贵的建议,在此深表感谢。

本书依托"马克思主义理论与区域实践协同创新中心"的研究平台完成,感谢广西师范大学马克思主义学院的关怀。

特别感谢父母从小到大的养育与关照,特别是母亲,您的关爱与期待是我求学成长的动力,如果我能作出任何的成就,那么所有的荣耀都是属于您;谨以此书献给您——母亲。

罗顺元

2015 年 8 月于桂林雁山